高级大数据人才培养丛书

大数据可视化

丛书主编：刘　鹏　张　燕

主　　编：何光威

電子工業出版社

Publishing House of Electronics Industry

北京•BEIJING

内 容 简 介

本书是针对当前大数据应用、可视化分析研究和应用的新形势，专门为大数据专业本科生编写的大数据可视化教材。本书全面诠释了大数据可视化的内涵与外延，详细介绍了大数据可视化概述、可视化的类型与模型、数据可视化基础、数据可视化的常用方法、大数据可视化的关键技术、可视化交互、大数据可视化工具、大数据可视化系统及大数据可视化的行业案例等内容。为了便于学习，每章都附有习题，题型设计也充分考虑到大数据可视化课程教学的需要。

本书适合作为大数据专业本科生和研究生教材，高职高专学校也可以选用部分内容开展教学。

图书在版编目（CIP）数据

大数据可视化 / 何光威主编. —北京：电子工业出版社，2018.3
（高级大数据人才培养丛书）
ISBN 978-7-121-33549-5

Ⅰ. ①大…　Ⅱ. ①何…　Ⅲ. ①数据处理　Ⅳ. ①TP274

中国版本图书馆 CIP 数据核字（2018）第 015431 号

策划编辑：董亚峰
责任编辑：杨秋奎
特约编辑：丁福志
印　　刷：北京虎彩文化传播有限公司
装　　订：北京虎彩文化传播有限公司
出版发行：电子工业出版社
　　　　　北京市海淀区万寿路 173 信箱　邮编：100036
开　　本：787×1092　1/16　印张：17.25　字数：420 千字
版　　次：2018 年 3 月第 1 版
印　　次：2025 年 1 月第 19 次印刷
定　　价：49.00 元

凡所购买电子工业出版社图书有缺损问题，请向购买书店调换。若书店售缺，请与本社发行部联系，联系及邮购电话：（010）88254888，88258888。

质量投诉请发邮件至 zlts@phei.com.cn，盗版侵权举报请发邮件至 dbqq@phei.com.cn。

本书咨询联系方式：（010）88254755。

编 写 组

丛书主编：刘 鹏 张 燕

主 编：何光威

副 主 编：郑志蕴 梁英杰 朱琼琼

编 者：李 钝 王海涛 马 斌

宋燕燕

基金支持：

金陵科技学院高层次人才科研启动基金（40610186）

国家自然科学基金（61401227）

江苏高校软件工程品牌专业建设工程（PPZY2015B140）

国家自然科学基金（61701517）

国家自然科学基金青年基金（51304078）

江苏省高等学校自然科学研究面上项目（14KJD510011）

中国传媒大学南广学院教改基金

江苏省高校自然科学研究重大项目（16KJA520003）

总 序

短短几年间，大数据就以一日千里的发展速度，快速实现了从概念到落地，直接带动了相关产业井喷式发展。全球多家研究机构统计数据显示，大数据产业将迎来发展黄金期：IDC 预计，大数据和分析市场将从 2016 年的 1300 亿美元增长到 2020 年的 2030 亿美元以上；中国报告大厅发布的大数据行业报告数据也说明，自 2017 年起，我国大数据产业迎来发展黄金期，未来 2~3 年的市场规模增长率将保持在 35%左右。

数据采集、数据存储、数据挖掘、数据分析等大数据技术在越来越多的行业中得到应用，随之而来的就是大数据人才问题的凸显。麦肯锡预测，每年数据科学专业的应届毕业生将增加 7%，然而仅高质量项目对于专业数据科学家的需求每年就会增加 12%，完全供不应求。根据《人民日报》的报道，未来 3~5 年，中国需要 180 万数据人才，但目前只有约 30 万人，人才缺口达到 150 万之多。

以贵州大学为例，其首届大数据专业研究生就业率就达到 100%，可以说“一抢而空”。急切的人才需求直接催热了大数据专业，国家教育部正式设立“数据科学与大数据技术”本科新专业。目前已经有两批共计 35 所大学获批，包括北京大学、中南大学、对外经济贸易大学、中国人民大学、北京邮电大学、复旦大学等。估计 2018 年会有几百所高校获批。

不过，就目前而言，在大数据人才培养和大数据课程建设方面，大部分高校仍然处于起步阶段，需要探索的问题还有很多。首先，大数据是个新生事物，懂大数据的老师少之又少，院校缺“人”；其次，尚未形成完善的大数据人才培养和课程体系，院校缺“机制”；再次，大数据实验需要为每位学生提供集群计算机，院校缺“机器”；最后，院校没有海量数据，开展大数据教学科研工作缺少“原材料”。

其实，早在网格计算和云计算兴起时，我国科技工作者就曾遇到过类似的挑战，我有幸参与了这些问题的解决过程。为了解决网格计算问题，我在清华大学读博期间，于 2001 年创办了中国网格信息中转站网站，每天花几个小时收集和分享有价值的资料给学术界，此后我也多次筹办和主持全国性的网格计算学术会议，进行信息传递与知识分享。2002 年，我与其他专家合作的《网格计算》教材也正式面世。

2008 年，当云计算开始萌芽之时，我创办了中国云计算网站（chinacloud.cn）（在各大搜索引擎“云计算”关键词中排名第一），2010 年出版了《云计算（第 1 版）》、2011 年出版了《云计算（第 2 版）》、2015 年出版了《云计算（第 3 版）》，每一版都花费了大量成本制作并免费分享对应的几十个教学 PPT。目前，这些 PPT 的下载总量达到了几百万次之多。同时，《云计算》一书也成为国内高校的首选教材，在中国知网公布的高被引图书名单中，《云计算》在自动化和计算机领域排名全国第一。除了资料分享，在2010年，我也在南京组织了全国高校云计算师资培训班，培养了国内第一批云计算老师，并通过与华为、中兴、360等知名企业合作，输出云计算技术，培养云计算研发人才。这些工作获得了大家的认可与好评，此后我接连担任了工信部云计算研究中心专家、中国云计算专家委员会云存储组组长等。

近几年，面对日益突出的大数据发展难题，我也正在尝试使用此前类似的办法去应对这些挑战。为了解决大数据技术资料缺乏和交流不够通透的问题，我于2013年创办了中国大数据网站（thebigdata.cn），投入大量的人力进行日常维护，该网站目前已经在各大搜索引擎的“大数据”关键词排名中位居第一；为了解决大数据师资匮乏的问题，我面向全国院校陆续举办多期大数据师资培训班。2016年年末至今，在南京多次举办全国高校/高职/中职大数据免费培训班，基于《大数据》《大数据实验手册》以及云创大数据提供的大数据实验平台，帮助到场老师们跑通了Hadoop、Spark等多个大数据实验，使他们跨过了“从理论到实践，从知道到用过”的门槛。2017年5月，还举办了全国千所高校大数据师资免费讲习班，盛况空前。

其中，为了解决大数据实验难的问题而开发的大数据实验平台，正在为越来越多高校的教学科研带去方便：我带领云创大数据（www.cstor.cn，股票代码：835305）的科研人员，应用Docker容器技术，成功开发了BDRack大数据实验一体机，它打破虚拟化技术的性能瓶颈，可以为每一位参加实验的人员虚拟出Hadoop集群、Spark集群、Storm集群等，自带实验所需数据，并准备了详细的实验手册（包含85个大数据实验）、PPT和实验过程视频，可以开展大数据管理、大数据挖掘等各类实验，并可进行精确营销、信用分析等多种实战演练。目前，大数据实验平台已经在郑州大学、成都理工大学、金陵科技学院、天津农学院、西京学院、郑州升达经贸管理学院、信阳师范学院、镇江高等职业技术学校等多所院校成功应用，并广受校方好评。该平台也以云服务的方式在线提供（大数据实验平台，https://bd.cstor.cn），帮助师生通过自学，用一个月左右成为大数据实验动手的高手。此外，面对席卷而来的人工智能浪潮，我们团队推出的AIRack人工智能实验平台、DeepRack深度学习一体机及dServer人工智能服务器等系列应用，一举解决了人工智能实验环境搭建困难、缺乏实验指导与实验数据等问题，目前已经在清华大学、南京大学、南京农业大学、西安科技大学等高校投入使用。

同时，为了解决缺乏权威大数据教材的问题，我所负责的南京大数据研究院，联合金陵科技学院、河南大学、云创大数据、中国地震局等多家单位，历时两年，编著出版了适合本科教学的《大数据》《大数据库》《大数据实验手册》等教材。另外，《数据挖掘》《大数据可视化》《深度学习》《虚拟化与容器》《Python语言》等本科教材也将于近期出版。在大数据教学中，本科院校的实践教学应更加系统性，偏向新技术的应用，且对工程实践能力要求更高。而高职、高专院校则更偏向于技术性和技能训练，理论以够用为主，学生将主要从事数据清洗和运维方面的工作。基于此，我们还联合多家高职院校专家准备了《云计算导论》《大数据导论》《数据挖掘基础》《R语言》《数据清洗》《大数据系统运维》《大数据实践》系列教材，目前也已经陆续进入定稿出版阶段。

此外，我们也将继续在中国大数据（thebigdata.cn）和中国云计算（chinacloud.cn）等网站免费提供配套 PPT 和其他资料。同时，持续开放大数据实验平台（https://bd.cstor.cn）、免费的物联网大数据托管平台万物云（wanwuyun.com）和环境大数据免费分享平台环境云（envicloud.cn），使资源与数据随手可得，让大数据学习变得更加轻松。

在此，特别感谢我的硕士导师谢希仁教授和博士导师李三立院士。谢希仁教授所著的《计算机网络》已经更新到第 7 版，与时俱进且日臻完美，时时提醒学生要以这样的标准来写书。李三立院士是留苏博士，为我国计算机事业做出了杰出贡献，曾任国家攀登计划项目首席科学家。他的严谨治学带出了一大批杰出的学生。

本丛书是集体智慧的结晶，在此谨向付出辛勤劳动的各位作者致敬！书中难免会有不当之处，请读者不吝赐教。我的邮箱：gloud@126.com，微信公众号：刘鹏看未来（lpoutlook）。

刘　鹏

于南京大数据研究院

前　言

本书编写背景及依据

（1）在电影《侏罗纪世界》中，公园指挥中心对每只恐龙和每名警员的实时位置、身体状况等进行监控，所有监控画面和统计数据均实时呈现。这类系统和指挥中心，可使一切尽在掌握——这就是数据可视化的魅力和价值所在！科幻大片似乎有一种神奇的魔力，总能给观众留下神奇向往的印象，观众也难免会幻想用科技来改变世界。一图胜千言，数据可视化在表述方面胜过千万条枯燥的数据。近年来，虽然数据思维已经深刻影响并改变了各行各业的传统思维方式，但现有的可视化技术还远远无法满足用户的期望。数据密集型科学研究已上升到与科学实验、理论分析、计算模拟并列的科学研究“第四范式”，也拓展了数据可视化学科的内涵和外延，大大推动了数据可视化学科向着更深层次不断迈进。（2）可视化是一种媒介。当今这个互联网时代，客观世界和虚拟社会正源源不断产生大量的数据，而人类视觉对数字、文本等形式存在的非形象化数据的处理能力远远低于对形象化视觉符号的理解。如果直接面对这些数据，很可能让人无从入手。可视化技术为大数据分析提供了一种更加直观的挖掘、分析与展示手段，有助于发现大数据中蕴含的规律，有助于大数据应用落地。特别是一些监控中心、指挥中心、调度中心等重要场所，大屏幕显示系统已经成为大数据可视化不可或缺的核心基础系统。近年来，全球智能技术发展突飞猛进，发展人工智能已经提升到国家战略高度。大数据可视化在智慧城市、智慧交通、网络安全、航天领域等得到了更加广泛的应用。（3）可视化是对数据的一种完美的诠释。我们不仅要呈现出数据美好的一面，更重要的是要透过数据，理解数据的丰富内涵，洞察数据中蕴含的奥秘，为更深刻地理解世界、帮助辅助决策提供技术支持，在各行业及生活中，实现用数据说话，用数据讲道理。（4）数据既可以是抽象的，也可以是异常美丽的。例如，伦敦地铁图、拿破仑进军莫斯科流图及春运迁徙图等，都诠释了数据的美。可视化技术为大数据分析提供了一种更加直观的挖掘、分析与展示手段，有助于发现大数据中蕴含的规律。（5）“可视化”是目的，其技术手段复杂多样。因此，数据可视化的概念应加以扩展，学习数据可视化不应仅仅局限于“可视化”，可视化过程中的数据采集、分析、治理、管理、挖掘等各个技术环节都要融会贯通。（6）在众多高校陆续开展大数据相关专业的背景下，为向广大读者更好地诠释大数据可视化的内涵与外延，本书应运而生。

本书特色

与国内外同类书比较，本书最大的特点是突出大数据可视化这一艺术与科技融合的特点，融合数字信号处理、人的视觉特性、可视分析学、大数据可视化渲染等基本理论，展示了大数据技术概貌，构建了大数据可视化的知识逻辑，同时强调实践，具有鲜明的理论与实践并重的特色。本书在强调大数据可视化的基础性原理的同时，融入真实案例分析，注重实用性，使读者真正学会大数据可视化的工具，运用大数据思维，解决实际工作中的问题。本书把握大数据可视化应用的趋势，强调多视图整合，强调所有数据视图交互联动，除了原有的饼状图、柱形图、热图、地理信息图等数据展现方式，还可以通过图像的颜色、亮度、大小、形状、运动趋势等多种方式在一系列图形中对数据进行分析，通过交互挖掘数据之间的关联，利用数据推动决策。

教学建议

本书共 9 章，内容包括大数据可视化概述、可视化的类型与模型、数据可视化基础、数据可视化的常用方法、大数据可视化的关键技术、可视化交互、大数据可视化工具、大数据可视化系统——魔镜及大数据可视化的行业案例。本书可作为大学本科计算机及相关专业数据可视化课程的教材，建议总学时为 48 学时（理论 32 学时+实践 16 学时）。具体分配方案：第 1～6 章每章 4 学时；第 7～9 章每章 2 学时，加上 16 学时的实践环节。学期末的 2 学时安排期末的大作业答辩。授课可采用多媒体投影教学方式，辅以大量的案例分析、视频材料和互动演示。本书的附属资料（电子课件、作业、数据、在线资源、视频和图像）将实时更新。

本书作者团队简介

刘鹏，教授，清华大学博士毕业，现任中国信息协会大数据分会副会长、南京大数据研究院院长、中国大数据应用联盟人工智能专家委员会主任、中国大数据专家委员会委员。

张燕，博士，教授，金陵科技学院副校长。现任江苏省计算机学会常务理事、江苏省人工智能学会常务理事、江苏省农学会智慧农业分会理事长。主持市厅级以上科研项目 14 项，获江苏省教学成果二等奖、江苏省高教研究成果二等奖各 1 项。发表论文 20 多篇，合作出版专著 1 部，主编教材 4 部。

何光威，中国传媒大学南广学院教授，高级工程师，智能科学与技术和电子信息工程专业负责人，传媒科技研究所常务副所长，中国广播电影电视社会组织联合会技术工作委员会委员。指导学生多次获得江苏省大学生实践创新项目立项，以及江苏省计算机设计大赛特等奖、国家级三等奖。主持及参与省部级科研项目 6 项、国家广电总局部级社科项目 3 项、江苏省高校自然科学研究面上项目 3 项、校级科研项目 10 多项。获软件著作权 1 项、国家发明专利 1 项（合作）；出版规划教材、专著 7 部。

郑志蕴，博士，教授，硕士生导师，郑州大学信息工程学院软件工程系主任，中国计算机学会高级会员、ACM 郑州分会秘书长、河南省计算机学会理事、河南省高等学校计算机教育研究会理事。研究方向：云计算、大数据处理、语义网络。参与国家发改委项目 2 项、国家自然基金项目 2 项、教育部项目 1 项，主持完成河南省科技攻关项目 4 项、横向项目 10 项，主持河南省国际科技合作项目 1 项。作为第一完成人，通过河南省科学技术厅鉴定项目 4 项；获得河南省科技进步奖三等奖 1 项、河南省工业和信息化厅科技成果一等奖2项；被评为"河南省教育系统优秀教师""郑州市市优秀女科技工作者"和"郑州大学三育人先进个人"。获软件著作权8项；发表论文45篇，其中21篇被EI收录；出版学术著作4部。

梁英杰，博士，解放军海军工程大学教师。主持国家自然科学基金1项、国家重点实验室开放课题1项、湖北省基金1项，参与"863"等科研项目10余项。获专利2项；发表论文20余篇，其中12篇被EI收录；参编教材2部。

朱琼琼，苏州国云数据科技有限公司教育事业部营销总监。

李钝，博士，郑州大学信息工程学院副教授，硕士生导师。主持国家社会科学基金1项、河南省科技公关项目2项、河南省教育厅自然基金1项。发表论文20余篇，其中10篇被EI收录，参编教材2部。

王海涛，博士，解放军陆军工程大学信息管理中心副教授，硕士生导师，计算机学会高级会员。主持和参与完成国家自然科学基金及军内科研项目10余项。获军队科技进步二等奖1项、三等奖2项。获发明专利4项；发表论文50余篇，其中15篇被EI收录；编撰、翻译著作和教材6部。

马斌，博士，华北水利水电大学信息工程学院副教授，硕士生导师。已主持国家自然科学基金1项、河南省教育厅项目2项，参与国家"863"项目1项、国家自然科学基金3项、国家"十一五"项目1项、河南省科技攻关等科研项目10余项。申请专利1项，获软件著作权4项；发表论文10余篇，其中4篇被EI收录；出版专著1部，参编教材2部。

宋燕燕，硕士，中国传媒大学南广学院数字媒体技术教研室主任。多次指导学生获得江苏省计算机设计大赛特等奖、国家级三等奖。主持及参与校级科研项目5项、江苏省高校自然科学研究面上项目4项。

读者对象

无论是高等院校相关专业师生，还是数据工程师、数据科学家等，都是本书的受众群体。本书作者来自高校、科研院所和长期从事数据可视化的工程技术人员，从教学、科研和应用的角度，更好地向读者阐述数据可视化，具有很强的系统性、可读性和实用性。经任课老师对教材内容的取舍，本书也可作为高职高专教材和培训教材。

致谢

本书的编写得到了南京大学郭延文教授和南京信息工程大学毕硕本教授的指导，两位教授对全书稿做了认真审查，并提出了许多具体的修改建议。南京云创大数据科技股份有限公司和苏州国云数据科技有限公司工程师参与了本书部分章节的编写工作。南京金陵科技学院赵海峰博士（高工）和南京云创大数据科技股份有限公司武郑浩经理（高工）做了很多协调工作，也对书稿提出了很好的意见。电子工业出版社编辑为本书的出版付出了辛勤的劳动，提出了宝贵的意见。本书也参考了网络上一些高手分享的相关资料，在此一并致谢。

本书是集体智慧的结晶，在此谨向付出辛勤劳动的各位作者表示感谢，虽然各位作者通力合作，反复修改，但书中难免有欠妥或者错误之处，敬请读者不吝指正。

何光威

于南京方山

目　录

第1章　大数据可视化概述

数据是抽象的，有时也可以是异常美丽的。可视化技术为大数据分析提供了一种更加直观的挖掘、分析与展示手段，有助于发现大数据中蕴含的规律，在各行各业均得到了广泛的应用。可视化和可视分析利用人类视觉认知的高通量特点，通过图形和交互的形式表现信息的内在规律及其传递、表达的过程，充分结合人的智能和机器的计算分析能力，是人们理解复杂现象、诠释复杂数据的重要手段和途径。数据可视化是大数据的主要理论基础，也是大数据的关键技术，已经成为当前大数据分析的重要研究领域。因此，大数据可视化能力是大数据领域的科学家、工程技术人员的核心竞争力之一。本章在讨论数据可视化的基本概念和起源的基础上，重点讨论可视化在大数据系统中地位，可视化目标和作用，介绍大数据可视化应用领域以及可视化与其他学科的关系。

1.1　大数据可视化的概念

数据科学主要以统计学、机器学习、数据可视化及（某一）领域知识为理论基础，其主要研究内容包括数据科学基础理论、数据预处理、数据计算和数据管理。因此数据可视化（Data Visualization）是数据科学的理论基础之一。数据可视化能将复杂的数据转换为更容易理解的方式传递给受众。数据可视化是关于数据视觉表现形式的科学技术研究。其中，这种数据的视觉表现形式定义为一种以某种概要形式抽取出来的信息，包括相应信息单位的各种属性和变量。它是一个处于不断演变之中的概念，其边界在不断扩大。数据可视化主要指的是利用图形、图像处理、计算机视觉及用户界面技术，通过表达、建模及对立体、表面、属性、动画的显示，对数据进行可视化解释。与立体建模之类的特殊技术方法相比，数据可视化涵盖的技术方法要广泛得多。

数据可视化借助图形化手段，清晰、有效地传达与沟通信息，但这并不意味着数据可视化就一定因为实现其功能用途而令人感到枯燥乏味，或者是为了看上去绚丽多彩而显得极端复杂。为了有效地传达思想观念，美学形式与功能需要齐头并进，通过直观地传达关键的方面与特征，实现对相当稀疏而又复杂的数据集的深入洞察。然而，设计人员往往不能很好地把握设计与功能之间的平衡，从而创造出华而不实的数据可视化形式，无法达到传达与沟通信息这一主要目的。

数据可视化与信息图形、信息可视化、科学可视化及统计图形密切相关。数据可视化与计算机图形学、计算机视觉等学科相比，既有相同之处，也有显著区别。数据可视化主要是通过计算机图形图像等技术手段展现数据的基本特征和隐含规律，辅助人们更好地认识和理解数据，进而支持从庞杂混乱的数据中获得需要的领域信息和知识。

当前，在大数据的研究、教学和开发领域中，数据可视化是一个极为活跃而又关键的方面。数据可视化是基于数据的，数据科学让人们越来越多地从数据中发现人类社会中的复杂行为模式，以数据为基础的技术决定着人类的未来，但并不是数据本身改变了世界，起决定作用的是可用的知识。大数据已经改变了人们生活工作的方式，给人们的思维模式带来巨大影响。当然，数据可视化不只是各种工具或新颖的技术，作为一种表达数据的方式，它还是对现实世界的抽象表达。它像文字一样，讲述着各种各样的故事。

清晰而有效地在大数据与用户之间传递和沟通信息是数据可视化的重要目标。数据可视化技术将数据库中的每一个数据项作为单个图元元素表示，大量的数据集构成数据图像，同时将数据的各个属性值以多维数据的形式表示，可以从不同的纬度观察数据，从而可以对数据进行更深入的观察和分析。

数据可视化使用数据和图形技术将信息从数据空间映射到视觉空间，是一门跨越计算机图形学、数据科学、自然科学和人机交互等领域的交叉学科。通常而言，可视化可以被理解为一个生成图形图像的过程。更进一步看，可视化是认知的过程，即形成某个物体的感知图像，强化认知理解。数据可视化综合运用计算机图形学、图像处理、人机交互等技术，将采集或模拟的数据变换为可识别的图形符号、图像、视频或动画，并以此呈现对用户有价值的信息。用户通过对可视化的感知，使用可视化交互工具进行数据分析，获取知识，并进一步提升为智慧。因此，数据可视化的终极目的是对事物规律的洞悉，而非所绘制的可视化结果本身。这包含多重含义，即从数据中发现、决策、解释、分析、探索和学习。

总之，在数据可视化的工作中更关注数据和图形，由此建立的数据可视化的领域模型如图 1-1 所示。

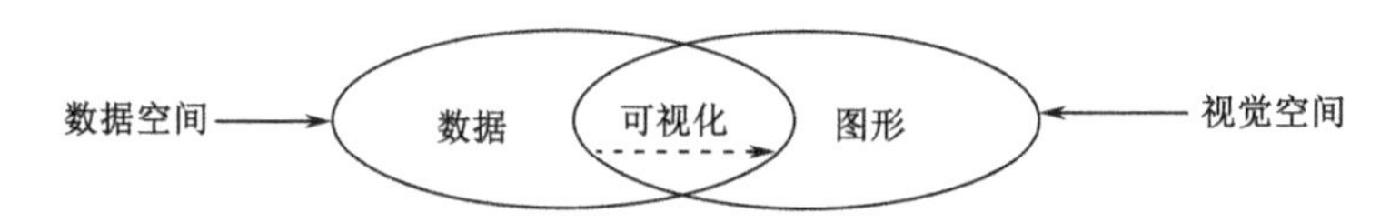

图 1-1　数据可视化的领域模型

数据：聚焦于解决数据的采集、清理、预处理、分析、挖掘。

图形：聚焦于解决光学图像的接收、提取信息、加工变换、模式识别及存储显示。

可视化：聚焦于解决将数据转换成图形，并进行交互处理。

数据可视化分层：从市场上的数据可视化工具来看，数据可视化分为 5 个层级，即数据统计图表化、数据结果展示化、数据分析过程可视化、VR/AR 阶段虚拟现实的可视化、借助人工智能发现大数据背后隐含的规律并产生洞见。

数据统计图表化阶段：这个阶段是使用传统的统计性图表来展示数据，其特点是统计数据的表达都是历史发生的，把过程中的一些信息省略掉，有可能会给出正确的指导，也有可能会给出错误的指导，历史统计偶尔会骗人。所以“数据可视化”只能看历史数据的统计和解读，类似于盲人摸象，从而无法做出正确的决策。其中的代表作是 Highcharts、Echarts 等图表库，甚至 Excel 也是典型的数据可视化工具。这类框架的优点：最成熟的可视化工具，包含的图表都是常见图表，易于用户理解和开发人员使用；

开发成本低，对图形技术和数据知识的要求不高。其缺点同样明显：配置项复杂、扩展性差、图表表现单一；适用范围窄，对树状、网状结构支持差；数据维度和数据量的展示都受限。

数据结果展示化工具：随着数据业务对可视化需求的要求越来越高，可视化的范围已经不仅仅限制于统计性图表，业务上需要显示更多维度的数据、更多样的图形展示数据。这就需要业务方能够根据自己的需求定制图表，这个阶段的工具主要有 D3.js、rapheal 等框架，这类框架提供了精细力度的图形工具和更多的图形算法。这类框架的优点：功能强大、交互性强、适用范围广；集成了大量的图形算法、可视化算法，降低复杂的图表的成本。此类框架同样存在一些共性的问题：需要细粒度的操作图形，学习、开发成本高；个性化需求多，复用性差。

数据分析可视化工具：前面的工具都是基于先验模型，用于检测已知模式和规律，对复杂、异构、大尺度数据的自动处理经常会失效，所以需要对数据的分析过程进行可视化，更好地探索规律、查找问题。数据分析的可视化工具，目前市场上做得较好的是 tableau、R 语言中的 ggplot2 等。这些产品的优点：与数据分析密切关联，集成了大量数据相关的算法；可以对数据分析的中间环节进行可视化展示。其缺点是专业度强，不易入门。

VR/AR 阶段的虚拟现实的可视化：谈论数据和虚拟现实的问题有点像鸡和蛋的问题——如果不知道人们如何使用 VR 数据工具，就很难设计良好的 VR 数据工具。虚拟现实可以帮助人们提升概率思维、多维数据的可视化、高密度信息的展示，以及提供情境以使人们更全面地理解问题。关于这种方法的研究已经覆盖到心理学和颜色感知的领域。研究者们花费了大量时间测量人们在不同的知觉中如何感知微小和巨大的区别。换句话说，借助 VR 和一些心理学知识，可以使人们理解复杂数据变得简单。

最后一个层级是“预测”，需要真正的人工智能（AI）。人工智能每一个技术环节与可视分析、过程数据分析互惠互利。在静态的图形上做点的判断根本无法了解所谓的大势，一定要做实时分析。机器学习是机器和机器之间的数据交流。目前，在绝大多数场景中还没有办法做到机器和机器之间交流，那么就必须让人和机器之间、人和数据之间先进行交流。而数据可视分析无疑是串联决策层（人）和数据层的最佳桥梁。

下面举例说明“数据可视分析”和“数据可视化”的区别。

在生活中，B 超就是典型的可视分析。数据可视分析不外乎把医学影像原理应用到企业的应用上，帮助企业实时分析企业此时此刻的整个状态。人与数据交互可以带来更大的决策价值。医院出具的 B 超报告单上的图片则是数据可视化，侧重结果。而 B 超的实时影像则是数据可视分析，侧重过程，是动态的。

“数据可视分析”是指实时的、人机互动的、更加直观的数据分析的工具，让人和机器进行真正的交流，给予企业真正的“大数据认知能力”。我们已经进入大数据时代，可视化在数据的获取、处理、分析阶段都发挥着重要的作用。以大数据为基础，以可视化和数据分析模型作为两翼，共同为客户创造价值，三者缺一不可，相辅相成。

当前支持业务的特点，决定了数据可视化的工作内容：

基本的统计性图表依然占可视化的很大比例，但是开发受困于各种图表库的不完整、数据的输入输出不一致、语法的烦琐，导致体验差、开发效率低。

越来越多的业务开始有更多维度的数据展示需求。

在线的数据分析业务开始兴起，传统的 PC 版工具不能满足需求。

因此，无论是对于数据可视化开发还是选择分析工具，要注意以下 3 点。

（1）满足现有的统计性图表需求，提供一套极为简单的图形语法，完成数据从数据空间映射到图形空间。

（2）提供各种图形的扩展语法，支持异构复杂的数据类型。

（3）探索数据技术在可视化上的应用，以在线数据分析为入口，提供数据分析的可视化能力。

要把握数据可视化的概念，还要注意理解信息图（Infographics）和可视化（Visualization）这两个容易混淆的概念。基于数据生成的信息图和可视化这两者在现实应用中非常接近，并且有时能够互相替换使用，但两者的概念是不同的。

信息图是指为某一数据定制的图形图像，它往往是设计者手工定制的，只能应用在那个数据中，其典型特征：它是具体化的、自解释性的和独立的。可视化是指那些用程序生成的图形图像，这个程序可以应用到很多不同的数据上。与具体的、自解释性的信息图不同的是，可视化是普适的，如平行坐标图并不因为数据的不同而改变自己的可视化设计。可视化强大的普适性能够使用户将某种可视化技术快速应用在一些新的数据上，并且通过可视化结果图像理解新数据。综上所述，可视化是普适性的，而信息图是具体的。可视化不因为内容而改变，而信息图则和内容本身有着紧密的联系。可视化基本上是全自动的，而信息图需要手工定制。两者都不是完全客观的，都需要作者在创作中把握合理的表达数据的方向，从而正确地传递数据信息。

当前，数据可视化技术正在迅速发展，已经出现了众多的数据可视化软件和工具，如 Tableau、Datawatch、Platfora、R、D3.js、Processing.js、Gephi、Echarts、大数据魔镜等。许多商业的大数据挖掘和分析软件也包括了数据可视化功能，如 IBM SPSS、SAS Enterprise Miner 等。数据可视化与信息图形、信息可视化、科学可视化及统计图形密切相关。数据可视化领域的起源，可以追溯到 20 世纪 50 年代计算机图形学的早期。当时，人们利用计算机创建出了首批图形图表。

1.1.1 科学可视化

1987 年，由布鲁斯·麦考梅克、托马斯·德房蒂和玛克辛·布朗所编写的美国国家科学基金会报告 *Visualization in Scientific Computing*（科学计算之中的可视化），对这一领域产生了大幅度的促进和刺激。这份报告强调了新的基于计算机的可视化技术方法的必要性。随着计算机运算能力的迅速提升，人们建立了规模越来越大、复杂程度越来越高的数值模型，从而造就了形形色色体积庞大的数值型数据集。同时，人们不仅利用医学扫描仪和显微镜之类的数据采集设备产生大型的数据集，而且利用可以保存文本、数值和多媒体信息的大型数据库收集数据。因此，需要高级的计算机图形学技术与方法来处理和可视化这些规模庞大的数据集。“科学计算之中的可视化”指的是作为科学计算之组成部分的可视化，也就是在科学与工程实践中对计算机建模和模拟的运用。

1.1.2　信息可视化

信息可视化（Information Visualization）是一个跨学科领域，旨在研究大规模非数值型信息资源的视觉呈现（如软件系统中众多的文件或者一行行的程序代码），通过利用图形图像方面的技术与方法，帮助人们理解和分析数据。与科学可视化相比，信息可视化侧重于抽象数据集，如非结构化文本或者高维空间中的点（这些点并不具有固有的二维或三维几何结构）。信息可视化囊括了数据可视化、信息图形、知识可视化、科学可视化及视觉设计方面的所有发展与进步。在科学技术研究领域，信息可视化这条术语则一般适用于大规模非数字型信息资源的可视化表达。

1.1.3　数据可视化

一直以来，数据可视化就是一个不断演变的概念，其边界在不断地扩大，因而，最好对其加以宽泛的定义。数据可视化指的是技术上较为高级的技术方法，而这些技术方法允许利用图形、图像处理、计算机视觉及用户界面，通过表达、建模及对立体、表面、属性、动画的显示，对数据进行可视化解释。与立体建模之类的特殊技术方法相比，数据可视化涵盖的技术方法要广泛得多。

1.2　数据可视化的作用与意义

1.2.1　数据可视化的作用

随着大数据时代的到来，可视化技术越来越多地被人们用于理解和分析数据，挖掘数据背后的奥秘。可视化技术将符号描述转变成几何描述，从而使研究者能够观察到所期望的仿真和计算结果。相比传统的用表格或文档展现数据的方式，数据可视化能以更加直观的方式展现数据，使数据更加客观、更具说服力。此外，可视化技术提供了将不可见转化为可见的方法，丰富了科学发现的过程，促进了对未知事物的领悟。可视化的作用体现在多个方面，如揭示规律和关系，形成论点或主见，观察事物演化的趋势，总结或积聚数据，了解真相，追求真理，传播知识，探索性数据分析等。从宏观角度看，可视化包括三大功能，即信息记录，支持对信息的推理和分析，以及信息传播与协同。数据可视化的作用是由看见物体到获取知识。对于复杂、大尺度的数据，已有的统计分析或数据挖掘方法往往是对数据的简化和抽象，隐藏了数据集真实的结构，而数据可视化则可还原乃至增强数据中的全局结构和具体细节。当前，数据可视化经常会陷入两个误区：一是为了实现其获取知识的功能而令人感到枯燥乏味；二是为了画面美观而采用复杂的图形。如果将数据可视化看成艺术创作过程，数据可视化需要做到两个平衡。

一方面，数据可视化要达到真、善、美的平衡。信息设计的先驱者，耶鲁大学统计学和政治学教授爱德华·塔夫特（Edward Tufte）认为，好的可视化作品与好的翻译一样，应该做到三个标准：信、达、雅。简单地说就是：一是真实地表达丰富的数据，避免扭曲数据（Avoid distorting data）；二是目的清晰，发人深省，激发观察者去比较不同的数据内容（Serve a clear purpose and encourage the eye to compare）；三是有美感（Aesthetic）。

另一方面，数据可视化要实现设计与功能之间的平衡，有效地挖掘、传播与沟通数据中所蕴涵的信息与知识。

具体而言，数据可视化的主要作用包括数据记录和表达、数据操作及数据分析 3 个方面，这也是以可视化技术支持计算机辅助数据认知的 3 个基本阶段。

1．数据记录和表达

数据表达是通过计算机图形图像等技术手段更加友好地展示数据信息，方便人们阅读、理解和运用数据的过程。人们利用视觉获取的信息量远远比别的感官要多得多。人类的知识中，有 80%以上的信息通过视觉获得。所以，数据可视化可以帮助人们更好地传递信息，毕竟人类对视觉获取的信息比较容易。人类的记忆能力是有限的，单纯地记忆数据特征对人类来说也是不小的挑战。将数据总结到一张图表中，通过图像记忆，能更好地帮助人们记忆。常见的数据表达形式包括文本、图表、图像、二维图形、三维模型、网络图、树结构、符号和电子地图等。借助于有效的图形展示工具，数据可视化能够在小空间呈现大规模数据。

2．数据操作

数据操作是以计算机提供的界面、接口、协议等条件为基础完成人与数据的交互需求，数据操作需要友好便捷的人机交互技术、标准化的接口和通信协议来支持完成对多数据集的集中或分布式操作。当前，基于可视化的人机交互技术发展迅猛，包括自然交互、可触摸、自适应界面和情境感知等在内的多种新技术极大地丰富了数据操作的方式。

3．数据分析

数据分析是通过数据计算获得多维、多源、异构和海量数据所隐含信息的核心手段，它是数据存储、数据转换、数据计算和数据可视化的综合应用。数据可视化作为数据分析的最终环节，直接影响着人们对数据的认知和使用。数据可视化能够帮助人们对数据有更加全面的认识。优化、易懂的可视化结果有助于人们进行信息交互、推理和分析，方便人们对相关数据进行协同分析，也可加速信息和知识的传播。另外，数据可视化可以有效表达数据的各种特征，辅助人们推理和分析数据背后的客观规律，进而获得相关知识，提供人们理解、认识和利用数据的能力。

交互智能可视化分析。借助可视化手段将人与机器智能有机结合，形成沉浸式分析环境可有效提升数据关联分析的效率。可视化能够使人深入了解数据分析和查询之间的关联性。可视化使得城市等复杂空间的智能化建立统一环境和可计算模型成为可能。

1.2.2 数据可视化的意义

与统计处理、机器学习类似，可视化处理也是数据科学中的重要研究方法之一。数据可视化在数据科学中的重要地位主要表现在以下 4 个方面。

1．视觉是人类获得信息的最主要途径

1）视觉感知是人类大脑的最主要功能之一

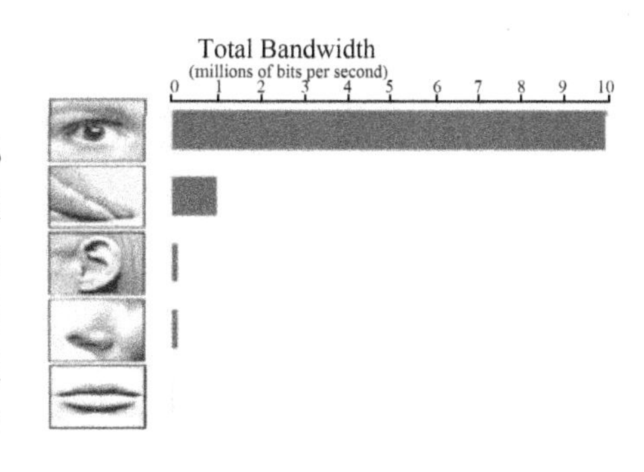

图 1-2　人视觉获取 80%的信息

据 Ward M. O.（2010）的研究[①]，超过 50%的人脑功能用于视觉信息的处理，视觉信息处理是人脑的最主要功能之一。视觉器官是人和动物利用光的作用感知外界事物的感受器官，光作用于视觉器官，使其感受细胞兴奋，其信息经过视觉神经系统加工后产生视觉。通过视觉，人和动物感知到画面的大小、明暗、颜色、变化趋势，人的知识中有 80%以上的信息经过视觉获得（见图 1-2），所以，数据可视化可以帮助我们更好地传递信息，毕竟人对视觉获取的信息比较容易。

2）眼睛是感知信息能力最强的人体器官之一

相对于其他人体感知器官，眼睛的感知信息的能力最为发达，最高带宽可达 2.3GB/s。除了科学研究，人们在平时生活中也意识到视觉感知活动的重要性。例如，一图胜千言，图片、动态图、短视频、微电影等。

2．数据可视化的主要优势

1）可以洞察统计分析无法发现的结构和细节

以著名的 Anscombe 的 4 组数据为例，统计学家 F. J. Anscombe 于 1973 年提出了 4 组统计特征基本相同的数据集（见表 1-1），他在论文 *Graphs in Statistical Analysis* 中[②]，分析散点图和线性回归的关系时提到了图像表示对数据分析的重要性。从统计学角度难以看出这 4 组数据的区别，但可视化后很容易找出它们的区别（见图 1-3）。

表 1-1　Anscombe 的 4 组数据（Anscombe's quartet）

Ⅰ		Ⅱ		Ⅲ		Ⅳ	
X	*Y*	*X*	*Y*	*X*	*Y*	*X*	*Y*
10.0	8.04	10.0	9.14	10.0	7.46	8.0	6.58
8.0	6.95	8.0	8.14	8.0	6.77	8.0	5.76
13.0	7.58	13.0	8.74	13.0	12.74	8.0	7.71
9.0	8.81	9.0	8.77	9.0	7.11	8.0	8.84
11.0	8.33	11.0	9.26	11.0	7.81	8.0	8.47
14.0	9.96	14.0	8.10	14.0	8.84	8.0	7.04
6.0	7.24	6.0	6.13	6.0	6.08	8.0	5.25
4.0	4.26	4.0	3.10	4.0	5.39	19.0	12.50
12.0	10.84	12.0	9.13	12.0	8.15	8.0	5.56
7.0	4.82	7.0	7.26	7.0	6.42	8.0	7.91
5.0	5.68	5.0	4.74	5.0	5.73	8.0	6.89

① Ward M O, Grinstein G, Keim D. Interactive data visualization:foundations,techniques,and applications[M]. CRC Press,2010。

② Anscombe F J. Graphs in statistical analysis[J]. The American Statistician,1973,27(1):17-21。

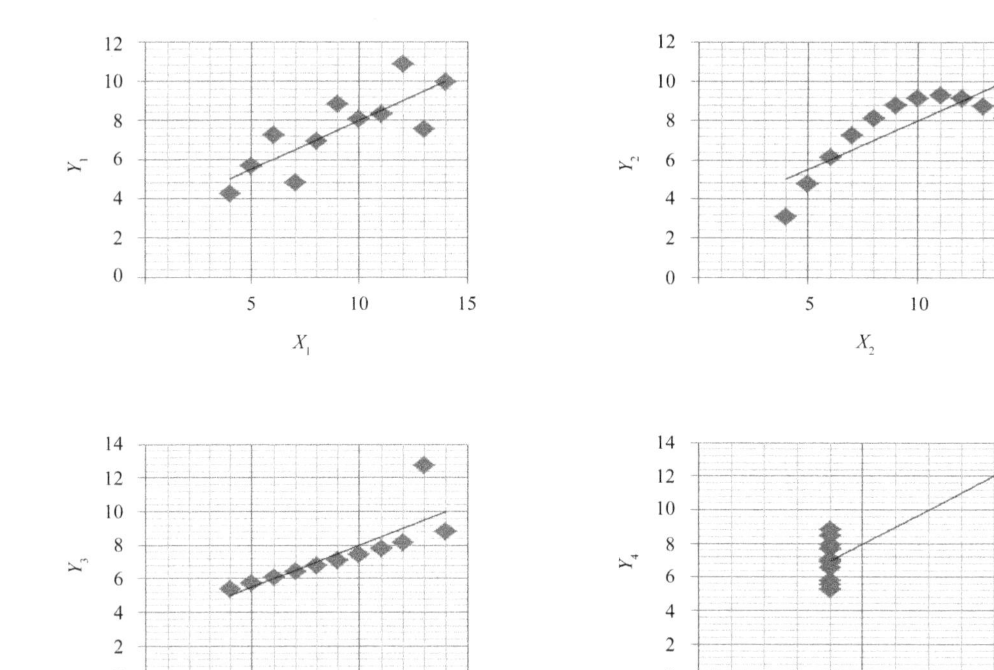

图 1-3 Anscombe's quartet 的可视化显示

每组数据有变量 *X* 和 *Y*，使用常用的统计算法分析这 4 组数据，会发现这 4 组数据拥有相同的统计值：

（1）平均值 （Means）：*X*=9，*Y*= 7.5。

（2）方差（Variance）：*X*=11，*Y*=4.112。

（3）相关度 （Correlation）：*X*-*Y*:0.816。

（4）线性回归（Linear regression）：*Y*=3.0+0.5*X*。

显然，按照传统的统计分析方法无法找出这 4 组数据的区别，但是如果采用可视化的方法：

（1）第一组数据图显示，*X* 和 *Y* 有弱线性相关（Week linear relation）。

（2）第二组数据图显示，*X* 和 *Y* 有曲线回归关系（Curve regression relation）。

（3）第三组数据图显示，*X* 和 *Y* 有强线性相关（Strong linear relation），一个异常点。

（4）第四组数据图显示，横坐标数据集中在一起，而且也有一个异常值。

用简单的图表对比就会发现，实际上这些数据用图像表示出来后，有完全不一样的故事。

2）可视化处理有利于大数据普及应用

数据可视化处理结果的解读对用户专业知识水平的要求较低。相对于数据统计结果，可视化结果对读者知识水平的要求不高，即使不了解统计学专业术语的本质含义，也可以较好地理解数据可视化处理结果。

3．可视化能够帮助人们提高理解与处理数据的效率

英国麻醉学家、流行病学家以及麻醉医学和公共卫生间医院的开拓者约翰·斯诺（John Snow，1813—1858）采用数据可视化的方法研究伦敦西部西敏市苏活区霍乱，并发现了霍乱的传播途径及预防措施。

1854 年，霍乱在伦敦 Soho 区爆发，并迅速传播，当时对霍乱起因的主流意见仅仅是空气传播，斯诺通过研究霍乱病死者的日常生活情况找到他们的共同行为模式，在伦敦地图上手工绘制宽街水泵附近的霍乱爆发热点，将水质研究、霍乱死亡统计分布图与地图对比分析，发现霍乱可以由水源传播，并由此制作出世界上第一份统计地图——约翰·斯诺伦敦霍乱地图，发现了霍乱与饮用不洁水的关系。在斯诺的呼吁下，政府及时关闭了不洁水源，有效制止了霍乱的流行。斯诺还推荐了几种实用的预防措施，如清洗肮脏的衣被、洗手和将水烧开饮用等，效果良好。虽然约翰·斯诺没有发现导致霍乱的病原体，但他创造性地使用空间统计学找到了传染源，并以此证明了这种方法的价值。今天，绘制地图已成为医学地理学及传染学中一项基本的研究方法。“斯诺的霍乱地图”已成为一个经典案例。

4．数据可视化能够在小空间展示大规模数据

每一个数据变成一个点，数据间关系通过线段连接，大量的数据能映射到非常小的图片上，能更好地帮助我们记忆。人的认知是有局限性的，记忆力和注意力很有限，通常会忽视很多事情。可视化能够增强人的认知，使人们做出更高效、正确的判断，帮助人们思考并看到传统统计分析所看不到的内容。俗话说得好，“百闻不如一见”。将数据总结到图表中，能够更好地帮助人们记忆。

1.3 数据可视化的应用领域

数据可视化是对各类数据的可视化理论与方法的统称。近年来，可视化的应用范围随着计算机技术、图形学技术的发展而不断拓宽，除了传统的医学、航空学、汽车设计、气象预报和海洋学领域外，大数据可视化的重要应用领域表现在大科学、大工程、大安全、互联网与社交媒体、物联网与智慧城市 5 大领域。应用可视化技术可以在具有大量高维信息的金融、通信和商业领域中发现庞杂数据中所隐含的内在规律，从而为科学决策提供依据。

在可视化历史上，与领域专家的深度结合导致了面向领域的可视化方法与技术。大数据可视化在多个行业领域发挥着越来越重要的作用。

1.3.1 在“工业 4.0”中的应用

自“工业 4.0”在德国汉诺威工业博览会提出后，世界各国都根据国情提出相应的战略，在欧洲典型工业大国如德国，“工业 4.0”的氛围尤其浓厚，形成超越机器自动化的自组织生产，将工厂、机器、生产资料和人通过网络技术高度结合。作为互联网巨头的美国，当然也不甘示弱，用最高级的软件技术布局工业物联网，做到用软件定义世界。在这场浪潮里，谁能更快更准地完成智能化、数字化转型，谁就掌握了话语权。作为制造业大国，中国也在“工业 4.0”的浪潮中提出“中国制造”向“中国智造”转型及“中国制造 2025”的发展战略。在此期间，无论是政府还是工厂本身，都依附技术创新对工厂的生产管理做出改变，但是由于中国工厂庞杂和传统方式在工厂留下的各种弊病，“工业 4.0”的起步是异常艰难的，中国目前的制造业水平仍旧处于“工业 3.0”，与“工业 4.0”还有一段比较遥远的距离。而各国“工业 4.0”的改革推进，也在各方面给中国制造业带来转型灵感和希望，越来越多的中国工厂开始意识到转型，少量工厂管理者也已经开始尝试一系列的创新产品及解决方案，力图跟上“工业 4.0”的浪潮。

德国等老牌制造业大国和美国等以科技创新为主的新兴领军国家，在“工业 4.0”变革中做出了努力并取得了成果，逐渐实现了全面智能化。面对工业这种实体的经济，在当今的科技潮流之下，都离不开物联网。

对于众多的中国工厂来说，从自动化到智能化转型的第一步就是让工厂中的所有设备联网，这是最基础也是最核心的部分。

（1）在设备联网之后，原先处于数据孤岛的工厂设备将会被统一地管理和监控，包括生产数据的实时反馈，使工厂的运转处于全自动化的统计及反馈之下，同时能实现远程查看及提醒。

（2）设备的故障能实现提醒预警通知。

（3）设备的历史数据被完全地记录和保存，在下一次故障中可以很容易地分析出故障原因，从而杜绝类似故障再次发生。

（4）工厂的生产数据可以形成统计报告，使工厂管理者全方位地了解生产状况，及时调整生产计划。

从人工智能与智能制造结合角度来看，分为两个方面：一是人工智能技术嵌入到哪些产品中，也就是智能化产品的发展；二是如何利用人工智能技术实现制造过程的全面智能化。支撑平台技术是核心和基础，尤其是基于工业互联网的云计算和大数据平台会成为基础能力。第一个方面体现在无人驾驶汽车、无人机、送货机器人、工业机器人、仓储机器人、智能家居、可穿戴设备等产品中嵌入人工智能。全球机器换人的风潮还在持续之中。根据美银美林集团的分析，当前在全球范围内只有 10%的制造业工作是自动化的。接下来的 10 年中，随着机器人价格大幅降低，这一数字将达到 45%。麻省理工学院（MIT）与宝马公司合作，发现机器人与人类合作的组合最佳，比只有人类或者只有机器人的团队在生产力方面高出 85%。第二个方面体现在智能制造的全流程升级过程中，人工智能会发挥以下作用：

（1）工业互联网是利用人工智能技术实现智能制造的基础，需要机器设备的智能化连接，从而将每台机器设备的生产过程数据化，这些数据成为智能制造的主要数据源。

（2）基于上述机器数据的实时收集、整合，再与各种结构化和非结构化数据，内部和外部数据进行交叉分析，基于深度学习算法模型进行反复迭代，将会带动生产过程的高度自动化、自组织，基于操作流程中高度网络化的视觉系统，实现高效率的生产。

（3）基于人工智能的预测性应用成主流，包括库存和原料需求预测、预测性维修应用等，从而自动决定何时购买原料，实时告知机器哪些部件遇到问题、需要维修等。

生产数据可视化。在传统的工厂中，最常见的数据记录方式是用纸张记录，容易丢失、可读性差等问题让管理者头痛不已。而设备联网之后，任何相关的数据都可以通过传感器收集分析，然后形成可视化的动态图表，具有直观的数据反馈。设备与设备互连后，设备的相关数据就能实现采集、监控、分析、反馈，通过网络将人、设备、系统之间无缝连接，最终设备的管理逐渐智能化，大大降低了人力成本。在整个管理过程中，流程简化并且记录可留存性强。网络就像人的神经，设备就是人的器官，数据是人的血液，数据可视化让管理者的决策通过对设备进行设置，所有的设备的状态都可以一手掌握。及时对生产环节、生产设备进行调整，以达最佳的生产效率。

产品可视化指面向制造和大型产品组装过程中的数据模型、技术绘图和相关信息的可视化方法。它是产品生命周期管理中的关键部分。产品可视化通常提供高度的真实感，以便对产品进行设计、评估与检验，因此支持面向销售和市场营销的产品设计或成型。产品可视化的雏形是手工生成的二维技术绘图或工程绘图。随着计算机图形学的发展，它逐步被计算机辅助设计替代。

例如，在流场计算的过程中，可视化技术起着十分重要的作用。首先，可视化技术提供交互设计手段以方便与加快物体的定义过程，研究人员可直观地校验物体各部分的几何尺寸大小、部件间是否留有缝隙、物体表面是否光滑等。其次，在对计算区域进行网格剖分时，可视化技术能把生成的网格显示出来，以便让研究人员检验并及时调整和伸缩网格线，使之形成合理的空间分布。最后，在对计算结果的分析过程中，可视化技术利用计算机图形学所提供的各种方法描述流场中的各种物理量的分布情况，如压力、密度等标量和速度等矢量，并用不同颜色的等值线（面）或不同深浅的颜色填充网格表示标量的数值差别。此外，可视化技术可实时交互地变化画面大小并提供动态显示，以使分析者看清流场中各种现象的细节并作进一步分析。

1.3.2　在智能交通中的应用

智能交通即实现交通诱导、指挥控制、调度管理和应急处理的智能化。城市变得越来越现代化，但是问题也越来越多，如能耗增加、环境污染、交通拥堵等。城市公共交通智能化可以强化交通综合管理，有效调控、合理引导个体机动化交通需求，推动各种交通方式、城市道路交通管理系统的信息共享和资源整合，建立城市群成本共担和利益共享机制，推进跨区域互连、互通，促进基础设施和公共服务设施共建共享，促进创新资源高效配置和开放共享，推动区域环境联防联控联治，实现城市群一体化发展。在智能交通的建设过程中，要充分考虑智慧城市建设，着力解决城市、人、环境协调发展问题。充分发挥数据可视化在智能交通中的核心作用。数据可视化在智能航海、陆地交通、航空、载人航天等方面都有广泛的应用，限于篇幅，本节仅举几个例子，说明可视分析解决大城市交通拥堵的思路以及可视分析在人工智能中的应用。

城市计算（Urban Computing）是数据科学家郑宇教授主持的一个研究项目，该项目从 2008 年初开始，通过分析和融合城市中的各种大数据，实现了一系列关于智能交通、城市规划、环境和能源的实际案例。相关技术不仅被应用于微软公司的产品，而且服务于中国多个城市的政府部门。城市计算是一个交叉学科，是计算机科学以城市为背景，与城市规划、交通、能源、环境、社会学和经济等学科融合的新兴领域。更具体地说，城市计算是一个通过不断获取、整合和分析城市中多种异构大数据来解决城市所面临的挑战的过程。城市计算将无处不在的感知技术、高效的数据管理和分析算法，以及新颖的可视化技术相结合，致力于提高人们的生活品质、保护环境和促进城市运转效率。城市计算可以帮助人们理解各种城市现象的本质，甚至预测城市的未来。

图 1-4 给出了城市计算的基本框架，包括城市感知及数据捕获、数据管理、城市数据分析、服务提供 4 个环节。与自然语言分析和图像处理等“单数据单任务”系统相比，城市计算是一个“多数据多任务”系统。城市计算中的任务涵盖改进城市规划、缓解交通拥堵、保护自然环境、减少能源消耗等。而在一个任务中又需要同时用到多种数据。例如，在城市规划的设计过程中，需要同时参考道路结构、兴趣点分布、交通流等多种数据源。在线地图服务的同时考虑交通堵塞情况，可以比仅仅考虑最短路程取得更好的效果。其中关键的方法就是向出租车司机学习，因为他们每天都要被迫找到最好的路线。郑宇的团队分析了来自北京 33000 个出租车司机的 GPS 数据，并且找到了方法，利用精巧的技术将这些数据整合到了一个地图服务中。

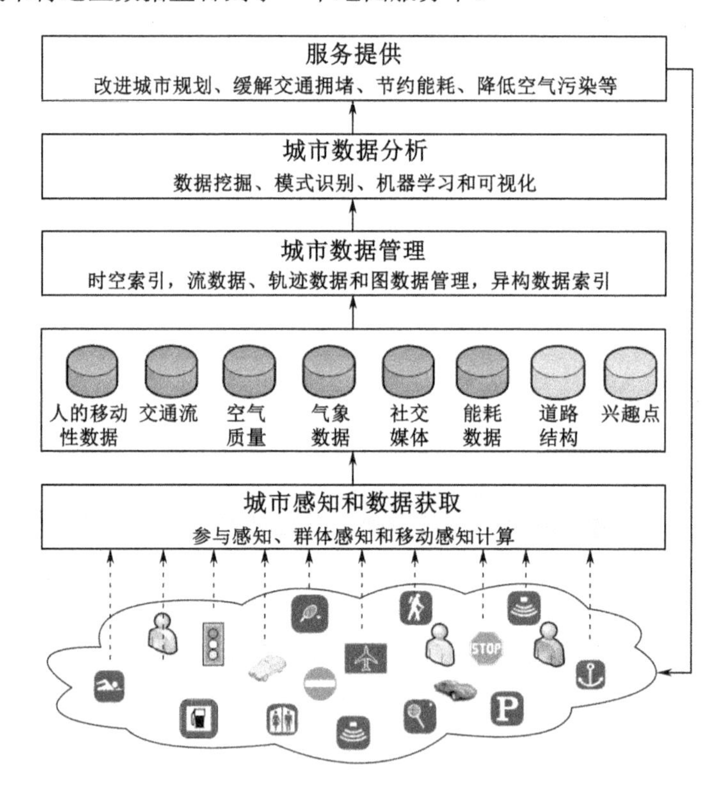

图 1-4　城市计算的基本框架

1. 实时大规模动态拼车服务

打车难是很多大城市都面临的一个问题。该项目通过出租车实时动态拼车的方案解决这一难题。用户通过手机提交打车请求，表明上、下车地点、乘客人数和期望到达的目的地。后台系统实时维护着所有出租车的状态，在接收到一个用户请求后，搜索满足新用户条件和车上已有乘客条件的最优的出租车。这里的最优是指出租车去接一个新的用户所增加的里程最小。该研究成果可以为城市节约大量的燃油、减少污染物排放量，大大提高整个出租车系统的运送能力，缩短乘客的等待时间，降低乘客的打车费用并提高司机的收入。项目难点在于如何高效地索引并计算出最优的车辆和拼车线路。

MIT 感知城市实验室的科学家们研究了“共享汽车”出行的算法模型。他们分析了纽约 1.7 亿条出租车轨迹数据发现，用实时数据调动纽约的出租车系统，可以减少 40%的运输线路。MIT 的极客们用大数据的方法，将拼车这个时空共享问题转换成了图论框架，发明了“共享网络”模型。这个模型不仅解决了共享拼车的效率问题，还能够无压力地对海量数据进行计算。他们收集了纽约 2011 年共 13586 辆注册出租车的 1.5 亿条行驶数据，分析他们的行驶线路、接送乘客的情况等，最终形成了一个动态的拼车调度方案。不仅如此，他们甚至把结果做成了一个大型的可视化交互页面，让用户自己体会在纽约搭乘出租车的情况。在 HubCab 这个交互式的可视化项目中，MIT 感知城市实验室以纽约出租车的行驶轨迹为切入口，研究了人们的出行习惯，旨在探索纽约城市化交通的未来。HubCab 将纽约地图以 40m 为单位切分成了 20 万个街道块，描绘出了纽约超过 13500 辆黄色出租车，在这 20 万个街道块上可能出现 400 亿个轨迹图。这项分析不仅展示了人们是如何在城市中移动的，也通过开始和结束时间连接了每一次旅行的上车和下车的地点情况。研究人员通过这些数据可以计算“拼车”的机会，也可以介绍“共享网络”的概念。最终结果显示：乘客只需要牺牲一点点便利成本，共享拼车模式就可以减少纽约 40%的通勤线路，从而减少汽车尾气排放，为数以百万计的城市人口提升经济效益。

2. 路线通行时间估计

该项目根据一部分车的 GPS 轨迹数据，可以实时地估计全城任意路线的车辆通行时间。其难点：①数据稀疏性，在过去的一段时间里，很多道路上并没有轨迹数据；②不同轨迹的组合问题，对于有数据的路段，有很多种子轨迹组合的方式来估计时间，寻找最优解很困难；③效率、准确性和可扩展性的权衡，城市范围很大，轨迹快速变化，子轨迹组合方式很多，但时间估计的实时性要求很强，如图 1-5 所示。

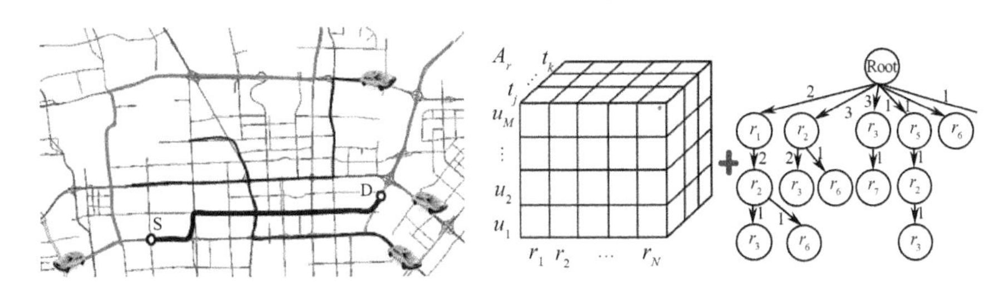

图 1-5　路线通行时间估计

3. 基于出租车 GPS 轨迹的最快行车路线设计

装有 GPS 的出租车可以看作移动传感器，可以帮助人们不断感知路面的交通流量。

因为出租车司机是相对有经验的司机，所以出租车的 GPS 轨迹既体现了交通流量的变化规律，也蕴含了人们选择道路的智能。该项目（T-Drive）利用北京 3 万多辆装有 GPS 传感器的出租车来感知交通流量，并为普通用户设计真正意义上的最快驾车线路。T-Drive 的改进版进一步考虑了天气及个人驾车习惯、技能和道路熟悉程度等因素，提出了个性化最快线路设计。这个系统不仅可以为每 30min 驾车路程节约 5min 时间，也可以通过让不同用户选择不同的道路来缓解可能出现的拥堵。

4. 自行车租借系统使用需求预测

自行车租借和共享系统在很多城市都得到了普及。人们在各个站点对自行车的需求不一致，导致某些站点出现无车可借，而另一些站点可能会出现大量车被换回而无法接纳。因此，提前预测各个自行车租赁点人们对车的需求量（如在未来 1h 内各个站点的借出和还回的自行车数量），将有助于提前调度不同租赁站点之间的自行车，做到供求平衡。由于人们对自行车的需求受到很多复杂因素的影响，如天气、事件和站点间的相互影响，因此预测单个站点自行车的借出和还回数量非常困难。文献[7]采用聚类和层次化预测的方法来克服这些难点，如图 1-6 所示。

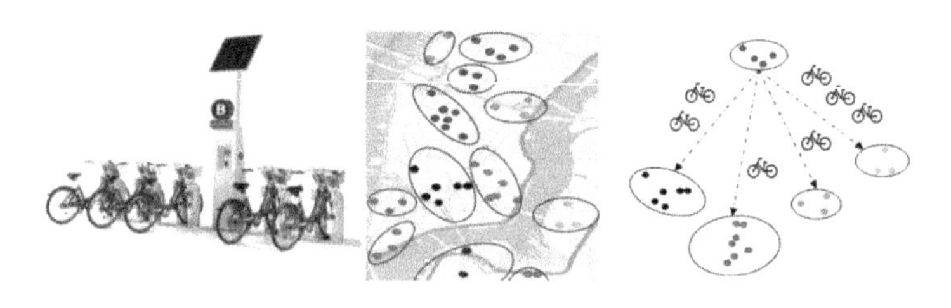

图 1-6　自行车租借系统使用需求预测

以上项目都是让人们更多地关注大都市中出行人的长途通勤问题。而这些看起来异常复杂的交通出行问题，通过解释性分析和算法计算，并以可视化方法展示出来，就显得通俗直观，呈现出化繁为简的神奇效果。由此可见，数据可视化、数据可视分析在优化交通枢纽、解决出行难题上起到了至关重要的作用。

2016 年，国家发展改革委和交通运输部联合发布了《推进“互联网+”便捷交通促进智能交通发展的实施方案》（以下简称《实施方案》），对促进交通与互联网深度融合、推动交通智能化发展提出了总体要求和具体任务。

《实施方案》的发布，突出强调了智能交通在我国交通运输发展新阶段的战略重点，准确把握了“互联网+”便捷交通与智能交通之间既有所侧重又密切相通的内在关系，清晰阐明了以“互联网+”便捷交通为切入点，推动智能交通发展，进而实现交通现代化的发展路径，研究探讨了新时期的智能交通体系框架。

一是突出强调了智能交通是我国交通运输发展新阶段的战略重点。经过改革开放以来 30 多年的大规模建设，我国交通运输基础设施网络初步形成，高速公路、高速铁路总里程位居世界第一，拥有一批吞吐量位于世界前列的大型港口和航空枢纽，服务能力已总体适应了经济社会发展需要。随着铁、公、水、航等交通基础设施的逐步完善，我国交通运输正在进入综合协调、优化发展的新阶段。在这个新的发展阶段，如何提高综合交通运输体系的运行效率和管理效率、如何为公众提供更优质的运输服务、如何与经济发展相结合培育新的增长点等，成为交通运输发展的关键问题。

近年来，大数据、物联网、云计算、互联网特别是移动互联网技术的快速发展，为交通运输提质增效升级提供了更好的条件。交通与互联网融合发展，产生了新业态，为公众出行等提供了更加便利、多元化的运输服务。因此，“十三五”及以后较长一段时期，应将推动“互联网+”便捷交通、智能交通发展作为我国交通运输的战略重点。

二是准确把握了“互联网+”便捷交通与智能交通之间既有所侧重又密切相通的内在关系。“互联网+”便捷交通是指通过互联网的创新成果与交通运输行业深度融合，实现供需双方信息高效精准对接，形成以互联网为信息基础设施和创新要素的交通运输服务，更多的是指新业态，为公众带来全方位的出行便利和高效的客货组织，强调的是多元化的服务和优质服务的获得感。而智能交通侧重于实现先进技术方法在交通系统中的全面应用，旨在优化综合交通运输体系的系统和管理，推动效率提升和组织变革，支撑安全和绿色发展，从而提高全要素生产率。

虽然两者侧重点有所不同，但也要看到，“互联网+”便捷交通的大部分内容也属于智能交通的范畴，如实时信息服务与智能移动支付等。此外，互联网新业态的市场主体也可能朝着更广泛的智能交通领域拓展，如百度公司依托自主开发的高精度电子地图和计算平台，正大力推进自动驾驶车辆的研发。

三是清晰阐明了以“互联网+”便捷交通为切入点，推动智能交通发展，进而实现交通现代化的发展路径。当前，移动互联网等新技术快速融入交通运输领域，网络约租车、互联网巴士、互联网停车、互联网汽车维修等新业态得到了快速兴起和发展，为人们提供了更加多样化、定制化、高质量的出行服务，正处于发展风口浪尖，应很好地利用该发展机遇，加以推动、因势利导。

同时，基于“互联网+”便捷交通与智能交通的相通性，新业态的市场主体也在朝着智能交通领域不断推进，如 Google、百度等公司都在研发推广无人驾驶车辆等，本身就是智能交通的内容。因此，《实施方案》提出以“互联网+”便捷交通为切入点、推动智能交通发展思路是可行合理的，是本着立足当前、着眼长远、因势利导的原则，从与老百姓切身利益息息相关的交通运输服务抓起，为“互联网+”便捷交通新业态发展营造良好环境，并在此基础上进一步全面推动智能交通系统的发展，抢占国际制高点，最终实现我国交通运输在基础设施、技术装备、运营服务等各领域的现代化。

四是研究探讨了新时期的智能交通体系框架。我国曾经在 2000 年前后首次提出国家智能交通体系框架，但该体系框架更多侧重于公路和城市交通领域，对铁路、水运、民航等涉及不足，对各种运输方式的协同联动关注也较少。同时，随着大数据、物联网、云计算、互联网等新技术的快速发展和推广应用，以及自动化等技术的逐步成熟，交通新业态、新模式层出不穷，原有智能交通体系已不能适应新时期我国交通运输的发展形势，需要更新和完善。

面对形势要求，《实施方案》提出了逐步构建“三系统、两支撑、一环境”的体系框架。“三系统”包括从用户和提高服务质量角度提出的“完善智能运输服务系统”、从企业和提高运行效率角度提出的“构建智能运行管理系统”、从政府和提升决策监管水平角度提出的“健全智能决策支持系统”；“两支撑”是指侧重硬件的“加强智能交通基础设施支撑”和侧重软件的“全面强化标准和技术支撑”；另外还包括为新业态、新模式“营造宽松有序发展环境”。该智能交通体系框架是新时期我国发展智能交通的有益探索和尝试，是基于现阶段的技术发展和认识水平提出的，仍需要在实践中不断接受检验和调整完善。

《实施方案》的发布，从政策上支持了智能交通企业的全新产业链正在形成、未来辅助无人车驾驶的交通系统、移动通信系统及大数据产业的建设和发展，为更充沛的市场需求提供了政策保障，营造了宽松有序的发展环境。

1.3.3 在新一代人工智能领域的应用

人工智能势不可当。Alpha Go 战胜人类围棋世界第一柯洁、刷脸支付、无人驾驶……人工智能已经被人看作继蒸汽机、电力和计算机之后，人类社会的第四次革命。当然，人工智能是一个相当广泛的概念，海纳百川、包罗万象、囊括众多，但毋庸置疑的是，人工智能在产业应用中的真正落地将成为中国人工智能能否稳居世界前列的关键。随着科学研究的进展，受脑科学成果启发的类脑智能蓄势待发，芯片的硬件化平台趋势也非常明显，这些重大变化使得人工智能进入到与前 60 年完全不同的阶段。这也是人工智能被冠以“新一代”的一个判断。但是，真正使人工智能区别于前 60 年发展的，关键是应用的真正落地，或者说技术层面的人工智能要走出实验室落地到实际应用场景中，在场景中持续接受淬炼、打磨，才能充分体现它的价值。

“新一代人工智能”的“新”，就新在人工智能从 1.0 向 2.0 的迈进。新一代人工智能技术有以下特点：一是从人工知识表达到大数据驱动的知识学习技术；二是从分类型处理的多媒体数据转向跨媒体的认知、学习、推理；三是从追求智能机器到高水平的人机、脑机相互协同和融合，计算能力和工具变得越来越多；四是从聚焦个体智能到基于互联网和大数据的群体智能，把很多人的智能集聚融合起来变成群体智能；五是从拟人化的机器人转向更加广阔的智能自主系统。

大数据可视化和可视分析是一种人机融合或者说是人机混合智能关键技术。从数据到知识需要人的介入，很多场合下让机器去完成所有的任务是不可能的，尤其是在一些很重要、严肃的场合，有效结合人的智慧是很重要的一个发展方向，可视化和可视分析首当其冲。

可视化和可视分析与人工智能 2.0 深度融合。人工智能 2.0 关键技术是大数据技术和深度学习技术的融合，而可视化和可视分析应用于大数据的获取、清洗、数据建模、数据分析、知识呈现（预测仿真）的整个过程；可视化和可视分析将在深度学习的展示、解释、调参、验证等方面发挥作用。

1.3.4 在其他领域的应用

1. 生命科学可视化

生命科学可视化指面向生物科学、生物信息学、基础医学、临床医学等一系列生命科学探索与实践中产生的数据可视化方法，本质上属于科学可视化。由于生命科学的重要性以及生命科学数据的复杂性，生命科学可视化已成为一个重要的交叉型研究方向。当前，可视化技术已广泛应用于诊断医学、整形与假肢外科中的手术规划及辐射治疗规划等方面。在以上应用中的核心技术是将过去看不见的人体器官以二维图像显示或三维模型重建。由于三维医学图像构模涉及的数据量大、体元构造算法复杂、运算量大，因此至今仍是医学图像可视化中的技术瓶颈。在这一领域，图像处理技术占主流，而计算机视觉与图形学则在整形外科的手术中起主要作用。

举例来说，图 1-7 所示为核磁共振（MRI）图像序列重构的三维脑部图像。此类三维图像有助于医生决定是否需要外科手术，应用何种方法和需要何种工具等问题。目前，在医学可视化领域主要包含 3 个研究热点，即图像分割技术、实时渲染技术和多重数据集合的图像标定技术。这些技术的发展将进一步促进可视化技术在医学领域中的推广。

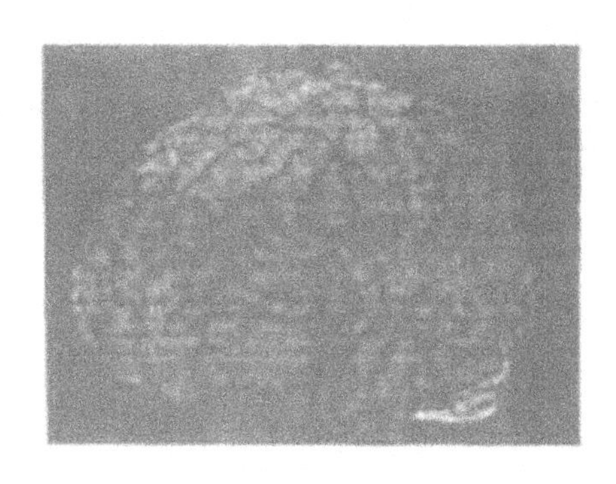

图 1-7　核磁共振（MRI）图像序列重构的三维脑部图像

2. 表意性可视化

表意性可视化指以抽象、艺术、示意性的手法阐明、解释科技领域的可视化方法。早期的表意性可视化以人体为描绘对象，类似于中学的生理卫生课和高等院校的解剖课程上的人体器官示意图。在科学向文明转化的传导过程中迸发了大量需要表意性可视化的场合，如教育、训练、科普和学术交流等。在数据爆炸时代，表意性可视化关注的重点是从采集的数据出发，以传神、跨越语言障碍的艺术表达力展现数据的特征，从而促进科技生活的沟通交流，体现数据、科技与艺术的结合。例如，Nature 和 Science 杂志大量采用科技图解展现重要的生物结构，澄清模糊概念，突出重要细节，并展示人类视角所不能及的领域。

3. 地理气象信息可视化

地理信息可视化是数据可视化与地理信息系统学科的交叉方向，它的研究主体是地理信息数据。地理信息可视化的起源是二维地图制作，并逐渐扩充到三维空间动态展示，甚至还包括地理环境中采集的各种生物性、社会性感知数据（如天气、空气污染、出租车位置信息等）的可视化展示。

气象预报中涉及大量的可视化内容，从普通的云图到中尺度数值预报。大量的气象观测数据都必须经过可视化后再向用户提供信息。一方面，可视化可将大量的数据转换为图像，在屏幕上显示出某一时刻的等压面、等温面、旋涡、云层的位置及运动、暴雨区的位置及其强度、风力的大小及方向等，使预报人员能对未来的天气作出准确的分析和预测；另一方面，根据全球的气象监测数据和计算结果，可将不同时期全球的气温分布、气压分布、雨量分布及风力风向等以图像形式表示出来，从而对全球的气象情况及其变化趋势进行研究和预测。图 1-8 为三维空间里的风暴前锋模型，描述了冷暖锋面及锋面相交时的压力场分布。

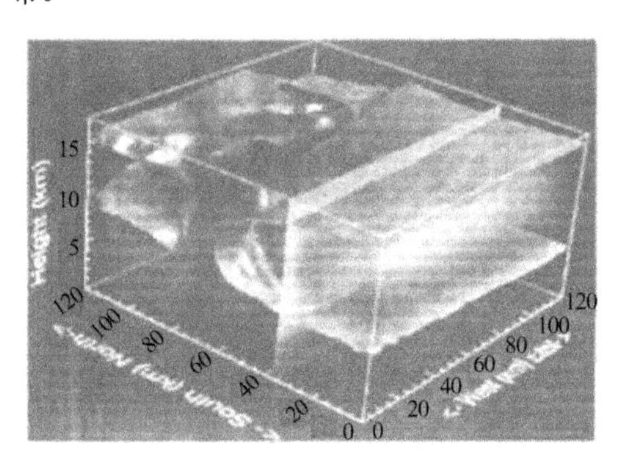

图 1-8　三维空间里的风暴前锋模型

4．教育可视化

教育可视化指通过计算机模拟仿真生成易于理解的图像、视频或动画，用于面向公众的教育和传播信息、知识与理念的方法。教育可视化在阐述难以解释或表达的事物（如原子结构、微观或宏观事物、历史事件）时非常有用。美国航空航天局等机构专门成立信息可视化部门，制作传播自然科学的教育可视化作品。

5．系统可视化

系统可视化指在可视化基本算法中融合了叙事型情节、可视化组件和视觉设计等元素，用于解释和阐明复杂系统的运行机制与原理，向公众传播科学知识的方法。它综合了系统理论、控制理论和基于本体论的知识表达等，与计算机仿真和教育可视化的重合度较高。

6．商业智能可视化

商业智能可视化又称可视商业智能，指在商业智能理论与方法发展过程中与数据可视化融合的概念和方法。商业智能可视化专门研究商业数据的智能可视化，以增强用户对数据的理解力，目标是将商业和企业运维中收集的数据转化为知识，辅助决策者做出明智的业务经营决策。数据包括来自业务系统的订单、库存、交易账目、客户和供应商等，以及其他外部环境中的各种数据。从技术层面上看，商业智能是数据仓库、联机分析处理工具和数据挖掘等技术的综合运用，其目的是使各级决策者获得知识或洞察力。因此，商业智能可视化能够快速了解商业趋势，预测未来，降低企业决策风险，使得精准广告投放成为可能，降低无意义花销成本；有助于企业知己知彼，抢占先机，在市场上立于不败之地。

7．知识可视化

知识可视化采用可视化形式表达与传播知识，其形式包括素描、图表、图像、物件、交互式可视化、信息可视化应用以及叙事型可视化。与信息可视化相比，知识可视化侧重于运用各种互为补充的可视化手段和方法，面向群体传播认识、经验、态度、价值、期望、视角、主张和预测，并激发群体协同产生新的知识。知识可视化与信息论、信息科学、机器证明、知识工程等方法各有异同，其特点是使发现知识的过程和结果易于理解，且在发现知识过程中通过人机交互界面发展发现知识的可视化方法。

8．高维度数据的可视化

图 1-3 所示的四组数据集比较简单，因为只处理了二维数据，如果是三维数据，则会想当然地使用三维图像。但如果是更高维度的数据，如 Excel 表中很多行很多列的数据，可能就无从下手了。实际上，超过三维的数据集都不可能在超三维空间中进行可视化。人的思维有穷有尽，很难想象四维空间的方体如何旋转；也难以理解逻辑很长的句子，例如，南京鼓楼区 20 年房龄以上的房子在去年 3 月的房价增长率比南京平均房价增长率快了多少，如再增加几个维度就更难理解了。因为每个事物都有很多特点，也就是数据维度多，反映到数据库就是字段非常多，而且一句话说不清楚，必须把它们切成片段。

利用海量的数据，可以描述观点，解答问题和疑惑，指导行动和决策。做一个可视化分析与说一句话、拍一张照片一样，即选择几个维度表达一个观点，寻找一个角度捕捉一个瞬间。然而可视化和说话一样，有角度的可视化是不全面的，面面俱到就是什么都没说，并不存在一种解决所有问题的数据可视化，因为不同的角度有不同的答案。高维度数据可视化有两种思路：一是虚拟现实（VR）的方法；二是基于自下而上的子空间探索的方法。这些方法在以后章节讨论。PacificVis 的一篇文章①提出一种自下而上的子空间探索方法，支持对多变量体数据中特征的提取和可视化。

1.4　与相关学科的关系

当前，数据科学在研究、教学和工业界等领域方兴未艾，数据可视化又是其中非常活跃的一个研究方向。现代的主流观点将数据可视化看成传统科学可视化和信息可视化的泛称，即处理对象可以是任意数据类型、任意数据特性以及异构异质数据的组合。数据可视化的目标是以图形方式清晰、有效地展示信息。一般来说，图表和地图可以帮助人们快速理解信息。但是，当数据量增大到大数据的级别，传统的电子表格等技术就无法处理海量数据。大数据的可视化已成为一个活跃的研究领域，因为它能够辅助算法设计和软件开发。数据可视化既是数据科学中必不可少的环节，又与信息可视化、科学可视化、计算机图形学、计算机视觉等学科密切相关。下面简单总结数据可视化与其他学科领域的联系。

---

① Kewei Lu, Han-Wei Shen. Multivariate Volumetric Data Analysis and Visualization through Bottom-Up Subspace Exploration. In Proceedings of IEEE Pacific Visualization Symposium 2017, 2017：141-150.

1.4.1 与计算机图形学的关系

计算机图形学（Computer Graphics）是一门通过软件生成二维、三维或四维动态影像的学科，包括数字合成和操作可视内容（图像、视频）的方法。起初，可视化曾被认为是计算机图形学的子学科。通俗地说，计算机图形学关注数据的空间建模、外观表达与动态呈现，它为可视化提供数据的可视编码和图形呈现的基础理论与方法。数据可视化领域的起源可以追溯到 20 世纪 50 年代的计算机图形学。数据可视化与具体应用和不同领域的数据密切相关。由于可视分析学的独特属性以及与数据分析之间的紧密结合，数据可视化的研究内容和方法已经逐渐独立于计算机图形学，形成一门新的学科。信息图（Infographics）局限于二维空间上的视觉设计，偏重于艺术的表达。信息图和可视化之间有很多相似之处，共同目标是面向探索与发现的视觉表达。特别地，基于数据生成的信息图和可视化在现实应用中非常接近，而且有时能互相替换。但两者的概念是不同的：可视化指用程序生成的图形图像，这个程序可以应用到不同的数据；信息图指为某一数据定制的图形图像，它是具体化的、自解释性的，而且往往是设计者手工定制，只能应用于特定数据。由此可以看出，可视化的强大普适性能够使用户快速将某种可视化技术应用于不同数据，但选择适合的数据可视化技术却依赖于数据本身和用户个人经验。

计算机动画是图形学的子学科，是视频游戏、动漫、电影特效中的关键技术。它以计算机图形学为基础，在图形生成的基本范畴下延伸出时间轴，通过在连贯的时间轴上呈现相关的图像表达某类动态变化。数据可视化可以采用计算机动画这种表现手法展现数据的动态变化，或者发掘时空数据的内在规律。

1.4.2 与计算机视觉的关系

计算机视觉（Computer Vision）是一门研究如何使机器“看”的科学，更进一步地说，就是指用摄影机和电脑代替人眼对目标进行识别、跟踪和测量等机器视觉，并进一步做图形处理。作为一个科学学科，计算机视觉研究相关的理论和技术，试图建立能够从图像或者多维数据中获取信息的人工智能系统。实际上，计算机图形学和计算机视觉是同一过程的两个方向，前者将抽象的语义信息转化成图像，后者从图像中提取抽象的语义信息。

与视觉设计相关的图绘学（Graph Drawing）是一个传统的基础性研究方向，它关注图、树等非结构化数据结构，设计表达力强的可视表达与可视编码方法，在网页设计和图形向导方面作用明显。数据可视化的可视表达与传统的视觉设计类似。然而，数据可视化的应用对象和处理范围远远超过统计图形学、视觉艺术与信息设计等学科方向。

1.4.3 与计算仿真的关系

计算机仿真指采用计算设备模拟特定系统的模型。这些系统包括物理学、计算物理学、化学及生物学领域的天然系统、经济学、心理学和社会科学领域的人类系统。它是数学建模理论的计算机实践，能模拟现实世界中难以实现的科学实验、工程设计与规划、社会经济预测等运行情况或者行为表现，允许反复试错，节约成本并提高效率。随着计算硬件和算法的发展，计算机仿真所能模拟的规模和复杂性已远远超出了传统数学建模所能企及的高度。因而，大规模计算仿真被认为是继科学实验与理论推导之后，科学探索和工程实践的第三推动力。计算机仿真获得的数据是数据可视化的处理对象之一，而将仿真数据以可视化的形式加以表达是计算机仿真的核心方法。

1.4.4　与人机交互的关系

人机交互是指人与机器之间使用某种语言，以一定的交互方式完成确定任务的信息交换过程。人机交互是信息时代数据获取与利用的必要途径，是人与机器之间的信息通道。人机交互与计算机科学、人工智能、心理学、社会学、图形、工业设计等广泛关联。在数据可视化中，通过人机界面接口实现用户对数据的理解和操纵，数据可视化的质量和效率需要最终的用户评判。因此，数据、人和机器之间的交互是数据可视化的核心。

1.4.5　与数据库的关系

数据库是按照数据结构来组织、存储和管理数据的仓库，以高效地实现数据的录入、查询、统计等功能。尽管现代数据库已经从最简单的存储数据表格发展到海量、异构数据存储的大型数据库系统，但是它仍不能胜任对复杂数据的关系和规则进行分析。数据可视化通过数据的有效呈现，有助于对复杂关系和规则的理解。面向海量信息的需要，数据库的一种新的应用是数据仓库。数据仓库是面向主题的、集成的、相对稳定的、随时间不断变化的数据集合，用以支持决策制定过程。在数据进入数据仓库之前，必须经过数据加工和集成。数据仓库的一个重要特性是稳定性，即数据仓库反映的是历史数据。数据库和数据仓库是大数据时代数据可视化方法中必须包含的两个环节。为了满足复杂大数据的可视化需求，必须考虑新型的数据组织管理和数据仓库技术。

1.4.6　与数据分析和数据挖掘的关系

数据分析是统计分析的扩展，指用数据统计、数值计算、信息处理等方法，采用已知的模型分析数据，计算与数据匹配的模型参数。常规的数据分析包含 3 步：第一步，探索性数据分析，通过数据拟合、特征计算和作图造表等手段探索规律性的可能形式，确定相适应的数据模型和数值解法；第二步，模型选定分析，在探索性分析的基础上计算若干类模型，通过进一步分析挑选模型；第三步，推断分析，使用数理统计等方法推断和评估选定模型的可靠性和精确度。不同的数据分析任务各不相同。例如，关系图分析涉及的任务包括值检索、过滤、衍生值计算、极值的获取、排序、范围确定、异常检测、分布描述、聚类、相关性。

数据挖掘是指从数据中计算适合的数据模型，分析和挖掘大量数据背后的知识。它的目标是从大量的、不完全的、有噪声的、模糊的、随机的数据中，提取隐含在其中的、未知的、潜在有用的信息和知识。数据挖掘可以使用演绎或归纳的方法。数据挖掘可发现反映同类事物共同性质的广义型知识，反映事物各方面特征的特征型知识，反映不同事物之间属性差别的差异型知识，反映事物和其他事物之间依赖或关联的关联型知识，根据历史和当前数据推测未来数据的预测型知识，揭示事物偏离常规出现异常现象的偏离型知识。

数据可视化和数据分析与数据挖掘的目标都是从数据中获取信息与知识，但手段不同。数据可视化将数据呈现为用户易于感知的图形符号，让用户交互地理解数据背后的本质；而数据分析与数据挖掘通过计算机自动或半自动地获取数据隐藏的知识，并将获取的知识直接提交给用户。数据挖掘领域已注意到可视化的重要性，提出了可视数据挖掘的方法，其核心是将原始数据和数据挖掘的结果用可视化方法予以呈现。这种方法糅合了数据可视化的思想，但仍然是利用机器智能挖掘数据，与数据可视化基于视觉化思考的理念不同。也可以说，数据挖掘与数据可视化是处理和分析数据的两种思路。数据可视化更善于探索性数据的分析，例如，在用户不知道数据中包含什么样的信息和知识，对数据模型没有一个预先的探索假设时，探寻数据中到底存在何种有意义的信息。

习题

一、填空与选择题

1．数据可视化的主要作用包括______、______和______三个方面，这也是可视化技术支持计算机辅助数据认知的三个基本阶段。

2. 在医学可视化领域主要包含三方面的研究热点：______、______ 和_____ 技术。

3. 据 Ward M O（2010）的研究，超过（　）的人脑功能用于视觉信息的处理，视觉信息处理是人脑的最主要功能之一。

A. 30%　　B. 50%　　C. 70%　　D. 30%

4. 当前，市场上已经出现了众多的数据可视化软件和工具，下面工具不是大数据可视化工具的是（　）。

A.Tableau　　B. Datawatch　　C. Platfora　　D. Photoshop

5. 从宏观角度看，数据可视化的功能不包括（　）。

A. 信息记录　　B. 信息的推理分析　　C. 信息清洗　　D. 信息传播

二、简答题

1．大数据可视化内涵是什么？

2．简述数据可视化的起源。

3．总结数据可视化的意义。

4．简述大数据可视化在工业 4.0 中的应用。

5．简述城市计算的概念，如何理解城市计算的框架？

6．城市计算可解决大城市哪些典型问题？

7．如何理解可视化在大数据技术中的地位？

8．简述大数据可视化与其他学科的关系。

9．解决高维数据可视化的思路是什么？

参考文献

[1] Shuo Ma, Yu Zheng, Ouri Wolfson. T-Share: A Large-Scale Dynamic Taxi Ridesharing Service[C]. IEEE International Conference on Data Engineering (ICDE 2013), Best Paper Runner-up Award.

[2] Shuo Ma, Yu Zheng, Ouri Wolfson. Real-Time City-Scale Taxi Ridesharing[J]. IEEE Transactions on Knowledge and Data Engineering (TKDE), 2015, 27(7).

[3] Yilun Wang, Yu Zheng, Yexiang Xue. Travel Time Estimation of a Path using Sparse Trajectories[C]. In Proceedings of the 20th SIGKDD conference on Knowledge Discovery and Data Mining (KDD 2014).

[4] Jing Yuan, Yu Zheng, et al. T-Drive: Driving Directions Based on Taxi Trajectories[C]. In ACM SIGSPATIAL GIS 2010, The Best Paper Runner-Up Award.

[5] Jing Yuan, Yu Zheng, et al. Driving with Knowledge from the Physical World[C]. 17th SIGKDD conference on Knowledge Discovery and Data Mining (KDD 2011).

[6] Jing Yuan, Yu Zheng, et al. T-Drive: Enhancing Driving Directions with Taxi Drivers’ Intelligence[C]. Transactions on Knowledge and Data Engineering (TKDE).

[7] Yexin Lee, Yu Zheng, Huichu Zhang, Lei Chen. Traffic Prediction in a Bike Sharing System[C]. In Proceedings of the 23rd ACM International Conference on Advances in Geographical Information Systems (ACM SIGSPATIAL 2015).

[8] 朝乐门. 数据科学[M]. 北京：清华大学出版社, 2016.

第2章 可视化的类型与模型

数据可视化是关于数据视觉表现形式的科学技术研究。这种数据的视觉表现形式被定义为“把信息用某种概要形式抽取出来”，其中应包括信息单位的各种属性和变量。

数据可视化是一个处于不断演变之中的概念，其边界在不断地扩大。主要指的是利用计算机图形学和图像处理技术，通过表达、建模以及图形显示对数据加以可视化解释。与立体建模等技术方法相比，数据可视化所涉及的技术方法要宽泛得多。

2.1 可视化的类型

2.1.1 科学可视化

科学可视化最初称为“科学计算之中的可视化”（Visualization In Scientific Computing，VISC），是可视化领域历史最久远、技术也最成熟的一门学科，可以追溯到晶体管计算机时代，计算机图形学在其发展的过程中扮演了关键性的角色。1982 年，科学可视化技术的首次会议在美国举行，1987 年科学可视化有了一个比较准确的定位——运用计算机图形学和图像处理的研究成果创建视觉图像，替代那些规模庞大而又错综复杂的数字化呈现形式，帮助人们更好地理解科学技术概念和科学数据结果。

科学可视化在工程和计算领域有着广泛的应用，其处理对象一般是勘测、测量、科学计算等所获取到的数据；而在数据可视化中，它的研究对象不仅包含科学可视化所涉及的领域，而且范围更加宽广，所以科学可视化是属于数据可视化的一个子集。更具体地说，科学可视化的处理对象普遍是拥有几何性质的物理数据，如具有结构特征的微观世界的粒子，具有方位和大小属性的宏观宇宙的各种天体，以及庞大而复杂的地理数据等，再将这些数据用计算机进行重新分析整合，在平面空间上生成类似于真实事物的三维立体效果图。除此以外，科学可视化也更具有生机和活力，即加上第四维度——时间上的变化产生动态感，无论分子、山脉还是城市外貌，都显得栩栩如生。科学可视化的研究重点有两个：一是判断可视化对象的类别，判断类别之后才能确定如何用计算机进行可视化表现；二是将研究对象以最接近真实事物的效果快速地绘制出来，不仅以单纯展示的方式显现出来，而且能通过虚拟空间的方式让人们身临其境，用视觉、触觉等交互方式进行观察、理解和研究。

1. 科学可视化的发展方向

科学可视化所涉及的领域包括建筑学、气象环境学、医学、生物学、考古学、机械制造等，所以它所处理的对象是指具有空间几何特征数据的时空现象，需要对勘察、计算、实验模拟等获取到的数据进行描绘，并提供交互分析手段。所以其发展的方向也非常多样。

1）计算机动画

计算机动画是指利用计算机编程或动画制作软件来生成动态图像的艺术和科学技术。目前，计算机动画的创建工作越来越多地使用三维计算机图形学手段，尽管当前二维计算机图形学依然在体裁化、低带宽以及更快实时渲染的需求方面有着广泛的应用。计算机动画的应用已非常广泛，它可以应用于多媒体，用于增加感官效果；也可以应用于游戏开发、电视动画，用于增加人们的视觉体验；甚至在广告和电影特技中也有计算机动画的身影。

2）计算机模拟

计算机模拟，又称为计算机仿真，是指利用计算机程序或网络对特定系统模型的模拟。对于许多系统的数学建模，计算机模拟已经成为了必不可少的有效组成部分。例如，天文学、计算物理学、生物学及化学领域的天然系统；经济学、心理学及社会科学领域的人类系统。在工程设计过程以及新技术当中，计算机模拟的目的是深入认识和理解这些系统的运行情况，观察它们的行为表现。

3）视觉通信

随着科学研究的不断发展，科研内容和形式日益多样化，科研信息的交流较过去更为困难。科研人员不仅需要与自己的研究工作进行可视化交互，而且需要通过视觉方式与同行进行交互，以达到“让同行看到自己所看到的信息”这一程度。

4）界面技术与感知

界面技术与感知所要揭示的是新的界面、对基本感知问题的深入理解、如何为科学可视化领域创造新的机遇。

5）远程可视化

远程可视化不仅可使人们更容易地进行快速的信息交流，而且能将本地机的图形处理能力和远程机的计算能力结合起来，充分发挥各种机型的能力。这需要解决网关协议解码、图像传输（包括压缩、还原、成图、识别和解释）及分布处理等问题。

6）立体可视化

立体可视化，又称为三维可视化，可以很容易地实现图形的虚拟真实性，也可以使观察者的视野深入复杂物体的内部世界。立体可视化最初应用在医学成像领域，而如今已经成为许多学科领域的一项基本技术。当前，对于各种现象的描绘，如气象、地震、分子结构及生物结构，立体可视化已经成为一项十分重要的技术方法。许多立体可视化算法都具有高昂的计算代价，需要大量的数据存储能力做支撑，硬件和软件方面的各种进展正在不断促进立体可视化和实时性能的发展。

2. 科学可视化的分类

根据数据种类的划分，科学可视化可以分为体可视化、流场可视化、大规模数据可视化等。由于各个研究对象之间的差异和区别，科学可视化发展出了一系列的方法和理论。随着超大型电子计算机和平行计算技术的发展以及海量数据的可视化需求，大规模数据可视化是科学可视化领域的重要课题之一。

（1）体可视化（Volume Visualization）的研究对象主要是体数据。三维采样数据是工程领域及医学领域等各类科学领域中常见的数据类型（见图 2-1）。体可视化技术包括等值面的抽取技术（Iso-surfaces Extraction Technique）、直接体绘制（Direct Volume Rendering）等。通过直接体绘制，研究者可以在屏幕上非常直观、详细地查看三维空间体内部的信息，而不需要通过逐层切片去观察。体绘制可以很好地揭示不同对象内部结构和信息。体可视化领域的研究主要着眼于如何更好地渲染和传达三维数据内部信息，如何自动挖掘和利用信息，如何更精确、快速地渲染和更好地交互，以及如何更好地运用计算能力等。具体而言，包括体绘制本身的算法、传递函数的设计、时变及大规模数据的处理等。随着数值模拟和传感器技术的发展和普及，有越来越多的体数据需要处理，数据的规模、时空精度也有飞速的提高。体可视化方法也在提供着更强的渲染和信息传达能力，对众多科学、工程及医学领域提供强大的支持。

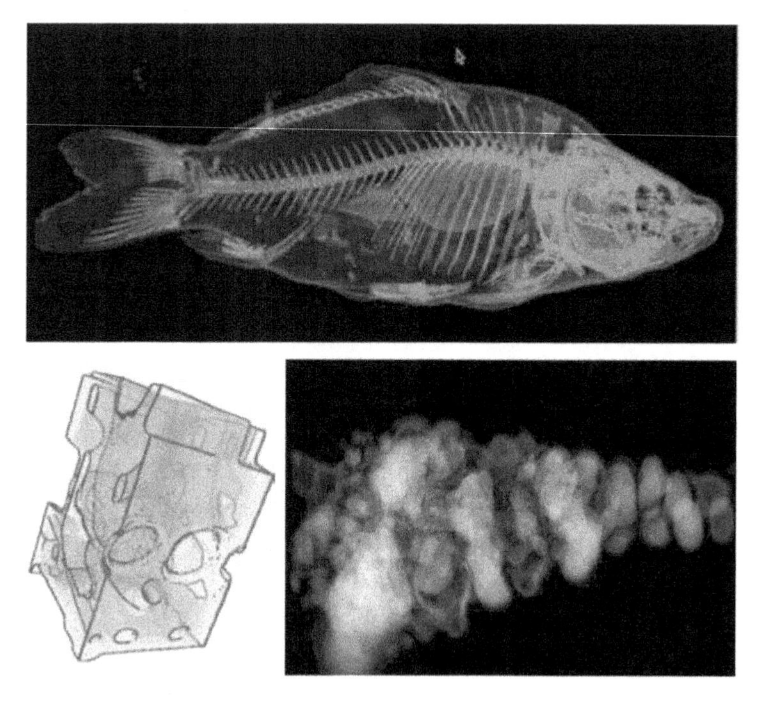

图 2-1　体可视化

（2）流场可视化是科学可视化领域的一个重要分支，在流体研究中发挥着重要的作用（见图 2-2）。它运用计算机图形学和图像处理技术，将流场数据转换为二维或三维图形、图像或动画进行呈现，并详细分析其模式和相互关系，是计算流体力学研究与工程实践中不可缺少的手段。流场可视化方法在天气预报、航空和航海动力学、流体力学、医学医疗等众多领域都已有着重要而广泛的应用。常见的流场可视化有直接法、纹理法等。这些方法使用基本的图形元素，包括等高线、标志、场线、等直面、纹理等反映流场形态，组合并构建虚拟风洞系统，辅之以交互分析手段，为相关领域专家提供有力工具。

图 2-2　二维流场可视化

（3）大规模数据可视化是将海量数据进行可视化的技术，其研究重点是如何高效快捷地对海量的数据进行处理。随着现代超大规模电子计算技术的发展，科学家可以利用大规模计算机集群（如我国自主研制的超级计算机“神威·太湖之光”），对各类自然现象进行模拟研究，包括地震预测、宇宙起源等。虽然计算速度得到了迅猛的发展，但是对于在计算过程中所产生的大规模海量数据却缺乏有效的手段进行存储、传输及可视化，进而理解分析其中的信息。大规模数据可视化最大的瓶颈是硬件可同时处理数据的能力以及数据读取的带宽。在有些应用中，数据的规模往往达到了 TB、PB 量级，甚至有向 EB 量级发展的趋势，现有的方法难以进行处理。在大规模数据可视化中，可以通过并行计算及并行 IO 等技术来克服这些瓶颈，实现海量复杂数据的可视化。并行计算算法的效率、可伸缩性以及可靠性等课题是研究的重点。此外，近年来提出的现场可视化（In-Situ Visualization），即在数值模拟的同时，利用一部分计算能力对数据可视化，成为大规模数据可视化领域的焦点。

3. 科学可视化常用方法

科学可视化常用方法有颜色映射方法、等值线方法、立体图法和层次分割法，以及矢量数据场的直接法和流线法等。

1）颜色映射方法

可视化系统中，常用颜色表示数据场中数据值的大小，即在数据与颜色之间建立一个映射关系，把不同的数据映射为不同的颜色。在绘制图形时，根据场中的数据确定点或图元的颜色，从而以颜色来反映数据场中的数据及其变化，如图 2-3 所示。

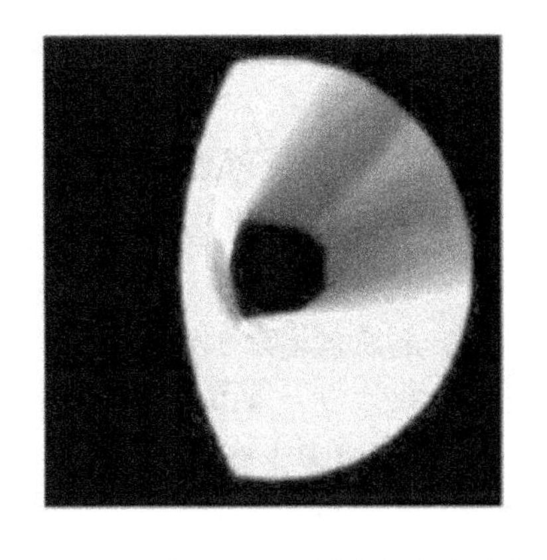

图 2-3　某宇宙飞船周围空气密度分布

2）等值线方法

等值线是制图对象某一数量指标值相等的各点连成的平滑曲线，由地图上标出的表示制图对象数量的各点采用内插法找出各整数点绘制而成的。每两条等值线之间的数量差额多为常数，可通过等值线的疏密程度来判断现象的数量变化趋势。等值线法往往与分层设色的表示手段配合使用，即采用改变颜色深浅、冷暖和阴暗来表示现象的数值变化趋势，使图面更清晰、易读。另外，往往在等值线上加数字注记，便于直接获得数量指标。等值线法除用于表示空间现象数量的连续而逐渐变化的特征外，还可表示现象随时间的变化、现象的重复性（频度）等。

3）立体图法

立体图像已逐渐成为国内外相关领域的研究热点，其应用前景非常广泛，如 3D TV、自由视点 TV（Free viewpoint TV）、3D 照相机、3D 电影、3D 家庭影院、计算机游戏、计算机绘图、运动、远程教育、医疗、军事、工业、商业、虚拟视点合成等方面。这些领域不仅仅需要高质量的图像信号，对图像的附加信息要求也很高，如图像中物体的深度信息等，立体图像在这些领域中发挥更为重要的作用。图 2-4 所示为立体分子模型。

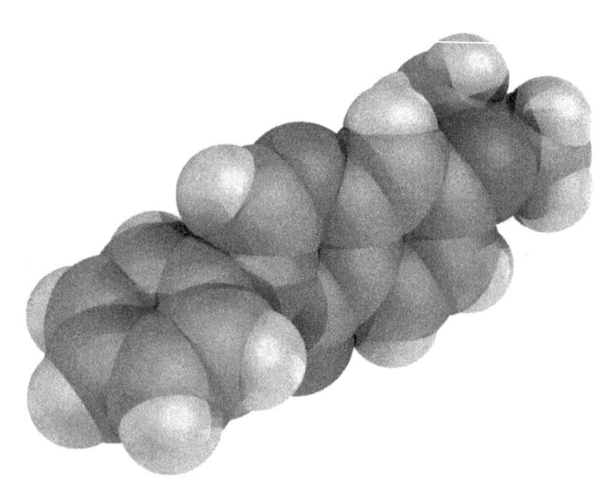

图 2-4　立体分子模型

4）矢量数据场的直接法和流线法

矢量数据主要是指大比例尺地形图。此系统中图层主要分为底图层、道路层、单位层，合理的分层便于进行叠加分析、图形的无缝拼接以实现系统图形的大范围漫游。矢量数据一般通过记录坐标的方式来尽可能将地理实体的空间位置表现的准确无误，显示的图形一般分为矢量图和位图，如图 2-5 所示。

4．科学可视化系统的组成

根据科学可视化系统主要功能的要求，科学可视化系统大致可由以下几部分组成：数据的管理与过滤，提取几何图元和建立模型，绘制，显示和播放。其中数据的管理与过滤是对科学计算或工程模拟、观测所得到的大量数据进行管理，可以是文件系统、数据库等，它们中的数据需进行过滤、加工，以便建立模型。提取几何图元和建立模型是可视化系统的主要部件，由不同类型的数据（点、线）构造成表面或体素模型，这一部件是构造、仿真、分析、提取模型的机制。而绘制这一部件是利用计算机图形学的成果，进行图像的生成、消隐、光照及绘制。显示和播放是为了取得有效的显示效果，这一部件将提供图片组合、文件标准、着色、旋转、放大、存储等功能，在一定意义下起着“胶”的作用，是一个相关的环境部分。

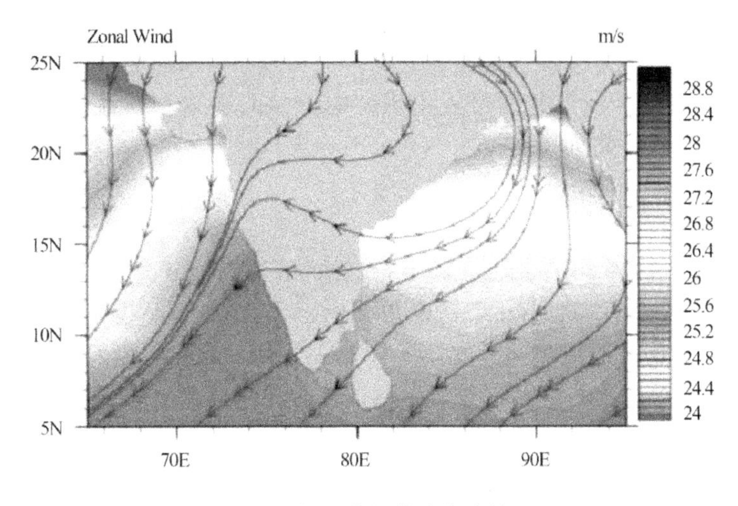

图 2-5 矢量数据的流线法效果

目前，众多的科学可视化系统采用“可视化流水线”作为理论模型，如图 2-6 所示。

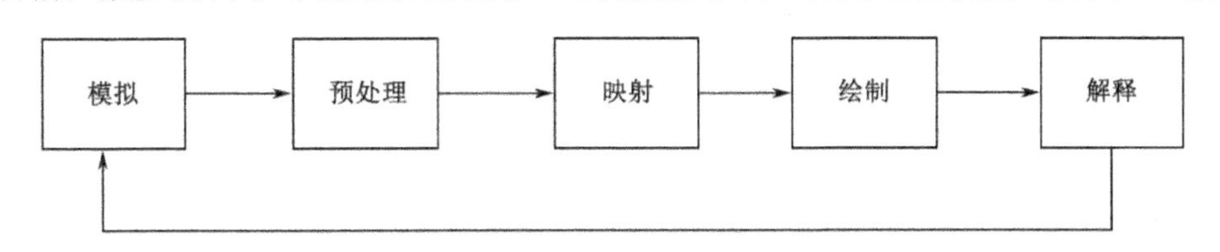

图 2-6 可视化流水线

该模型将整个科学可视化过程划分成模拟、预处理、映射、绘制、解释 5 个步骤，数据经由这一流水线依次被加工处理，直至成为能够为科技人员所理解的视觉信息。每个步骤的作用如下。

（1）模拟：对物理现实的数学模拟，它将自然现象的变化复杂的多维数据反映出来，或通过一系列的观察实践形成一系列反映研究目标或对象的数据集。

（2）预处理和映射：两部分通常合并在一起，是整个“流水线”的关键，大数据体经过该步骤处理被映射成有一定含义的几何数据，即用一定的几何空间关系表示计算或模拟数据体。

（3）绘制：通过形状、颜色、明暗处理、动画等手段，将隐藏在大数据集中的有用信息呈现给观察者。

在科学可视化系统的研究中，数据的显示（可视化）是最为核心的部分，也就是将数据用图形有效地描绘出来。在当前的研究中，三维数据的可视化是其中最重要的研究课题之一。三维数据的可视化主要有造型（Modeling）和绘制（Rendering）两类算法，造型方法又分两种，即传统的曲面造型（Surface modeling）和现代的基于体元（Cell）的体造型（Volume modeling）。绘制方法也有两种，即传统的曲面绘制（Surface rendering）和现代的基于体素（Voxel）的体绘制（Volume rendering）。传统的曲面造型方法根据研究对象及视点、光源之间的空间几何关系进行曲面造型，然后进行表面明暗处理。常见的曲面绘制方法有层断面绘制和等值曲面绘制两种。早期的计算机图形学研究较多的就是曲面造型方法和曲面绘制方法，而体造型和体绘制是科学可视化中才刚开展起来的两种新方法。在目前的可视化系统中，曲面造型和体绘制方法有着广泛的使用，而有关体造型的研究比较少。

2.1.2 信息可视化

信息可视化是 1989 年由斯图尔特卡德（Stuart K. Card）、约克·麦金利（Jock D. Mackinlay）和乔治·罗伯逊（George G. Robertson）提出的。其研究历史最早可以回溯到 20 世纪 90 年代，那时图形化界面（简称 GUI）刚刚诞生，给人们提供了一个能直接与信息进行交互的平台，科学家们对信息可视化的研究也就由此开始并且持续到今日。

信息可视化就是利用计算机支撑的、交互的、对抽象数据的可视表示，以增强人们对这些抽象信息的认知，是将非空间数据的信息对象的特征值抽取、转换、映射、高度抽象与整合，用图形、图像、动画等方式表示信息对象内容特征和语义的过程。信息对象包括文本、图像、视频和语音等类型，它们的可视化分别采用不同模型方法实现。

1. 信息可视化的研究与发展

传统方式的信息可视化是利用视觉设计学和人体感官原理，将图像、色彩、标志等原始视觉信号应用于管理实践中。伴随信息技术、虚拟现实技术、计算机网络等的发展，现代的日常生活中所需要管理和处理的数据远超过传统模式，对信息的时效、准确度要求也逐步提高，因此，现代信息可视化技术主要从以下几个方面展开。

（1）文本信息可视化。在日常生活中，人们所面临的信息绝大多数是文本信息，如微博、电子文档、报纸文章等。通过可视化界面研究文本的信息属性与构成特点，可以快捷地从文档中获取信息。研究对象包括单个文档的可视化和大型文档集合的可视化。

（2）层次信息可视化。操作系统文件目录、文档管理、图书分类、磁盘目录结构、面向对象程序的类之间的继承关系都普遍存在层次信息结构，并且在某些情况下，任意的图都可以转化为层次关系。层次信息可视化能够清晰展示层次结构，同时对关心的属性进行合理显示，易于观察细节信息。浏览过程中良好的人机导航交互机制，能够保持上下文信息，可以有效防止迷航。层次信息的可视化结构最直观的方式就是树形结构，但当结构中的节点或者层次增多时，该结构需要占据大量的可视化空间。

（3）Web 信息可视化。Web 是一个信息空间，所包含的信息量更是以 TB 计的。如何最大限度利用 Web 上所展现出来的信息，成为一个急需解决的问题。Web 信息可视化的研究包括网页导航和布局、信息搜索的可视界面，以及网络多节点信息的动态显示与交互控制等，目前该方面的研究主要集中在如何有效地可视化信息空间的网络结构。

（4）可视化数据挖掘。当前的可视化数据挖掘方法分为三类：①由传统的可视化方法组成或者独立于数据挖掘算法；②在对数据挖掘算法进行抽取的过程中，可以利用可视化对模式进行更好地理解；③综合多种可视化方法，用户可以方便地对数据挖掘算法运行过程进行指导、控制。

（5）多维信息可视化。金融分析、地震预测和气象分析等通常需要处理多个数据变量，通过坐标调动、镶嵌，以及多视图处理等手段可以将这些多维数据映射到传统的二维界面或三维空间内，如透视表就实现了大型数据库中多变量数据的便捷浏览和特征辨认。

将信息可视化和科学可视化进行比较可以发现，信息可视化的研究对象是抽象数据集合。科学可视化的研究重点是那些拥有几何性质的科学数据，用接近于现实的方式描绘出来，这些数据在一段时间内通常是比较稳定、不发生改变的，主要涉及计算机图形学，追求图形的质量。虽然信息可视化也要关注如何绘制对象的可视化视觉属性等问题，但其研究重点是如何寻找到合适的视觉隐喻，把抽象、非结构化的数据信息转换为有效的可视化形式，且数据可能会发生变化，如在高纬空间中的非结构化的文本或点。由此可看出，信息可视化的产物要能通过人的各类感官传达到大脑，并使其快速掌握大量的信息，所以它比科学可视化技术要求更高，同时也更注重人的理解能力，更多的是涉及除计算机图形学以外的业务方法、视觉设计、人机交互及商业方法等相关领域。目前，信息可视化所面临的最大挑战是信息爆炸，即“大数据”，要想从海量的数据中获取有用的信息，信息可视化必须借助于机器学习、数据挖掘方法及自然语言处理技术。

2. 信息可视化数据分类

信息可视化可分为一维线性数据、二维数据、三维数据、多维数据、时态数据、层次数据和网络数据的可视化 7 类。在信息可视化中，从原始数据到用户，中间要经历一系列数据变换。数据转换把原始数据映射为数据表；可视化映射把数据表转换为结合了空间基、标记和图形属性的可视化结构。

（1）一维线性数据。以一维线性方式组织的数据，如数据库、文本等。早期处理一维大数据集的方法，一是双焦显示，这种方法为所关注的区域提供了详细的信息，而很少提供上下文区域的信息；二是用大小固定且类似滚动条的空间上显示大量数据项的属性值。

（2）二维数据。二维数据又称平面数据，数据集中的对象具有形状、大小、颜色等特征，如平面布局图、地图和报纸版面布局等。二维数据的可视化方式可以避免语言处理带来的脑力工作，对信息检索和知识挖掘非常有利，在研究和商业领域有着广阔的应用前景。ThemeView 是一种对大型文档集合之间的关系进行可视化的工具，它用显示山峰与山谷的自然地形图表示大型文档集合中的各个主题及相关信息的分布情况。

（3）三维数据。信息可视化对三维数据的处理，主要集中在数据对象的体积、表面积、位置、方向、遮挡与导航等方面。采用的技术包括总览法、地标法、透视法、色彩编码法、透明法和多重显示等。目前，三维数据的可视化主要应用在医学影像、建筑 CAD、机械设计、科学仿真等领域。

（4）多维数据。多维数据的可视化是将具有 n（3 个以上）个属性的数据对象映射为 n 维空间中的标记。主要的任务包括发现模式、集簇、变量之间的关系、偏差和孤立点。多维数据一般通过降维技术映射到二维或三维可视化空间，如使用动态的二维图实现多维数据的缩放、色彩编码、动态查询等功能；如使用三维的分布图，则要注意方向迷失和遮挡给用户认知和操作带来的困难。分层聚类、K-平均（K-means）聚类等方法是常用和有效的多维数据可视化技术。

（5）时态数据。时态数据的特征是所有的数据对象都具有一个生命周期，并且对象之间在时间上会存在叠加的现象。主要的任务包括查找某一时刻及附近时域的信息、周期现象的比较。在项目管理领域，时态数据可视化的代表工具是 TimeSearcher，它把多个时间序列或其他线性数据序列结合起来进行分析。时态数据的可视化主要应用在期货市场需求分析、地震预测和生物电信号分析等领域。

（6）层次数据。数据对象的集合呈现树形结构和层次结构，而且每个叶节点都具有一个父节点（根节点除外），节点和节点之间的连接包含着多个属性。Windows 操作系统通常采用树形结构来浏览文件，其他文件浏览器也有采用兴趣度树 、空间树、双曲线浏览器等可视化方法。近来，一种在给定矩形平面通过填充任意大小树形结构的显示方法——树图，在市场分析、产品目录搜索、农产量监测等领域得到了广泛应用。

（7）当数据关系复杂到难以用树形结构表示时，一般采用网络结构使数据对象连接起来。网络数据集中的节点不受其他与之相连的有限节点的限制（层次节点则不同，它们只有一个父节点），且没有内在的等级结构，两个节点之间可以有多种联系，节点及节点间的关系可以有多个属性。拓扑结构包括无环、栅格、直接与间接连通、有原点、无原点等形式。用户在查看网络节点和连接等信息外，一般还会考虑节点之间最短路径或最小费用等问题。目前，网状数据可视化在 GIS 地理信息系统和互联网可视化等领域已经取得了一定进展，但由于数据结构比较复杂，因此网状数据可视化的技术还不完善。

3. 信息可视化技术

根据上节中的内容，信息可视化的数据分为 7 类，不同的数据所涉及的可视化技术也是不尽相同。下面的一些数据可用来进行可视化技术研究。

1）多维数据可视化技术

针对多维数据，采用传统二维图表方式难以有效满足现代化的大量、复杂、多维度的信息需求。多维数据的可视化是当前研究的热点之一。本书主要讨论有代表性的几种方法。

（1）平行坐标系（见图 2-7）。1980 年，Inselberg 提出的平行坐标系（Parallel coordinates）是经典的多维数据可视化技术之一。平行坐标系使用平行的竖直轴线来代表维度，通过在轴上刻画多维数据的数值，并用折线连接某一数据项在所有轴上的坐标点，从而在二维空间内展示多维数据。

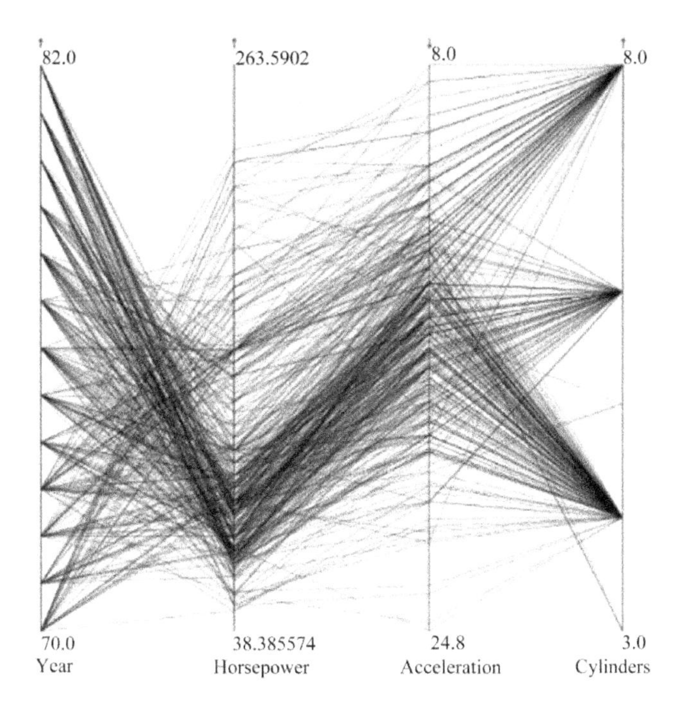

图 2-7　平行坐标系

平行坐标系方法能够对多维数据进行简便、清晰的展示。由于其经典性和方便性，许多研究人员将平行坐标系法应用于数据挖掘、可视化、生产过程自动化、决策支持、联机分析处理和其他一些领域并获得成功。1990 年，Inselberg 首先将平行坐标系用于解决可视化问题，此后平行坐标系发展出了很多改进技术，如在不同层次上的平行坐标显示，用曲线代替直线增强可视化效果等。盛秀杰等使用平行坐标中的坐标轴和平行折线的可视化渲染方法提出了一种新的颜色渐变渲染方案。Siirtola 提出利用数据子集的相关系数的平均数的方法动态画出折线。Wong 等使用小波逼近方法建立的涂刷工具能够展示不同分辨力下的线条构成。平行坐标可以进一步扩展到三维可视化的方式以展示高维动态的数据。很多专家也把平行坐标系和其他方法结合。SpringView 整合了平行坐标系法和放射坐标系法来解决多维数据集。Parallel Glyphs 将各个坐标轴扩展到星形图的空间中以方便进行数据对比和提供交互（见图 2-8）。

（2）散点图。散点图是指在回归分析中一组数据在平面直角坐标系中的分布图，表示因变量随自变量而变化的大致趋势。散点图将序列显示为一组点，值由点在图表中的位置表示，类别由图表中的不同标记表示。散点图通常用于比较不同类别的聚合数据，选择合适的函数对数据点进行拟合，分析数据的分布和变化趋势。

散点图矩阵是散点图的高维扩展，它在一定程度上克服了在平面上展示高维数据的困难，在展示多维数据的两两关系时有着不可替代的作用（见图 2-9）。散点图矩阵通过二维坐标系中的一组点来展示两个变量之间的关系，散点图矩阵就是将多维数据中的各个维度两两组合绘制成一系列的按规律排列的散点图。散点图矩阵也经常和其他可视化方法结合来增强显示多维数据效果，基于散点图矩阵的开发的连续的散点图可以对海量数据进行可视化展示，Craig 等研究了传统的时间序列图和散点图的互补关系，Schmid 等整合了散点图矩阵、平行坐标系、Andrews 曲线来展示多维数据。散点图矩阵的优点主要是能快速发现成对变量之间的关系；缺点是当数据维度太大时，屏幕的大小会限制显示矩阵元素的数量，需要结合交互技术来实现用户对可视化结果的观察。

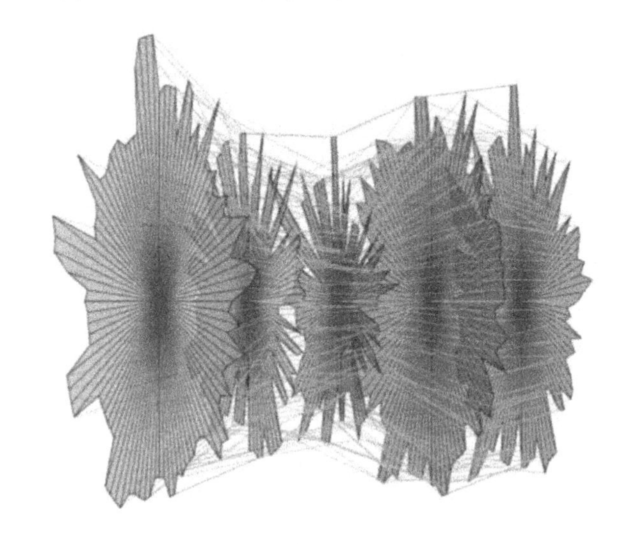

图 2-8　平行坐标和星形图的结合

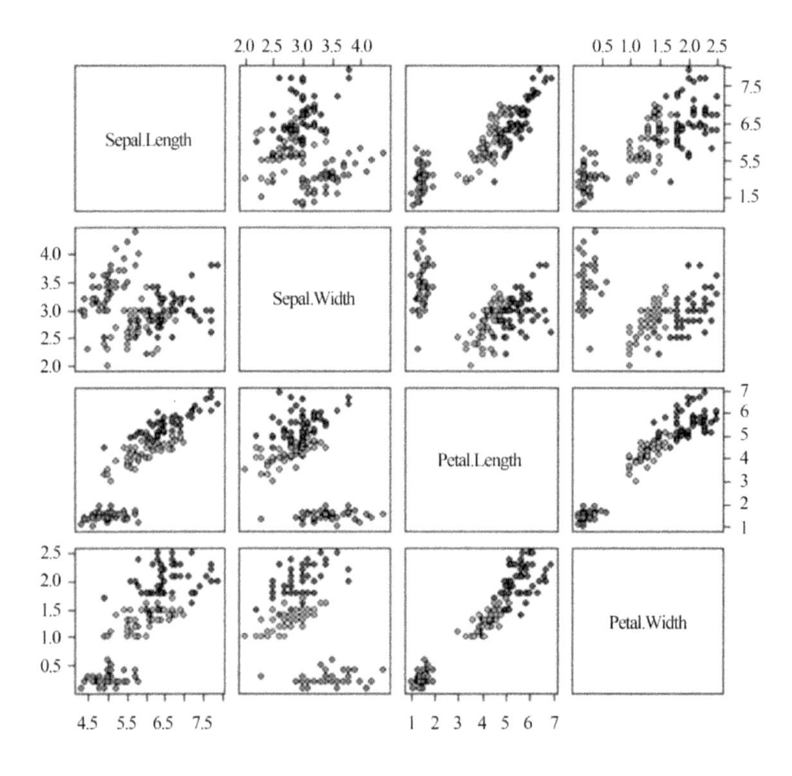

图 2-9　鸢尾花数据散点图矩阵

（3）Andrews 曲线法。Andrews 曲线法使用二维坐标系展示可视化结果，将多维数据的每一数据项通过一个周期函数映射到二维坐标系中的一条曲线上，通过对曲线的观察，用户能够感知数据的聚类等状况。图 2-10 所示为 PCR 扩增曲线。

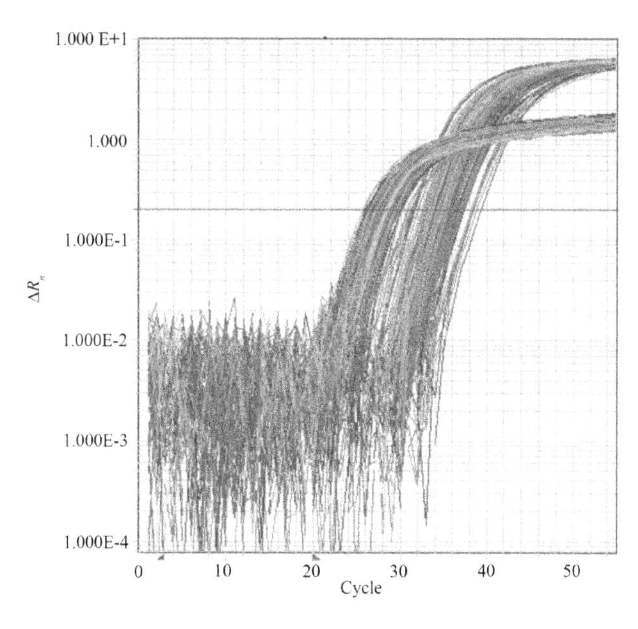

图 2-10　PCR 扩增曲线

2）层次数据的可视化

层次数据是常见的数据类型，可以用来描述生物属种、组织结构、家庭族谱、社会网络等具有等级或层级关系的对象。层次数据的可视化方法主要包括节点连接图和树图两种方式。

（1）节点连接图（见图 2-11）。节点连接图是将层次数据组织成一个类似于树的节点的连接结构，画出节点和连线来代表数据项和它们之间的关系，节点通常是一些小点从而难以包含更多的信息。节点连接图能清晰直观地展现层次数据内的关系，但是分支间的空白会浪费展示空间，当数据量较大时，分支很快就会拥挤交织在一起，变得混乱不堪，造成视觉混淆。

（2）树图。树图最早由 Johnson 等在 1991 年提出。树图采用一系列的嵌套环、块展示层次数据，可在有限的空间内展示大量数据，但无法展示节点的细节内容（见图 2-12）。为了能展示更多的节点内容，一些基于"焦点+上下文"技术的交互方法被开发出来，包括"鱼眼"技术、几何变形、语义缩放、远离焦点的节点聚类技术等。

3）网络数据可视化

网络数据具有网状结构，如互联网网络、社交网络、合作网络及传播网络等。自动布局算法是网络数据可视化的核心，目前主要有 3 类：一是按仿真物理学中力的概念绘制网状图，即力导向布局（Force-directed layout）；二是分层布局（Hierarchical layout）；三是网格布局（Grid layout）。很多研究是基于以上布局算法的应用或者是对以上算法的进一步优化。在网络数据的可视化中，当数据节点的连接很多时，容易产生边交叉现象，导致视觉混淆。解决边交叉现象的集束边（Edge bundle）技术可以分为力导向的集束边技术、层次集束边技术、基于几何的边聚类技术、多层凝聚集束边技术和基于网格的方法等。

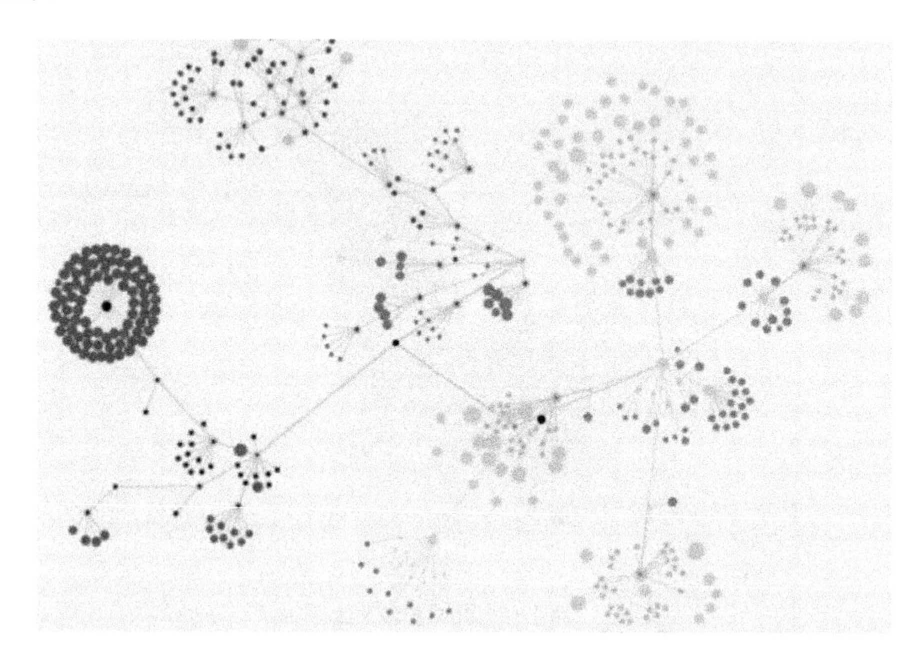

图 2-11　节点连接

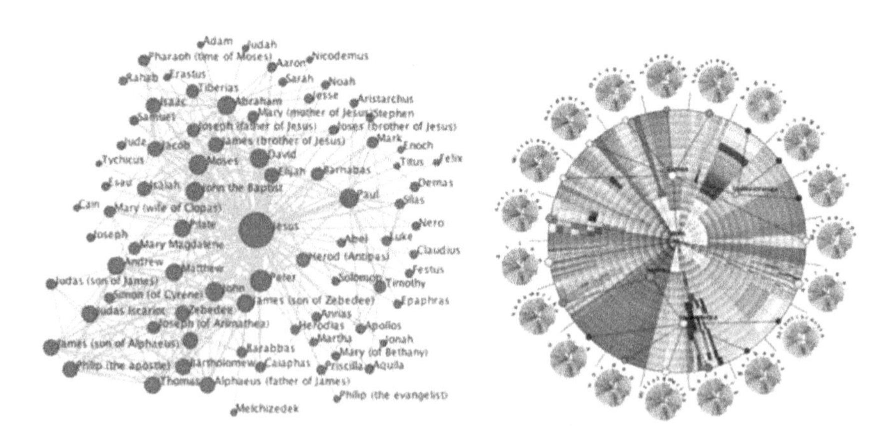

图 2-12　树图

4．信息可视化的基本过程及特征

在 CARD 等人提出的信息可视化模型（见图 2-13）中，信息可视化过程可以划分为 3 个数据转换的过程：原始数据到数据表的转换、数据表到可视化结构的转换、可视化结构到视图的转换。

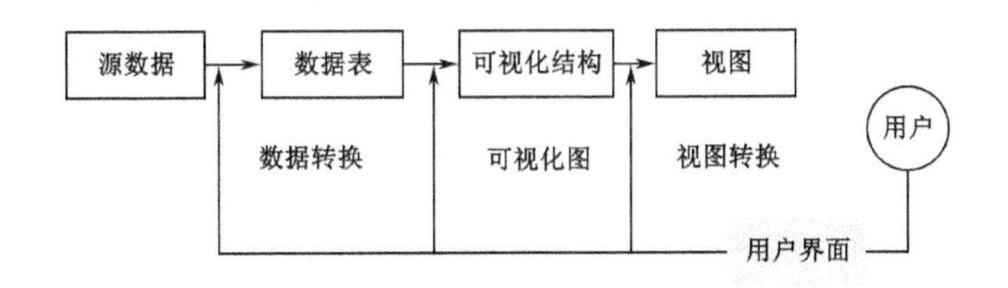

图 2-13　CARD 信息可视化模型

其中，数据预处理是指将采集来的信息进行预处理和加工，使其便于理解，易于被输入显示可视化模块。预处理内容包括数据格式及其标准化、数据变换技术、数据压缩和解压缩等。有些数据也需要做异常值检出、聚类、降维等处理。而绘制的功能是完成数据到几何图像的转换。一个完整的图形描述需要在考虑用户需求的基础上综合应用各类可视化绘制技术。显示和交互显示的功能是指将绘制模块生成的图像数据，按用户指定的要求进行输出。除了完成图像信息输出功能外，还需要把用户的反馈信息传送到软件层中，以实现人机交互。针对可视化的主要任务，即总览（Overview）、缩放（Zoom）、过滤（Filter）、详细查看（Details-on-demand）、关联（Relate）等，交互技术主要包括动态过滤、全局+详细、平移+缩放、焦点+上下文及变形、多视图关联协调等技术。

而现在的信息可视化完整过程通常是指信息组织与调度、静态可视化、过程模拟和探索性分析等 4 个过程。其中信息组织与调度主要解决适合于海量信息的简化模式，快速调度；静态可视化主要解决运用符号系统反映信息的数量特征、质量特征和关系特征；过程模拟主要对信息处理、维护、分析使用过程提供可视化引导、跟踪、监控手段；探索性分析则通过交互式建模分析可视化、多维分析可视化为知识信息提供可视化技术支持。

信息可视化技术的核心是为用户提供直观的、可交互可视化的信息环境。与一般科学计算可视化相比，信息可视化具有以下主要特点：

（1）位置特征。所有可视对象和现象都与地理位置紧密相关。

（2）直观形象性。信息可视化是通过生动、直观、形象的图形、图像、影像、声音、模型等方式，把各种信息展示给用户，以便进行图形图像分析和信息查询。

（3）多源数据的采集和集成性。运用信息可视化技术，可方便地接收与采集不同类型、不同介质和不同格式的数据。不论它们被收集时的形式是图形、图像、文字、数字还是视频，也不论它们的数据格式是否一致，都能用统一的数据库进行管理，从而为多源数据的综合分析提供便利。

（4）交互探讨性。在大量数据中，交互方式有利于视觉思维。在探讨分析的过程中，可以灵活检索数据，可以改变信息交互方式。多源信息集成在一起，并用统一数据库进行管理，同时具有较强的空间分析与查询功能，因此用户既可以方便地调整可视化变量（如轴系、颜色、高度、阴影、视角、分辨力等场景参数），获得信息不同表现效果，又可以方便地用交互方式对多源信息进行对比、综合、分析，从中获得新的规律，以利于规划、决策与经营。

（5）信息的动态性。有关信息不仅仅被表现为空间信息，并且具有动态性。随着计算机技术的发展和时间维的加入，信息的动态表示和动态检索成为可能。

（6）信息载体的多样性。随着多媒体技术的发展，表达信息的方式不再局限于表格、图形和文件，而拓展到图像、声音、动画、视频图像、三维仿真乃至虚拟现实等。

5. 信息可视化应用领域

1）可视化数据挖掘

信息可视化不仅用图像来显示多维的非空间数据，使用户加深对数据含义的理解，而且用形象、直观的图像指引检索过程，加快检索速度。在信息可视化中，显示的对象主要是多维的标量数据，目前的研究重点是设计和选择什么样的显示方式才能便于用户了解庞大的多维数据及它们相互之间的关系，其中更多地涉及心理学、机交互技术等问题。可视化数据挖掘是一个使用可视化技术在大量的数据中发现潜在有用知识的过程，它可以将许多数据同时显示在屏幕上，并将每一个数据值映射成屏幕的一个像素。像素的颜色对应于每个数据值或是数据值与给定查询值之间的差值。

2）可视化技术在空间信息挖掘中的应用

空间数据挖掘通常以地图应用为主，通常表现为地理现象的分布规律、聚类规律、发展演变规律、相连共生的关联规则等；而应用数据挖掘在 GIS 遥感影像解译中，由于同物异谱和同谱异物的存在，单纯依靠光谱值知识的统计分类和特征提取难以满足要求，如果能将空间目标的关联知识考虑进去，可以大大提高自动化和准确程度。

3）KM 可视化

（1）知识管理体系。“知识工作者”（Knowledge worker）最主要的任务之一，就是如何在做决策前已具备或收集到所需知识。而如何利用网络资源和信息技术手段，系统地搜寻知识、整理知识、组织知识，并最终有效地加以利用，则是知识。

（2）几种已有的知识可视化工具。一是概念图（Concept Map）。概念图是康乃尔大学的诺瓦克博士根据奥苏贝尔的有意义学习理论提出的一种教学技术。它通常将某一主题的有关概念置于圆圈或方框之中，然后用连线将相关的概念和命题连接，连线上标明两个概念之间的意义关系。二是思维导图（Mind Map）。思维导图最初是 20 世纪 60 年代由英国人托尼·巴赞创造的一种笔记方法。托尼·巴赞认为思维导图是对发散性思维的表达，因此也是人类思维的自然功能，是打开大脑潜能的万能钥匙，可以应用于生活的各个方面。三是认知地图（Coguitive Map）。认知地图也称为因果图（Causal Map），是由 Ackerman 和 Eden 提出的，它将“想法”作为节点，并将其相互连接起来。

（3）可视化知识建模语言（Knowledge Modeling Language，KML）。如何在浩瀚信息海洋中获取自己所需的知识，进而进行有效的管理并最终利用知识创造价值，是知识管理的重要目标。而如何构建良好的知识模型来存储和表达所需的知识，则是知识创造价值过程的关键因素。

4）信息可视化商品

目前，信息可视化技术的产品化、商品化趋势已经显露出来。总的来说，信息可视化技术商品化有两种模式：一种是将信息可视化技术转化为信息可视化产品，如 treemap、theBrain、IN—SPIRE™ 等；另一种是信息可视化技术与现有软件结合，即信息可视化技术被其他软件采纳，作为其他软件的构件而存在，可视化技术在商务智能中的应用就属于这种模式。

2.2　可视化的模型

2.2.1　顺序模型

Ben Fry 在他的著作《可视化数据》里把数据可视化的流程分为 7 步：获取、分析、过滤、挖掘、表示、修饰、交互（见图 2-14）。为了使这个流程更便于理解，本书把这 7 步归纳为 3 大部分，即原始数据的转换、数据的视觉转换及界面交互。

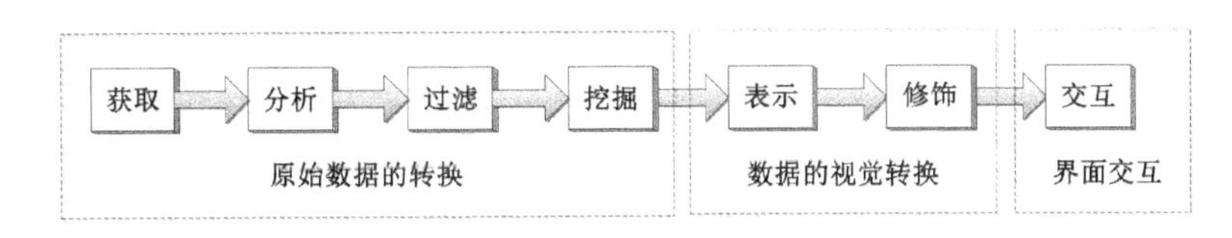

图 2-14　顺序模型

1. 原始数据的转换

原始数据的转换包括 7 个阶段里的获取、分析、过滤和挖掘。

获取，即得到数据，可以出自存储在本地端的文件，也可以从网络抓取，又称数据采集或数据收集。而后对获取的数据进行分析，即用结构图表明数据的意义并按类别排序才能知道它们有何意义，分析数据的价值对之后的过滤步骤是非常必要的。过滤即留下有用的数据，删除多余数据，减小处理量实际上也是确保数据的质量，增加精准度。挖掘即用数据挖掘或统计学方法对数据格式进行辨析，或是把数据放在数学环境里，目的是在一堆杂乱无章的数据中寻找某种规律，从而为之后的数据表示提供有组织的原材料。可以说，数据挖掘就是数据可视化的中枢系统。

原始数据的转换过程可繁可简，这取决于需处理对象的类型和复杂程度。

2. 数据的视觉转换

数据的视觉转换包括 7 个阶段里的表示和修饰。

表示即选择一个基本的视觉模型表述出来，相当于一个草图，这个步骤基本决定了可视化效果的雏形，需要结合数据的维度考虑合适的表示方法，可能采取列表、树状结构或其他；同时，这也是对前面数据转换过程的审查和检验，特别是数据的获取和过滤。所以，表示是可视化过程中一个关键性步骤。

修饰即改善这个草图，尽可能地使之变得更清晰有趣。这一步骤就像对草图上色，突出重点，弱化一些辅助信息，使数据的表示简单清晰却又内涵丰富、实用美观。

3. 界面交互

界面交互包括 7 个阶段里的交互。

交互提供了一种让用户对内容及其属性进行操作的方便途径。交互的操作者，可能是负责数据可视化的工程师，也可能是使用该可视化的用户，在有些情况下他们是同一人。例如，当对某一属性进行研究时，用户可以隐藏其他属性，专注于某一特定区域的研究。而对于三维空间的可视化效果，用户可以通过交互操作进行视角的变化，从而对

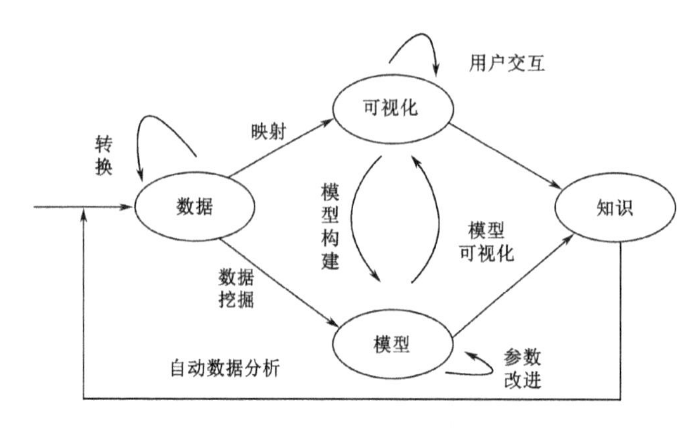

图 2-15　可视分析模型

数据有更全面的认识。

不仅如此，用户的心理感受变化也值得注意，之前的所有步骤主要由计算机完成，而在交互阶段，用户地位由被动变主动，由接受转为去发现、去思考，界面交互提供了他们控制数据和探索数据的可能，这才能在真正意义上将计算机智能和人的智慧结合起来。

2.2.2　分析模型

图 2-15 是典型的可视分析模型，起点是输入的数据，终点是提炼的知识。可视分析是从数据到知识，从知识到数据，再从数据到知识的循环过程。从数据到知识的途径有交互的可视化方法和自动的数据挖掘方法。这两个途径的中间结果分别是对数据的交互可视化结果和从数据中提炼的数据模型。用户既可以对可视化结果进行交互的修正，也可以调节参数以修正模型。从数据中洞悉知识的过程也主要依赖两条主线的互动与协作。

数据可视化分析流程中的核心要素包括以下 4 个方面。

1. 数据表示与转换

数据可视化的基础是数据表示与变换。为了允许有效地可视化、分析和记录，输入数据必须从原始状态到一种便于计算机处理的结构化数据表示形式。通常这些结构存在于数据本身，需要研究有效的数据提炼或简化方法以最大限度地保持信息和知识的内涵及相应的上下文。有效表示海量数据的主要挑战在于采用具有可伸缩性和可扩展性的方法，以便忠实地保持数据的特征和内容。此外，将不同类型、不同来源的信息合成为一个统一的表示，可使得数据分析人员能及时聚焦于数据的本质。

2. 数据的可视化呈现

将数据以一种直观、容易理解和操纵的方式呈现给用户，需要将数据转换为可视化表示并呈现给用户。数据可视化向用户传播了信息，而同一个数据集可能对应多种视觉呈现形式，即视觉编码。数据可视化的核心内容是从巨大的呈现多样性空间中选择最合适的编码形式。

3. 用户交互

对数据进行可视化和分析的目的是解决目标任务。有些任务可明确定义，有些任务则更广泛或者一般化。通用的目标任务可分成 3 类：生成假设、验证假设和视觉呈现。数据可视化可以用于从数据中探索新的假设，也可以证实相关假设与数据是否吻合，还可以帮助数据专家向公众展示其中的信息。交互是通过可视化的手段辅助分析决策的直接推动力。有关人机交互的探索已经持续很长时间，但适用于海量数据可视化的智能交互技术，如任务导向的、基于假设的方法还是一个未解难题，其核心挑战是新型的可支持用户分析决策的交互方法。这些交互方法涵盖底层的交互方式与硬件、复杂的交互理念与流程，更需要克服不同类型的显示环境和不同任务带来的可扩充性难点。

4．分析推理

分析推理技术是用户获取深度洞悉的方法，能够直接支持情景评估、计划、决策。在有效的分析时间内，可视分析必须提高人类判断的质量。可视分析工具必须能处理不同的分析任务，例如：

（1）很快地理解过去和现在的情况，同时包括趋势和已经产生的当前事件。

（2）监控当前的事件、突发的警告信号和异常事件。

（3）确定一个活动或个人意图的指标。

（4）在危机时刻提供决策支持。

通常在极端的时间压力下，用户个人与协作分析相结合产生这些任务。可视分析必须能采用基于假设、基于情景的分析技术，提供基于现有证据的分析推理支持。

在未来，分析必须满足多种新的需求，这是由硬件、软件和网络基础设施技术的快速发展而产生的。除了高维数据等挑战外，因为评估必须立即在给定的时间框架内进行，所以连续数据流需要有额外的限制。这些挑战对数据分析和可视化提出了重要的要求。

2.2.3　循环模型

随着可视化技术的深入发展，人们逐渐意识到了“用户交互”和“信息反馈”在可视化中的重要地位，因此 Sacha 等人建立了信息可视化和分析过程中的意义建构循环模型。分析者根据分析任务需求进行信息觅食，在信息可视化界面中借助各种交互操作来搜索信息，如对可视化界面进行概览、缩放、过滤、检索、查看细节等。在信息觅食的基础上，分析者开始搜索并分析潜在的规律和模式，可通过记录、聚类、分类、关联、计算平均值、设置假设、寻找证据等方法抽象提取出信息中含有的模式。然后，分析者利用发现的模式开始分析解决问题的过程，可通过操纵可视化界面设定假设、读取事实、分析对比、观察变化等。在对问题进行分析推理过程中创造新知识，并且形成一定的决策，或者开始进一步的行动，带着任务需求开始新一轮的循环。以上所述的意义建构循环模型中的几个关键步骤之间还存在着多种转移路径和依赖关系，描述了人在数据分析时的主要认知行为、过程及关系。

如图 2-16 所示，该模型包含左边计算机的部分和右边人的部分。在计算机部分中，数据被绘制为可视化图表，同时也通过模型进行整理和挖掘。在人的部分中，提出了 3 层循环：探索循环、验证循环和知识产生循环。

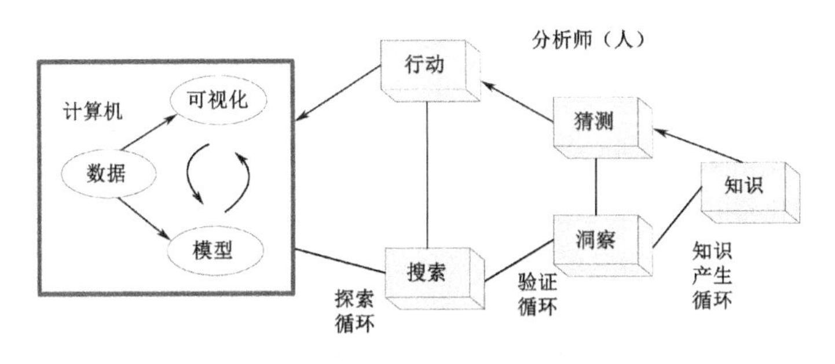

图 2-16　可视分析中的知识产生模型

（1）探索循环。探索循环描述分析师如何与可视化分析系统进行交互，以产生新的可视化模型和分析数据。分析师通过互动和观察反馈来探索数据，在探索循环中所采取的行动依赖于发现或具体的分析目标。万一缺少具体的分析目标，探索循环会成为搜索的结果，这可能会导致新的分析目标。即使探索回路受控于分析目标，由此产生的结果并不一定与之有关，但也可以洞察解决不同的任务或打开新的分析方向。

（2）验证循环。验证循环引导探索循环确认假设或者是形成新的假设。为了验证具体的假设，需要进行验证性分析并且验证循环会转向揭示假说是否正确的结果。在问题域的上下文中，当分析师从验证循环的角度上进行搜索时，可以得到答案。见解可能会导致新的假设，需要进一步调查。当他们评估一个或多个值得信赖的见解时，分析师会获得额外的知识。

（3）知识产生循环。分析师通过他们在问题领域的知识来形成猜测，而且通过制定和验证假设来获取新的知识。当分析师信任所收集的见解时，他们在问题领域所获取的新知识，可能会影响在后续的分析过程中制定新的假设。在视觉分析过程中分析师试图找到现有的假设或学习有关问题域的新知识。一般来说，在循环模型中的知识可以被定义为“合理信仰”。

评估新知识的可信度需要从数据收集开始对整个分析过程进行严格审查。

总之在探索循环中，人们通过模型输出和可视化图表寻找数据中可能存在的模式，基于此采取一系列行动，如改变参数，去产生得到新的模型输出和新的可视化图表。这样做的动机是在验证循环之中，人们通过模式洞察到数据的特点，产生可能的猜测。这些猜测的验证正是基于探索循环中的行动。最后，在验证循环之上有知识循环，不断收集验证循环中已被验证的猜测，总结为知识。

同时利用本模型可对一些实际的可视分析系统进行评价和比较。Jigsaw 是一款免费的文本可视分析系统，它可以读入文本数据，自动提取实体，建立主题模型，因此强于建模。此外，它提供了一系列可视化图表来显示文本的各种特征，因此也强于可视化。它的许多可视化，例如文件聚类视图，是基于主题模型的，因此可以算是对模型的可视化。用户可以在多种视图之间切换，改变各种视觉特性，因此它很好地支持了探索循环。此外，它还提供了 tablet 视图，允许用户记录自己的发现，并整理归类，提供一定的验证循环支持。然而，Jigsaw 不支持对原始数据的预处理，也不太支持模型参数的选择。

习题

一、填空与选择题

1. 科学可视化常用方法有________、________、________等（选写三个）。

2. 科学可视化最初被称为“________之中的可视化”。

3. 根据数据种类的划分，科学可视化可以分为________、________、________等。

4. 等值线是制图对象某一数量指标值________的各点连成的平滑曲线，由地图上标出的表示制图对象数量的各点，采用________找出各整数点绘制而成的。

5. ________是利用计算机支撑的、交互的、对抽象数据的可视表示，来增强人们对这些抽象信息的认知。

6. 平行坐标系是一种________技术，使用________来代表维度，通过在轴上刻划多维数据的数值并用________相连某一数据项在所有轴上的坐标点，从而在二维空间内展示多维数据。

7. Ben Fry 把数据可视化的流程分为了七步：______、______、______、______、______、______、______。

8. 可视分析流程图中的起点是________，终点是________。

9. Sacha 的意义建构循环模型包含计算机和人两部分。在计算机部分中，数据被绘制为_______，同时也通过模型进行整理和挖掘。在人的部分中，提出了_______、_______和_______三层循环。

10. 散点图矩阵通过（　　）坐标系中的一组点来展示变量之间的关系。

A. 一维　　B. 二维　　C. 三维　　D. 多维

11. 目前有多种成熟的知识可视化工具，下面（　　）不属于这类可视化工具。

A. 概念图　　B. 思维导图　　C. 认知地图　　D. 趋势图

12. 可视化模型有助于理解可视化的具体过程，常用的可视化模型不包括（　　）。

A. 循环模型　　B. 分析模型　　C. 递归模型　　D. 顺序模型

13. 极坐标图形是使用（　　）来绘制的。

A. 原点和半径　　B. 相角和距离　　C. 横纵坐标　　D. 原点和相角

二、简答题

1. 对数据可视化的三种类型进行对比分析。
2. 对数据可视化的三种基本模型进行对比分析。
3. 列出在研究中经常使用的数据可视化工具，并进行对比分析。
4. 研究 Microsoft Office 中的数据可视化技术。
5. 研究 MySQL 数据库中的数据可视化技术。
6. 研究数据仓库中常用的数据可视化技术。
7. 自学颜色刺激理论，并探讨其对数据可视化的意义。
8. 结合自己的专业领域，采用数据可视化方法展示该领域的典型文献数据。

参考文献

[1] 任磊，杜一，马帅，等. 大数据可视分析综述[J]. 软件学报, 2014(9):1909-1936.

[2] Sacha D, Stoffel A, Stoffel F, et al. Knowledge Generation Model for Visual Analytics[J]. IEEE Transactions on Visualization & Computer Graphics, 2014, 20(12):1604-1613.

[3] Card S K, Mackinlay J D, Robertson G G. The design space of input devices[C]. Conference on Human Factors in Computing Systems, CHI 1990, Seattle, WA, USA, April 1-5, 1990, Proceedings. DBLP, 1990:117-124.

[4] 陈为，沈则潜，陶煜波，等. 数据可视化[M]. 北京：电子工业出版社，2013.

[5] Inselberg A. The plane with parallel coordinates[J]. The Visual Computer, 1985, 1(2):69-91.
[6] Fry B. Visualizing data[J]. Visualizing Data, 2008, 13(1):161-179.
[7] 曾悠. 大数据时代背景下的数据可视化概念研究[D]. 杭州：浙江大学，2014.
[8] 杨彦波，刘滨，祁明月. 信息可视化研究综述[J]. 河北科技大学学报，2014, 35(1): 91-102.
[9] Kodagoda N, Attfield S, Wong B L, et al. Using Interactive Visual Reasoning to Support Sense-making: Implications for Design [J]. IEEE Transactions on Visualization and Computer Graphics, 2013, 19(12): 2217-2226.
[10] Andrews D F. Plots of high dimensional data[J]. International Journal of Biometrics, 1972，28(1): 125-136.
[11] 张昕，袁晓如. 树图可视化[J]. 计算机辅助设计与图形学学报，2012，24(9)：1113-1124.
[12] 任永功，于戈. 数据可视化技术的研究与进展[J]. 计算机科学，2004，31(12)：92-96.
[13] Card S K, Mackinlay J D, Shneiderman B. Readings in information visualization - using vision to think[C]. Series in Interactive Technologies. Morgan Kaufmann Publishers Inc., 1999.
[14] Pirolli P, Card S. The sensemaking process and leverage points for analyst technology as identified through cognitive task analysis[C]. International Conference on Intelligence Analysis., 2005.
[15] Cook K A, Thomas J J. Illuminating the Path: The Research and Development Agenda for Visual Analytics[J]. Computer Graphics, 2005.
[16] Andrews C, North C. Analyst's Workspace: An EmbodiedSensemaking Environment for Large,High-resolutionDisplays [C]. In: Proceedings of 2012 IEEE Conference onVisual Analytics Science and Technology (VAST), Seattle,WA, US. IEEE, 2012: 123-131.
[17] Xu P, Wu Y, Wei E, et al. Visual Analysis of Topic Competition on Social Media[J]. IEEE Transactions on Visualization & Computer Graphics, 2013, 19(12): 2012-2021.
[18] Mazza R. Introduction to Information Visualization[J]. Radiation & Environmental Biophysics, 2009, 52(3): 321-338.
[19] Chen M, Ebert D, Hagen H, et al. Data, information, and knowledge in visualization [J]. IEEE Computer Graphics and Applications, 2009,29 (1): 12-19.

第3章　数据可视化基础

数据可视化是利用计算机图形学和图像处理技术，将数据转换为图形或者图像在屏幕上显示出来进行交互处理的理论方法和技术。数据可视化的主要目的是借助直观的图形化手段，清晰、有效地传达与表达数据隐含的信息和知识。为了有效地表达数据蕴含的知识，美学展现与功能表达应并重考虑，通过直观地传达关键的信息，实现对庞杂无序的数据集的理解和洞察。数据可视化的基本思想是将数据集中的数据项作为图元元素表示，并将这些图源元素有效集成为可表达丰富语义的数据图像，使得用户可以更为方便、直观地观察数据，从而对数据进行深入的观察和分析。

本章首先介绍了可视化背后的光原理与视觉特性，然后说明了数据可视化的基本特征。在此基础上，重点阐述了可视化流程与可视化设计组件。最后，探讨了可视化中的美学因素和可视化设计总体框架和流程。

3.1　光与视觉特性

3.1.1　光的特性

可见光谱的波长由 780nm 向 380nm 变化时，人眼产生的颜色感觉依次是红、橙、黄、绿、青、蓝、紫 7 色。780～630nm 为红色，630～600nm 为橙色，600～580nm 为黄色，580～510nm 为绿色，510～450nm 为青色，450～430nm 为蓝色，430～380nm 为紫色。一定波长的光谱呈现的颜色称为光谱色。太阳光包含全部可见光谱，给人以白色感觉，如图 3-1 所示。

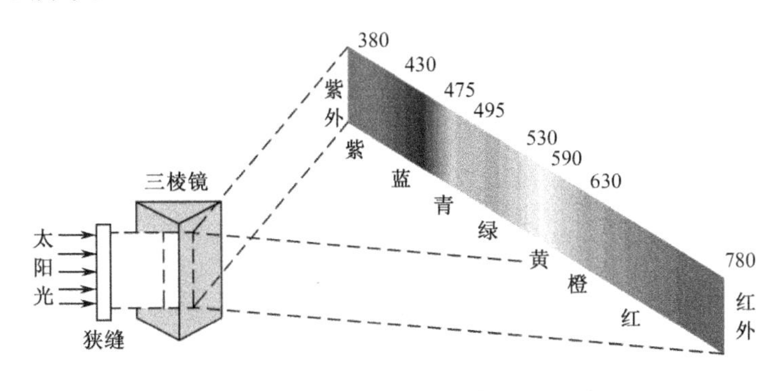

图 3-1　太阳光谱

光谱完全不同的光，人眼有时会有相同的色感。用波长 540nm 的绿光和 700nm 的红光按一定比例混合可以使人眼得到 580nm 黄光的色感。这种由不同光谱混合出相同色光的现象称为同色异谱，颜色感觉相同、光谱组成不同的光称为同色异谱光。正常视力的人眼对波长约为 555nm 的电磁波最为敏感，这种电磁波处于光学频谱的绿光区域。

3.1.2 三基色原理

三基色原理是根据色度学中著名的格拉兹曼法则和配色实验总结出来的，它把彩色电视系统需要传送成千上万种颜色的任务简化成只需传送 3 种基本颜色。色度学中著名的格拉兹曼法则的以下几条法则与电视技术关系密切：

（1）人的视觉只能分辨颜色的 3 种变化，即亮度、色调和色饱和度。

（2）任何彩色均可以由 3 种线性无关的彩色混合得到时，称这 3 种彩色为三基色。

（3）合成彩色光的亮度等于三基色分量亮度之和，即符合亮度相加定律。

（4）光谱组成成分不同的光在视觉上可能具有相同的颜色外貌及相同的彩色感觉。

（5）在由两个成分组成的混合色中，如果一个成分连续变化，混合色也连续变化，由这一定律还可导出如下两个派生定律。

① 补色律：每种颜色都有一个相应的补色。所谓补色，就是它与另外一种颜色以适当的比例混合时，可得到白色或灰色，这两种颜色互称为补色，即另一种颜色为它的补色，而它也是另一种颜色的补色。当两个互补色以不是混合出白色或灰色的比例混合时，混合出的将是其中一种色调的非饱和色，其色调偏向于比重大的那种颜色的色调。

② 中间色律：任何两个非补色的色光相混合，可产生出它们两个色调之间的新的中间色调。例如，红、绿两种颜色就可以混合出橙、黄、黄绿等许多新色调。

综上所述，可得彩色电视中的三基色原理：自然界中几乎所有的彩色都能由 3 种线性无关的色光（三基色）按一定比例混配得到，合成彩色的亮度由 3 种色光的亮度之和决定，色度由 3 种色光所占比例决定。所谓线性无关是指 3 种色光必须相互独立，其中任何一种色光都不能由其他两种色光混配得到。实践证明，选用红、绿、蓝 3 种色光可混配出的颜色最多，使彩色电视所能重现的色域最宽。在彩色电视技术中就是选用了红、绿、蓝 3 种基色混配出各种颜色的，如图 3-2 所示。

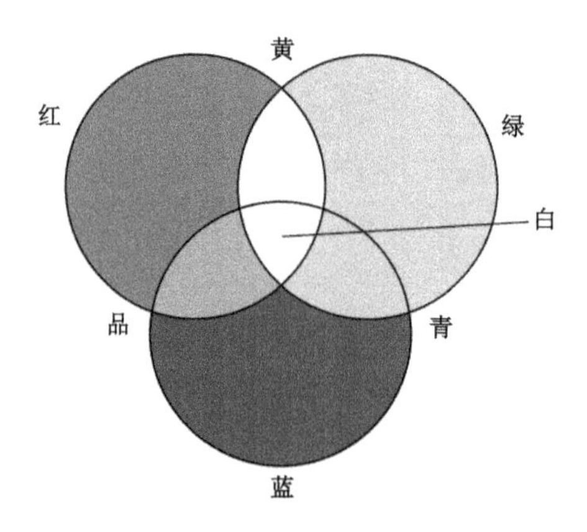

图 3-2　三基色

混配颜色可以是相加混色和相减混色。电视技术中使用的是相加混色，而彩色电影、彩色印刷、织物印染和绘画颜料等彩色的形成属于相减混色。相减混色中采用品、黄、青 3 种颜色作为基色，它们各是绿、蓝、红的补色。

混配某一色光所需的三基色光的量可通过配色实验获得。图 3-3 所示为基色光混配试验装置，又称比色仪。比色仪中有两块互成直角的白板（屏幕），它们对任何波长的光几乎有相同的反射系数。两块白板将人眼的视场分为两部分，在左半视场的屏幕上投射待配彩色光，在右半视场的屏幕上投射三基色光。调节三基色光的光通量，使由三基色光混合得到的颜色与待配颜色完全相同，即达到颜色匹配，这时从调节器刻度上就可得出三基色光的量。

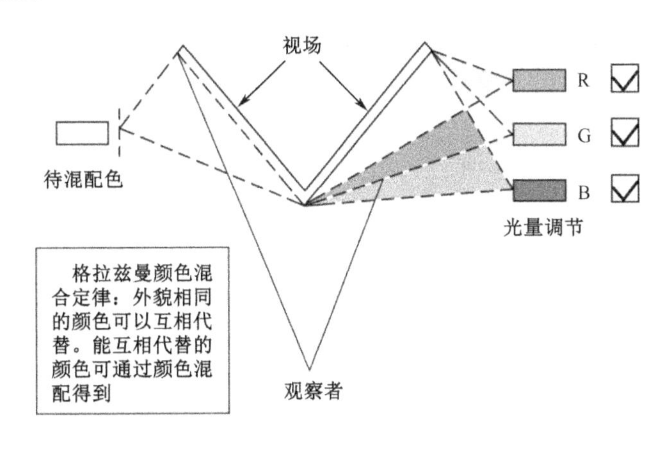

图 3-3　配色实验示例

3.1.3　黑白视觉特性

1. 视敏特性

视敏特性是指人眼对不同波长和光具有不同灵敏度的特性，即对于辐射功率相同的各色光具有不同的亮度感觉。在相同的辐射功率条件下，人眼感觉到的最亮的光是黄绿光，而感觉到的最暗的光是红光和紫光。视敏特性可用视敏函数和相对视敏函数来描述。

为了确定人眼对不同波长的光的敏感程度，可以在得到相同亮度感觉的条件下测量各个波长的光的辐射功率 $P_{r(\lambda)}$。显然，$P_{r(\lambda)}$越大，人眼对它越不敏感；反之 $P_{r(\lambda)}$越小，人眼对它越敏感。因此，$1/P_{r(\lambda)}$可用来衡量人眼视觉上对各波长为λ的光的敏感程度。$1/P_{r(\lambda)}$称为视敏函数（或视敏度、视见度），用 $K_{(\lambda)}$表示：$K_{(\lambda)}=1/P_{r(\lambda)}$。

如上所述，在明亮环境下，人眼对波长为 555nm 的黄绿光最为敏感，这里可用 $K_{(555)}=K_{max}$ 来表示。于是，可以把任意波长光的视敏函数 $K_{(\lambda)}$与最大视敏函数 K_{max} 相比，将这一比值称为相对视敏函数，并用 $V_{(\lambda)}$表示。即

$$V_{(\lambda)}= K_{(\lambda)}/K_{max}= K_{(\lambda)}/K_{(555)}=P_{r(555)}/ P_{r(\lambda)}$$

显然，除 555nm 之外，各波长上的 $V_{(\lambda)}$都是小于 1 的数。通过对大量视力正常者的

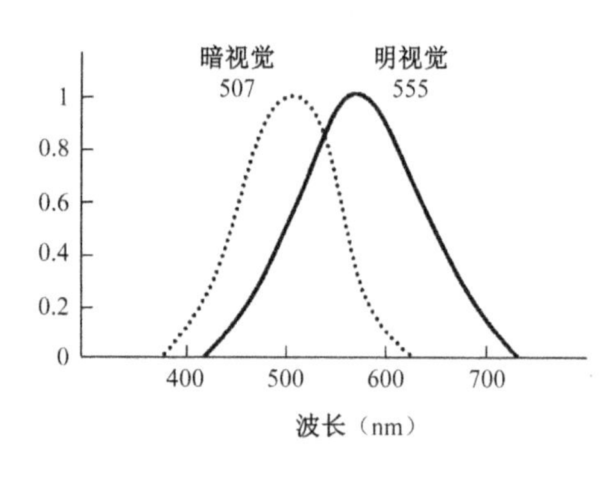

图 3-4　人眼的相对视敏函数曲线

实验统计，可得到相对视敏函数曲线，如图 3-4 所示。由图可见，在辐射功率相同的条件下，人眼感觉 555nm 的黄绿光最亮，波长自 555nm 起向左和向右逐渐减小，亮度感觉逐渐下降。图 3-4 中右边的那条 $V_{(\lambda)}$曲线就是明视觉（在明亮环境中的亮度感觉）锥状细胞的相对视敏函数曲线，也称光谱灵敏度曲线或相对光谱响应曲线。图 3-10 中左边的那条 $V'_{(\lambda)}$ 曲线是暗视觉（在黑暗环境中的亮度感觉）杆状细胞的相对视敏函数曲线，曲线的最大值在 507nm 处。其曲线的变化规律与 $V_{(\lambda)}$ 基本相同。

2. 亮度感觉和亮度视觉范围

1）人眼的感光作用具有适应性

适应性是指随着外界光的强弱变化，人眼能自动调节感光灵敏度的特性。这种适应性是由人眼瞳孔大小调节和视网膜的感光物质变化形成的：高亮度时瞳孔变小，进入视网膜的亮度减小，明视觉的锥体细胞起作用；低亮度时瞳孔变大，进入视网膜的亮度增加，暗视觉的杆状细胞起作用。人们由亮环境进入暗环境后，刚开始什么也看不见，过几分钟对暗环境适应后，才可能看清周围环境，这就是人眼适应性的例子。人眼可以感觉的亮度范围很宽，数量级从 10^{-3}cd/m^2 到 10^6cd/m^2，达 10^9:1。

人眼的亮、暗适应性对电视系统的设计很有利，电视广播系统无需传送如此宽广的亮度范围，只要能正确传送图像一定范围的对比度就可以了。一般情况下，图像的亮度范围决定了景物的反射系数范围。在一定照度下最白的白石膏反射系数接近于 1.0，最暗的黑丝线反射系数为 0.01，所以被传图像的对比度不会超过 100 倍。为了不失真地传送图像，要求重现的电视图像对比度也为 100，实际上由于环境光的影响，重现的图像对比度往往达不到 100，一般能达到 40～50 就相当不错了。同时，长时间在高亮度、高对比度下观看电视，不仅对保护视力不利，而且会使图像临界闪烁频率增大，长此下去会引起恶心、头晕等感觉。

2）人眼的亮度视觉范围

人眼的亮度感觉不仅仅取决于景物本身的亮度值，而且还与环境亮度有关。例如同样亮度的路灯，在夜里感到很亮，而在白天却感到很暗。经实验测得，在平均亮度适中时，能同时感觉的亮度上、下限之比最大可能接近 1000:1，而平均亮度过高或过低时，只有 10:1。

例如，晴朗的白天，环境亮度为 10000cd/m^2，人眼可分辨的亮度范围为 200～20000cd/m^2，此时人眼无法分辨低于 200cd/m^2 的亮度差异，而对于高于 20000cd/m^2 的亮度差异，人眼感觉到的是相同的明亮。而当环境亮度为 30cd/m^2 时，人眼可分辨的亮度范围变为 1～100cd/m^2。同样，低于 1cd/m^2 或高于 100cd/m^2 的亮度差异，人眼也无法分辨了。

现代电影胶片能够按正常比例关系记录景物的亮度范围为 128:1，而电视摄录设备能按正常比例关系记录景物的亮度范围要低于这个值。

3）人眼的亮度可见度阈值

人眼对亮度变化的分辨能力是有限的，人眼无法区分非常微弱的亮度变化。通常用亮度级差来表示人眼刚刚能感觉到的两者的差异。所谓亮度级差是指在亮度 L 的基础上增加一个最小亮度ΔL，人眼刚刚能感到亮度差异，则ΔL 称为可见度阈值。不同亮度 L 条件下，人眼能够察觉到的最小亮度变化ΔL 是不同的，ΔL 随着 L 的增大而增大。在相当宽的亮度范围内，$\Delta L/L$ 基本为一个常数，称其为对比度灵敏度阈。通常为 0.005～0.02，当亮度很高或很低时可达 0.05。

4）人眼视觉的掩盖效应

在空间和时间不均匀的背景中测量可见度阈值，可见度阈值就会增大，即人眼会丧失分辨一些亮度的能力，这种现象称为视觉的掩蔽效应。

5）亮度感觉与亮度的关系

人眼在适应了某一平均亮度后，就可在较小的亮度范围内产生黑白感觉，而且它与对比度灵敏度阈一样，不由绝对亮度决定，这种视觉特性给景物的传送和重现带来方便。无需重现景物的真实亮度，只需保证重现图像与实际景物在主观感觉上具有相同的对比度 C 和亮度级差数 n，就能给人以真实的感觉。例如，白天室外景物的亮度范围可能是 200～20000cd/m^2，而进行实况转播时，虽然电视屏幕上的亮度范围仅有 2～200cd/m^2，但观众仍可获得真实的主观感觉，这是因为对比度和亮度层次都相同。另外，人眼察觉不到的亮度差别，如过亮或过暗的部分，在重现图像时也无需精确复制出来。

3. 对比度和亮度层次

景物或重现图像最大亮度 L_{max} 和最小亮度 L_{min} 的比值称为对比度，用 C 表示，即 $C=L_{max}/L_{min}$。

画面最大亮度与最小亮度之间可分辨的亮度级差数称为亮度层次，也称灰度层次。在正常情况下，画面对比度越大，可获得的亮度层次越丰富。另外，人眼能分辨的亮度层次还与人眼对比度灵敏度阈有关。

亮度层次是图像质量的一个重要参数，亮度层次多，图像显得明暗层次丰富，柔和细腻；反之，亮度层次少，图像则显得单调生硬。亮度层次与对比度的对数成正比。因此，提高电视系统显示设备所能呈现的对比度是十分重要的。

电视图像的亮度是指图像的平均亮度。根据人眼视觉特性，并不要求电视图像恢复原来景物的亮度，这就给确定电视图像的亮度较大的自由度；但是不同的环境亮度要求电视图像具有不同的平均亮度，以保证重现必需的对比度和亮度层次（灰度），使人们长时间观看时不至于过分疲劳。根据实际要求，电视图像的平均亮度应不小于 30cd/m^2，最大亮度应大于 60cd/m^2。

根据人眼的视觉特性，对主观感觉来说，重现图像应与实际景物具有相同的对比度和灰度，这样才能给人以真实的感觉。实际景物的对比度一般都不超过 100。因为，在一定照度下，最白的莫过于白石膏，其反射系数接近 1；最黑的莫过于黑丝绒，其反射系数为 0.01。因此，为了不失真地传送图像，要求重现图像的对比度也为 100。由于实际环境亮度的影响，因此重现图像的对比度往往达不到 100，一般能达到 30～40 就可以。

根据以上讨论可得出结论：只要重现图像与实际图像对主观感觉来说具有相同的对比度和亮度感觉级差数，重现的图像就能给人真实感。

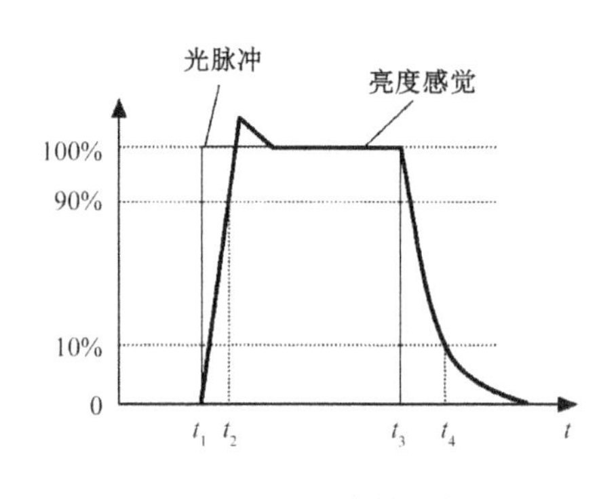

图 3-5　视觉惰性曲线

4．视觉惰性和闪烁感觉

1）视觉惰性

人眼的视觉有惰性，这种惰性现象也称为视觉的暂留。当一幅图像在眼睛中成像后，图像的突然消失并不会使视觉神经和视觉处理中心的信号也突然消失，而是发生一个按指数规律衰减的过程，信号完全消失需要一个相当长的时间，如图 3-5 所示。

通常这个过程称为视觉暂留，视觉暂留时间为 0.05～0.2s。当人在黑暗中挥动一支点燃的香烟时，实际的景物是一个亮点在运动，然而人眼看到的却是一个亮圈。这就是视觉惰性最常见的生活中的一个例子。

融合频率：景物以间歇性光亮重复呈现，只要重复频率达 20Hz 以上，视觉便始终保持留有景物存在的印象，这一重复频率称为融合频率。

2）闪烁感觉

当观察者观察按时间重复的亮度脉冲，且脉冲的频率不高时，人眼就有一亮一暗的感觉，这种感觉称为闪烁；如重复频率足够高，闪烁感觉消失，看到的则是一个恒定的亮点。闪烁感觉刚好消失时的重复频率称为临界闪烁频率。脉冲的亮度越高，临界闪烁频率相应地也越高。假设屏幕最高亮度为 100cd/m^2，环境亮度为 0，则临界闪烁频率为 45.8Hz。

实验表明，人眼在高亮度下对闪烁的敏感程度高于在低亮度的情况。对于高亮度显像管而言，临界闪烁频率可达 60～70Hz。

视觉惰性已被人们巧妙地运用到电影和电视当中，使得本来在时间上和空间中都不连续的图像，给人以真实、连续的感觉。在通常的电影银幕亮度下，人眼的临界闪烁频率约为 46Hz，所以电影中，普遍采用的标准是每秒向银幕上投射 24 幅画面，而在每幅画面停留的时间内，用一个机械遮光阀将投射光遮挡一次，从而得到 48 次/s 的重复频率，使观众产生连续、不闪烁的亮度感觉。人们也曾做过用遮光阀将每幅画遮挡两次的实验，这时可以在不产生闪烁感觉的前提下将每秒投影的画面幅数减少到 16 幅，从而进一步缩短复制电影所需的胶卷长度。但是，每秒投影 16 幅画面时，对于运动速度稍高的物体，由于前一幅画面和后一幅画面中的物体在空间位置上的差别过大，所以会产生像动画片那样的动作不连续的感觉。

一般来说，要保持画面中物体运动的连续性，要求每秒摄取的画面数约为 25 幅，即帧率要求为 25Hz，而临界闪烁频率则远高于这个频率。在传统的电视系统中，由于整个通道中没有帧存储器，显示器上的图像必须由摄像机传送过来的画面刷新，所以摄像机摄取图像的帧率和显示器显示图像的帧率必须相同，而且互相同步。在数字电视和多媒体系统中，在最终显示图像之前插入帧存储器是很简单的事，因此摄像机的帧率只要保证动作连续性的要求，而显示器可以从帧存储器中反复取得数据来刷新所显示的图像，以满足无闪烁感的要求。现在市面上出现的 100Hz 电视机，就用这种办法将场频由 50Hz 提高到 100Hz。

5．视角与分辨力

1）视角

观看景物时，景物大小对眼睛形成的张角称为视角。其大小既决定景物本身的大小，也决定于景物与眼睛的距离。人眼的视场是很宽的，垂直方向能超过 80°，水平方向能超过 160°，但通常在眼珠不转动、凝视物体时，能清晰地观看出物体内容的视场区域所对应的双眼视角大约是 35°×20°（水平×垂直）。

2）分辨力

当与人眼相隔一定距离的两个黑点靠近到一定程度时，人眼就分辨不出有两个黑点存在，而只感觉到是连在一起的一个点。这种现象表明人眼分辨景物细节的能力是有一定极限的。可以用视敏角来定义人眼的分辨力。视敏角即人眼对被观察物体刚能分辨出它上面最紧邻两黑点或两白点的视角，如图 3-6 所示。

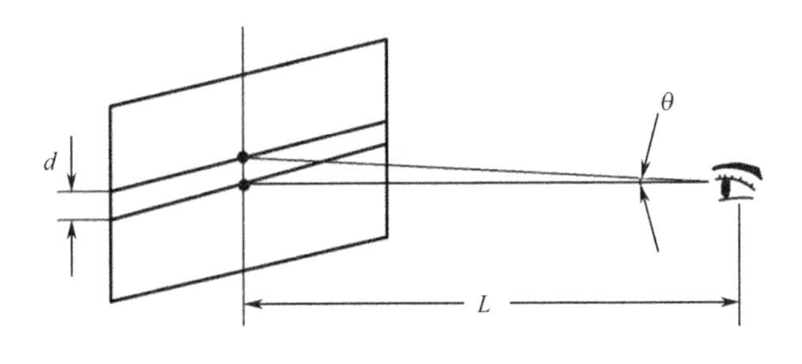

图 3-6　视敏角示意图

图 3-6 中，L 表示人眼与图像之间的距离，d 表示能分辨的最紧邻两黑点之间的距离，θ表示视敏角。若 θ 以分为单位，则得

$$\frac{d}{\theta}=\frac{2\pi L}{360\times 60}$$

$$\theta=3438\frac{d}{L}$$

人眼的最小视敏角取决于相邻两个视敏细胞之间的距离。对于正常视力的人，在中等亮度情况下观看静止图像时，$\theta=1'\sim1.5'$。人眼分辨景物细节的能力称为分辨力，又称为视觉锐度。视觉锐度等于人眼视敏角的倒数。

分辨力在很大程度上取决于景物细节的亮度和对比度，当亮度很低时，视力很差，这是因为亮度低时锥状细胞不起作用。但是亮度过大时，视力不再增加，甚至由于炫目现象，视力反而有所降低。此外，细节对比度越小，越不易分辨，分辨力越低。在观看运动物体时，分辨力越低。

3）影响分辨力的因素

（1）与物体在视网膜上成像的位置有关。黄斑区锥状细胞密度最大，分辨力最高。偏离黄斑区越远，光敏细胞的分布越稀，分辨力也越低。

（2）与照明强度有关。照度太低，仅杆状细胞起作用，分辨力大大下降，且无彩色感；照度太大，分辨力不会增加，甚至由于炫目现象而降低。

（3）与对比度 C_r 有关。$C_r=[(B-B_0)/B_0]\times100\%$，其中 B 为物体亮度，如果其与背景亮度接近，则分辨力自然要降低。

（4）分辨力还与景物的运动速度有关。运动速度快，分辨力将降低。由于存在视觉暂留，故当一幅静止画面以高于 20Hz 的换幅频率间歇地重复呈现时，尽管有亮度闪烁，但在视觉上仍有连续感。然而，当景物运动时，即使换幅频率高于 20Hz，若前后相继两幅画面中景物内容移动的距离较大，人眼仍会感觉景物在做跳跃运动。可见，人眼对运动景物的连续感除与视觉暂留有关以外，还与分辨力有关。实验证明，对运动景物，当换幅频率高于 20Hz，且前后两次呈现的某物点的相对位置对眼睛张角不超过 $7.5'$ 时，就会产生连续运动而不会有跳跃运动的感觉。

3.1.4 彩色视觉特性

人眼视网膜上有大量的光敏细胞，按形状分为杆状细胞和锥状细胞，杆状细胞灵敏度很高，但对彩色不敏感，人的夜间视觉主要靠它起作用，因此，在暗处只能看到黑白形象而无法辨别颜色。锥状细胞既可辨别光的强弱，也可辨别颜色，白天的视觉主要由它来完成。关于彩色视觉，科学家曾做过大量实验并提出视觉三色原理的假设，认为锥状细胞又可分成 3 类，分别为红敏细胞、 绿敏细胞、 蓝敏细胞。它们各自的相对视敏函数曲线分别如图 3-7 所示。

图 3-7 中，$V_{R(\lambda)}$、$V_{G(\lambda)}$、$V_{B(\lambda)}$的峰值分别在 580nm、540nm、440nm 处。其中 $V_{B(\lambda)}$曲线幅度很低，已将其放大了 20 倍。三条曲线的总和等于相对视敏函数曲线 $V_{(\lambda)}$。三条曲线是部分交叉重叠的，很多单色光同时处于两条曲线之下，例如，600nm 的单色黄光就处在 $V_{R(\lambda)}$、$V_{G(\lambda)}$曲线之下，所以 600nm 的单色黄光既激励了红敏细胞，又激励了绿敏细胞，可引起混合的感觉。当混合红绿光同时作用于视网膜时，分别使红敏细胞、绿敏细胞同时受激励，只要混合光的比例适当，所引起的彩色感觉，可以与单色黄光引起的彩色感觉完全相同。

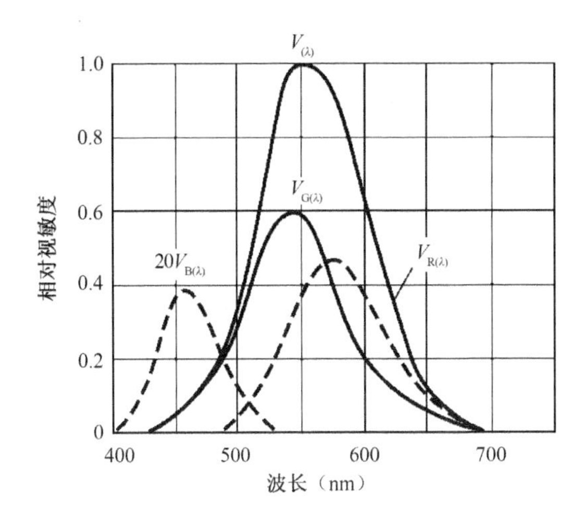

图 3-7　视觉三色曲线

不同波长的光对 3 种细胞的刺激量是不同的，产生的彩色视觉各异，人眼因此能分辨出五光十色的颜色。电视技术利用了这一原理，在图像重现时，不是重现原来景物的光谱分布，而是利用相似于红、绿、蓝锥状细胞特性曲线的 3 种光源进行配色，在色感上得到了相同的效果。

下面简要介绍彩色电视系统涉及的人眼视觉特性。

1. 辨色能力

彩色电视要表示景物的颜色需要 3 个独立的物理量，除亮度外，还需增加色调和饱和度，因此，亮度、色调和饱和度称为彩色的三要素。

亮度表示色光对人眼刺激的程度，它与进入人眼色光的能量有关。

色调表示颜色的种类，通常所说的红色、绿色、蓝色等，指的就是色调。

饱和度是指彩色的浓淡程度，即掺白程度，用百分数表示。谱色光的饱和度为 100%，谱色光掺入白光时颜色变淡，即饱和度降低。纯净白光或不同亮度的灰色、黑色的饱和度为 0。

色调与饱和度合称为色度，彩色电视系统中的图像信号就分为亮度信号和色度信号两部分，色度信号传送色调和饱和度两个量值。

人眼对不同波长的谱色光有不同的色调感觉。理论上，对于一个连续光谱，应有无数种色调与之对应，但实际上对波长很接近的谱色光，人眼无法区分其色调差别，在 380～780nm 的波长范围内，人眼大体能分辨出 200 多种色调。人眼除了对纯净谱色光色调有分辨能力之外，对于一定波长的谱色光的掺白程度，也具有相当的分辨能力。通过实验，统计出人眼平均能分辨出 15～20 级的饱和度变化。

综上所述，人眼的彩色视觉的辨色能力总共有 3000～4000 种。

人眼对彩色感觉具有非单一性。颜色感觉相同，光谱组成可以不同。

2. 彩色细节分辨力

人眼对彩色细节的分辨力比对黑白细节的分辨力要低。统计结果分析表明，人眼的彩色分辨角一般比黑白分辨角大 3～5 倍，即人眼对彩色细节的分辨力只有对黑白细节分辨力的 1/5～1/3。因此，在彩色电视系统传输彩色电视信号时，可以用较宽的带宽（0～6MHz）传送图像的亮度信息，用很窄的带宽（亮度信号带宽的 1/5～1/3）传送图像的色度信息。

例如，黑白相间的等宽条子，相隔一定距离观看时，刚能分辨出黑白差别，如果用红绿相间的同等宽度条子替换它们，此时人眼已分辨不出红绿之间的差别，而是一片黄色。实验还证明，人眼对不同彩色，分辨力也各不相同。如果眼睛对黑白细节的分辨力定义为 100%，则实验测得人眼对各种颜色细节的相对分辨力用百分数表示如表 3-1 所示。

表 3-1 人眼对各种颜色细节的相对分辨力

细节颜色	黑白	黑绿	黑红	黑蓝	红绿	红蓝	绿蓝
相对分辨力（%）	100	94	90	26	40	23	19

因为人眼对彩色细节的分辨力较差，所以在彩色电视系统中传送彩色图像时，只传送黑白图像细节，而不传送彩色细节，这样做可减少色信号的带宽，这就是大面积着色原理的依据。

3．混色特性

混色特性包括时间混色、空间混色和双眼混色等。

时间混色是指人眼视觉暂留的结果，在同一个位置轮流投射两种或者两种以上的彩色光，当轮换速度高到一定值后，人眼所感觉到的是它们混合后的彩色。时间混色是顺序制彩色电视的基础，如图 3-8 所示。图 3-8（a）表示轮流投射三基色光的速度慢，图 3-8（b）表示速度较快，图 3-8（c）表示速度更快，图 3-8（d）表示速度已达到人眼不能分辨三基色的程度。

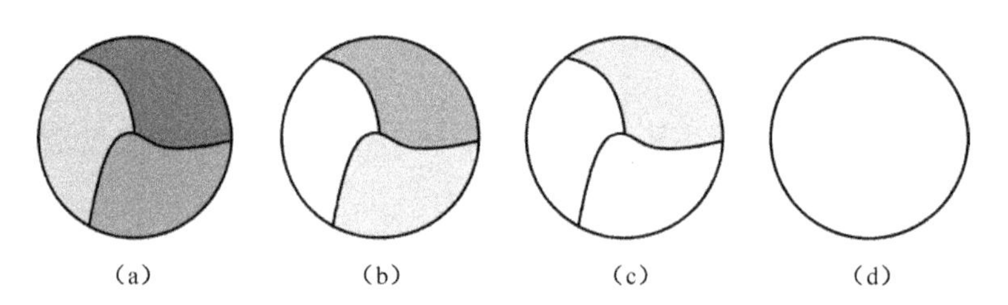

图 3-8 时间混色

空间混色指人眼在较远的距离观看彼此间隔很近的不同色光的小光点时，由于受视觉分辨力的限制而不能区分出各个彩色的光点，感觉到的是混合颜色效果的特性。彩色显像管的荧光屏，彩色液晶显示屏和等离子体显示屏，都是根据人眼空间混色特性得到彩色图像的，如图 3-9 所示。图 3-9（a）表示投射的三基色光离人眼的距离近，图 3-9（b）表示距离较远，图 3-9（c）表示距离更远，已达到人眼不能分辨三基色的程度。

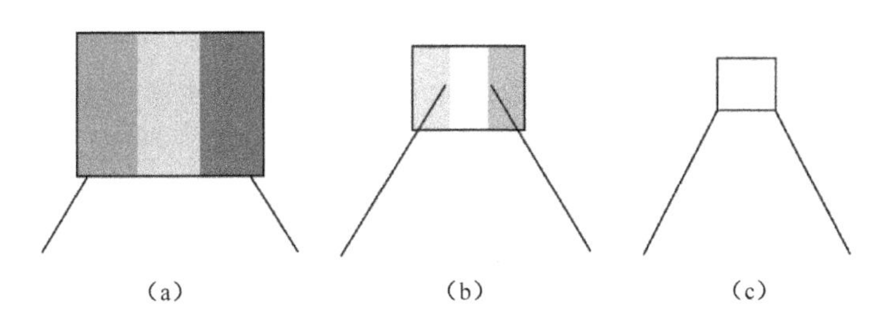

图3-9　空间混色

双眼混色指左右两眼同时分别观看两种不同颜色的同一景象时，两束视神经给出的光刺激通过大脑综合给出混合色光的感觉。它具有立体感的特点，立体彩色电视就是利用此原理实现的。

3.2　可视化的基本特征

数据可视化不只是一种新颖的数据处理工具和技术，同时作为一种表达数据的方式，它是对现实世界的抽象表达。也就是说，数据可视化是数据加工和处理的基本方法之一，它通过图形图像等技术来更为直观地表达数据，从而为发现数据的隐含规律和内在知识提供技术手段。人类从外界获取信息的 80%来自视觉，也就是说可视化是人们有效利用数据的基本途径。利用可见的图表或图形呈现数据，是最能够让用户对数据产生直观印象的方式。数据可视化使得数据变得更友好、易懂和可用，提高了数据资产的效用，进而更好支持人们对数据认知、数据表达、人机交互和决策支持等方面的应用，已在天文、气象、地理、建筑、医学、生物学、物理学和教育学等领域发挥着重要作用。大数据可视化不仅有一般数据可视化的基本特点，更有其本身特性带来的新要求，其特征主要体现在以下几个方面：

（1）易懂性。可视化使人们更加容易地理解数据和使用数据，进而便于人们将数据与他们的经验知识相关联。例如，用可视化通过动画、三维立体、二维图形、曲线和图像对数据进行显示，可以直观地观察和分析数据的相互关系及模式。可视化使得原本碎片化的数据转换为具有特定结构的知识，从而为科学决策支持提供强有力的支持。

（2）必然性。大数据产生的数据量已远远超出了人们直接读取、浏览和操作数据的能力，因此要求人们对数据进行形象化的归纳和总结，对数据的结构和表现形式进行有效的转换处理。进行数据可视化操作时，用户还可以利用交互的方式来对数据进行有效的开发和管理。

（3）多维性。通过数据可视化的多维呈现，能够清楚地对数据相关的多个变量或者多个属性进行标识，并且可以根据每一维的量值对所处理的数据进行显示、组合、排序与分类。

（4）片面性。数据可视化往往只是从特定的视角或需求来认识数据，并得到符合特定目的的可视化模式。因此，数据可视化通常只能反映数据规律的一个方面。数据可视化的片面性特征意味着可视化模式不能替代数据本身，只能作为数据表达的一种特定形式。

（5）专业性。数据可视化与领域专业知识紧密相关，其形式需求多种多样并随行业、用户和环境等条件而动态变化，如网络文本、电商交易、社交信息、电脑图形、卫星影像等。专业化特征是人们从可视化模型中提取专业知识的必要环节，是数据可视化应用的最后流程。

3.3 可视化流程

对于信息时代的人们来说，从浩瀚的数据海洋中抓到关键信息简直形同大海捞针。许多先进的可视化手段（如网络图、3D 建模、堆叠地图）已用于特定用途，包括 3D 医疗影像、模拟城市交通和救灾监控等。如前所述，可视化的目的是帮助用户识别所分析的数据中隐含的模式或趋势，而不是提供冗长的描述。优秀的可视化项目应该有效地提取和归纳信息，并把信息有机组织起来，让用户的注意力集中于关键点。需要指出的是，好的可视化项目是一个反复迭代的过程。

3.3.1 可视化的基本步骤

Elsevier 的 Analytical Services 项目致力于寻找提升数据分析和可视化的方式。为了探索数据背后的真相，该项目使用了网络关系图来识别国家间的合作关系，并了解每个合作关系的影响。该项目提供了一份包含 5 个步骤的数据可视化指南，为希望用可视化形式传播观察结果和解读分析数据结果的人们提供帮助。

1. 明确问题

开始创建一个可视化项目时，第一步是要明确可视化项目要解决的问题，即要回答的问题是“这个可视化项目会怎样帮助用户”。清晰的问题有助于避免数据可视化项目把不相干的事物糅合在一起。目的不明确的可视化项目不能澄清事实，反而会引人困惑。

2. 从基本的可视化着手

确定可视化的目标后，下一步是基于要展现的数据，选择建立一个基本的图形，它可能是饼图、线图、流程图、雷达图、散点图、表面图、地图、网络图等。不同类型的数据各自有其最适合的图表类型。例如，线图最适合表现与时间有关的趋势或是两个变量之间的潜在关系。当数据集中的数据点过多时，使用散点图进行可视化会比较容易。此外，直方图适合展示数据的分布。

3. 确定最能提供信息的指标

确定可视化目标和可视化形式后，下一步需要确定最能提供信息的指标。例如，如果有一个关于某机构出版物数量的数据库，则可视化过程中最关键的步骤是充分了解数据库中每个变量的含义。若想了解此机构在各领域发表了多少文章，出版数量无疑是一个有用的指标。不仅如此，与此领域的研究成果总量、此领域的全球活跃程度等指标对照将会呈现出更多信息，从而提炼出该机构在不同领域的相对活跃指数这一关键指标。

4. 选择正确的图表类型

在确定最能提供信息的指标后，选取正确的图表类型有助于用户理解数据中隐含的信息和规律。图表类型的选择依赖于所要处理和展现的数据类型，例如离散数据的数值可清晰计数，适合用柱状图展示，而连续数据的取值可以是任何范围，适合采用曲线图。以步骤3中的相对活跃度指数为例，可以使用雷达图来展现这一指标，如图3-10所示，此机构在G领域的相对活跃指数最高（1.8）。

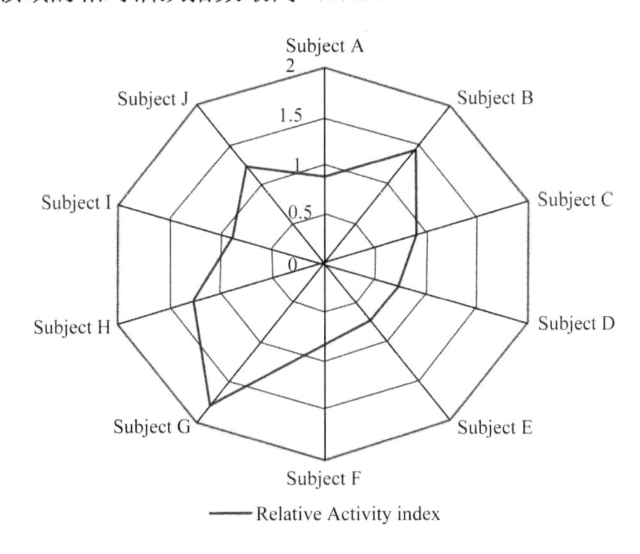

图3-10　相对活跃指数的雷达图

从本例也可看出，数据的规范化是一个很常见也很有效的数据转换方法，但需要基于帮助用户得出正确结论的目的使用。

5. 将注意力引向关键信息

最后，采用确定的图表展现数据可视化结果时，需要将用户的注意力引向关键的信息。可视化项目应该总结关键信息并使之更清晰、直白，而不应该令人困惑。例如，对于含有众多指标的图表，有时仅凭肉眼很难衡量多个指标之间的显著差异，此时需要对关键指标进行放大或采用突出的颜色显示来消除用户的视觉疲劳。

3.3.2　可视化的一般流程

科学可视化和信息可视化均设计了可视化流程的参考体系结构模型，并被广泛应用于数据可视化系统中。图3-11给出了科学可视化的通用可视化流水线。它描述了从数据空间到可视空间的映射，包含串行处理数据的各个阶段：数据分析、数据滤波、数据的可视映射和绘制。这个流水线实际上是数据处理和图形绘制的嵌套组合。

在此基础上，C. Stolte等人提出了数据可视化循环模型，如图3-12所示。

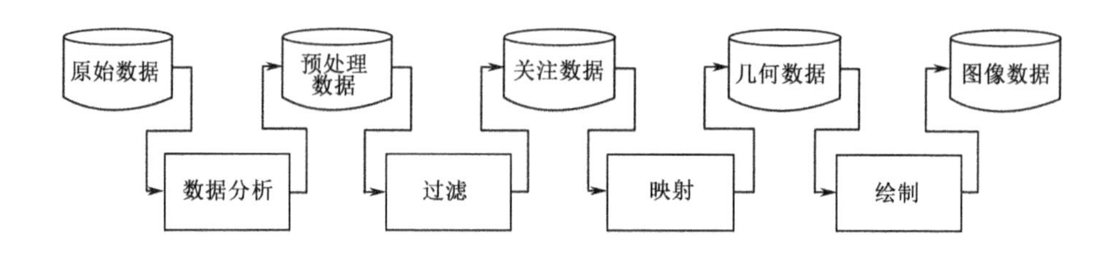

图 3-11　科学可视化的可视化流水线

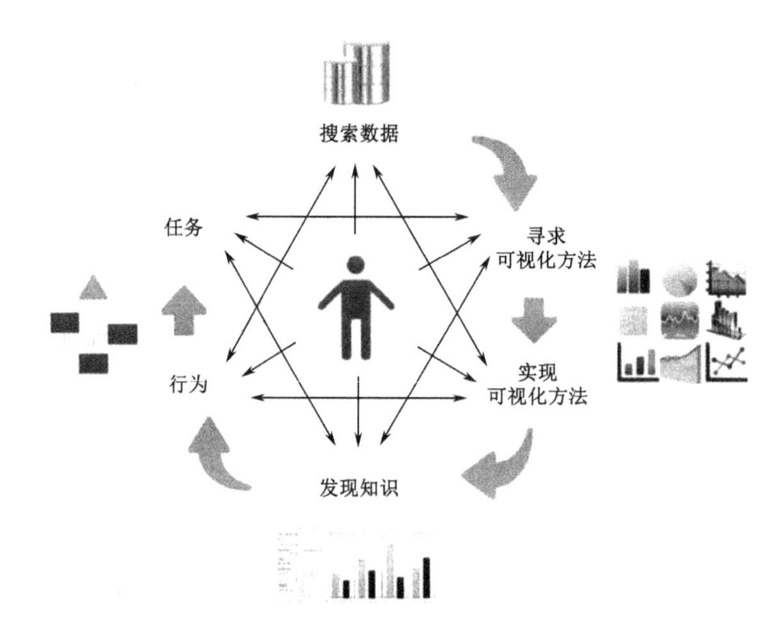

图 3-12　C. Stolte 等人提出的数据可视化循环模型

可视化分析中所采取的具体步骤会随着数据集合项目的不同而不同，但在探索数据可视化时，总体而言应该考虑以下 4 点：拥有什么数据？关于数据想了解什么？应该使用哪种可视化方式？用户能看见什么，有什么意义？

从数据到知识有两种途径：交互的可视化方法和自动的数据挖掘方法。两种途径的中间结果分别是对数据的交互可视化结果和从数据中提炼的数据模型。用户既可以对可视化结果进行交互的修正，也可以调节参数以修正模型。具体而言，数据可视化是对数据的透彻理解、深入分析和综合运用，主要包括数据获取、数据处理、可视化模式和可视化应用 4 个环节。

1. 数据获取

数据可视化的基础是数据，所以首先需要明确自己拥有的数据。在进行可视化展示时通常获得需要的数据是最困难、耗时最多的一步。数据获取的形式多种多样，大致可分为主动获取和被动获取两种方式。主动数据获取是以明确的数据需求为目的，利用相关技术手段主动采集需要的数据，如卫星影像、感知监控设备和测绘工具等；被动数据获取是以数据平台为基础，由数据平台的运营者和活动者提供数据来源，如电子商务、社交网络、网络论坛等。

2. 数据处理

数据处理是指对原始数据进行数据预处理、质量分析和计算统计等步骤，目标是保证数据的完备性、准确性、一致性和可用性。对于数据可视化而言，数据处理的关键是数据表示和变换。

为了进行有效的可视化、分析和记录，输入数据必须从原始状态变换到一种便于计算机处理的结构化数据表示形式。通常这些结构存在于数据本身，需要研究有效的数据提炼或简化方法以最大限度地保持信息和知识的内涵及相应的上下文。数据具有不确定性，因为每个数据点都是对某一瞬间所发生的事情的快速捕捉，有效表示海量数据的主要挑战在于采用具有可伸缩性和扩展性的方法，以便忠实地保持数据的特性和内容。此外，将不同类型、不同来源的信息合成为一个统一的表示，使得数据分析人员能及时聚焦于数据的本质，也是数据处理的研究重点。

3. 可视化模式

可视化模式是数据的一种特殊展现形式。当前，常见的数据可视化模式有标签云、序列分析、网络结构、电子地图等。可视化模式的选取在很大程度上决定了数据可视化方案。

将数据以一种直观、容易理解和操纵的方式呈现给用户，需要基于可视化模式将数据转换为可视表示并呈现给用户。数据可视化向用户传播信息，而同一个数据集可能对应多种视觉呈现形式，即视觉编码。数据可视化的核心内容是从巨大的呈现多样性空间中选择最合适的编码形式。决定某个视觉编码是否合适的因素包括感知与认知系统的特性、数据本身的属性和目标任务等。大量的数据采集通常是以流的形式实时获取的，针对静态数据发展起来的可视化显示方法不能直接拓展到动态数据。这不仅要求可视化结果有一定的时间连贯性，还要求可视化方法足够高效以便给出实时反馈。因此，数据可视化不仅需要研究新的软件算法，还需要强大的计算平台（如分布式计算或云计算）、显示平台（如一亿像素显示器或大屏幕拼接）和交互模式（如体感交互、可穿戴式交互）。

4. 可视化应用

数据可视化应用主要根据用户的主观需求来展开，最主要的应用形式是直观地展示庞杂混乱的数据，进而通过观察和人脑分析进行数据推理和认知，辅助人们发现新知识或得到新结论。对数据进行可视化和分析的最终目的是完成目标任务。有些目标任务可明确定义，有些任务则更为宽泛或一般化。目标任务可分成 3 类：生成假设、验证假设和视觉呈现。

数据可视化可用于从数据中探索新的假设，也可以证实相关假设与数据是否吻合，还可以帮助数据专家向公众展示其中的信息。交互是通过可视的手段辅助分析决策的直接推动力。便捷、友好的交互式可视化界面可以帮助人们加强与数据的交互，辅助人们完成对数据的迭代计算，通过若干步骤的数据计算实验产生系列化的可视化成果。有关人机交互的探索已经持续很长时间，但智能、适用于海量数据可视化的交互技术，如任务导向的、基于假设的方法还是一个未解难题，其核心挑战是新型的可支持用户分析决策的交互方法。这些交互方法不仅涵盖底层的交互方式与硬件、复杂的交互理念与流程，更需要克服不同类型的显示环境和不同任务带来的可扩充性难点。

3.4 可视化设计组件

3.4.1 可视化设计模型

数据可视化不仅是一门包含各种算法的技术，还是一门具有独特方法论的学科。因此，在实际应用中需要采用系统化的思维设计数据可视化工程和应用。Muncncr 指出，数据可视化的设计可简化为 4 个层次（见图 3-13）：第一层（最外层）是问题描述层，概括描述用户遇到的实际问题；第二层是抽象层，负责将特定领域的任务和数据映射到抽象且通用的任务及数据类型；第三层是编码层，设计与数据类型相关的视觉编码及交互方法；第四层（最内层）则需要实现正确完成数据可视化展示和交互的算法。各层之间是嵌套的关系，外层的输出是内层的输入，同时外层的错误最终会级联传导到各内层。需要注意的是，将可视化设计的层次嵌套模型应用于实际的数据可视化系统设计，需要考虑各个层次面临的潜在风险和对风险的评估方法。

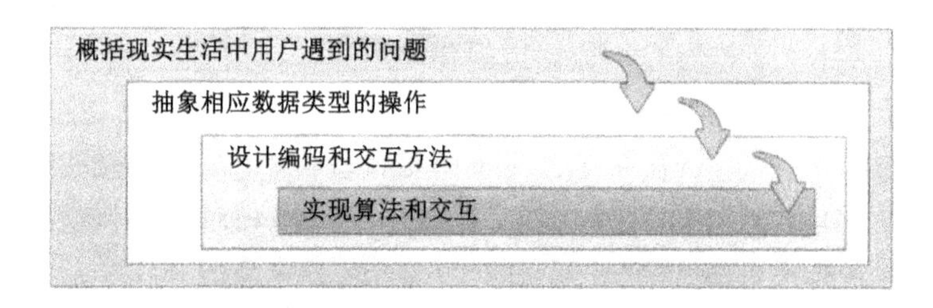

图 3-13　可视化设计的层次嵌套模型

这个嵌套模型中的每个层次都存在着不同的设计难题，如第一层需要准确定义问题和目标，第二层需要正确处理数据，第三层需要提供良好的可视化效果，第四层需要解决可视化系统的运行效率问题。第二层～第四层同属设计问题，但每一层负责不同的任务。实际上，这四个层次极少按严格的时序过程执行，而往往以迭代式的逐步求精过程展开：当对某个层次有了更深入的理解之后，将可以更好地指导其他层次的设计。

3.4.2 可视化设计原则

可视化的首要任务是准确地展示和传达数据所包含的信息和知识。然而，设计人员往往并不能很好地把握设计与功能之间的平衡，从而创造出华而不实的数据可视化形式，无法达到传达与沟通信息的主要目的。为此，针对特定的目标对象，设计者可以根据用户的预期和需求，提供有效辅助手段以方便用户理解数据，从而完成有效的可视化。在确定数据源之后，可以采用多种不同的技术方法将数据映射到图形图像元素并进行可视化，同时存在不少可供选择的交互技术便于用户浏览和探索数据。一方面，过于复杂烦琐的可视化可能会给用户带来理解上的麻烦，甚至会引起用户对原始数据信息的误解；另一方面，缺少友好交互控制的可视化也会阻碍用户以更直观的方式获得可视化所包含的信息。此外，美学因素也在一定程度上影响用户对可视化设计的喜好或厌恶情绪，进而影响可视化传播和表达信息的能力。总之，良好的可视化提高了人们获取信息的能力，但可视化的功效不可避免地受到诸多因素的影响。因此，了解可视化技术各个组件的功能，对设计有效的可视化系统至关重要。

设计有效的可视化需要遵循一定的设计原则。一般而言，设计实现一个可视化视图主要包括 3 个步骤：确定数据到图形元素（标记）和视觉通道的映射，明确需要呈现的是什么样的数据；视图的选择与用户交互控制的设计，建立恰当的数据指标，从总体到局部逐步展示数据结果；数据的有效筛选并注重数据的比较，即确定在有限的可视化视图空间中选择适当容量的信息进行编码，以避免在数据量过大情况下产生视觉上的混乱。也就是说，可视化的结果中需要保持合理的信息密度。为了提高可视化结果的有效性，可视化的设计还应包括颜色、标记和动画的设计等。

3.4.3　可视化的数据

数据可视化将数据变换为易于感知的可视编码。为了精准地通过数据的可视表达传播信息，需要研究数据的分类及其对应的可视编码方法。

人们对数据的认知，一般都经过从数据模型到概念模型的过程，最后得到数据在实际中的具体语义。在处理数据时，最初接触的是数据模型，数据模型是对数据的底层描述及相关操作。概念模型是对数据的高层次描述，对应于人们对数据的具体认知。对数据进行进一步处理之前，需要定义数据的概念和它们之间的联系，同时定义数据的语义和它们所代表的含义。例如，数值数据可用于表达温度、高度、产量等，而类别型数据则可表达性别、人种等不同意义。

根据数据分析要求，不同的应用可以采用不同的数据分类方法。例如，根据数据模型，可以将数据分为浮点数、整数、字符等；根据概念模型，可以定义数据所对应的实际意义或者对象，如汽车、摩托车、自行车等。在科学计算中，通常根据测量标度将数据分为 4 类：类别型数据、有序型数据、区间型数据和比值型数据。类别型数据用于区分物体。例如，根据性别可以将人分为男性或者女性；有序型数据用来表示对象间的顺序关系；区间型数据用于得到对象间的定量比较，相对于有序型数据，区间型数据提供了详细的定量信息；比值型数据用于比较数值间的比例关系，可以精确地定义比例。不同的数据类型也对应不同的集合操作和统计计算。对于类别型数据集合，可以互换元素间的位置，统计类别和模式。对于有序型数据集合，可以计算元素间的单调递增（减）关系、中值、百分位数。对于区间型数据集合，可以进行元素间线性加减操作，计算平均值、标准方差等。对于比值型数据集合，除了上述 3 种数据类型所允许的操作外，还可以进行更复杂的计算，如计算元素间的相似度或统计上的变异系数。

在数据可视化中，通常并不区分区间型数据和比值型数据，将数据类型进一步精简为 3 种：类别型数据、有序型数据和数值型数据（包括区间型数据和比值型数据）。基础的可视化设计一般针对这 3 种数据展开，而复杂型数据通常是这 3 种数据的组合或变化。

3.4.4 可视化的原材料

基于数据的可视化组件可以分为 4 种：视觉暗示、坐标系、标尺及背景信息。无论在谱图的什么位置，可视化都是基于数据和这 4 种组件创建的。有时它们是显式的，而有时它们会组成一个无形的框架。这些组件协同工作，对一个组件的选择会影响其他组件。

1. 视觉暗示

可视化最基本的形式就是简单地把数据映射成彩色图形。可视化展示必须保证可以在图形和它所代表的数字间来回切换。这一点很重要。必须确定数据的本质并没有在这反复切换中丢失，如果不能映射回数据，可视化图表就只是一堆无用的图形。

2. 坐标系

编码数据的时候，总得把物体放到一定的位置。有一个结构化的空间，还要指定图形和颜色画在哪里的规则，这就是坐标系，它赋予 *X*、*Y* 坐标或经纬度以意义。当前常用的 3 种坐标系几乎可以覆盖所有的需求，它们分别为笛卡儿坐标系、极坐标系和地理坐标系。

3. 标尺

坐标系指定了可视化的维度，而标尺则指定了在每一个维度里数据映射到哪里。标尺有多种，也可以用数学函数定义自己的标尺，但是基本上不会偏离 3 种标尺，即数字标尺、分类标尺和时间标尺。

4. 背景信息

背景信息（帮助更好地理解数据相关的 5W 信息，即何人、何事、何时、何地、为何）可以使数据更清晰，并且能正确引导数据使用者。至少，背景信息可以提醒读者这张图在说什么。有时背景信息是直接画出来的，有时它们则隐含在媒介中。

3.4.5 可视化的基本图表

统计图表是最早的数据可视化形式之一，作为基本的可视化元素仍然被广泛使用。对于很多复杂的大型可视化系统来说，这类图表更是作为不可或缺的基本组成元素。基本的可视化图表按照所呈现的信息和视觉复杂程度可以分为 3 类：原始数据绘图、简单统计值标绘和多视图协调关联。

1. 原始数据绘图

原始数据绘图用于可视化原始数据的属性值，直观呈现数据特征，其代表性方法包括数据轨迹、柱状图、折线图、直方图、饼图、等值线图、走势图、散点图、气泡图、维恩图、热力图和雷达图等。实际选择图表时应先从总体上观察数据，然后放大到具体的分类和独立的特点。

（1）数据轨迹是一种标准的单变量数据呈现方法：*x* 轴显示自变量，*y* 轴显示因变量。数据轨迹可直观地呈现数据分布、离群值、均值的偏移等，如股票随时间的价格走势图。

（2）柱状图采用长方形的形状和颜色编码数据的属性。柱状图的每根直柱内部可用像素图方式编码，也称为堆叠图。柱状图适用于二维数据集，但只有一个维度需要比较。柱状图利用柱子的高度，反映数据的差异。肉眼对高度差异很敏感，所以效果比较好。柱状图的局限在于只适用于中小规模的数据集。

（3）折线图适用于二维大数据集，尤其是那些趋势比单个数据点更重要的场合。它还适用于多个二维数据集的比较。

（4）直方图是对数据集的某个数据属性的频率统计。对于单变量数据，其取值范围映射到横轴，并分割为多个子区间。每个子区间用一个直立的长方块表示，高度正比于属于该属性值子区间的数据点的个数。直方图可以呈现数据的分布、离群值和数据分布的模态。直方图的各个部分之和等于单位整体，而柱状图的各个部分之和没有限制，这是两者的主要区别。

（5）饼图采用环状方式呈现各分量在整体中的比例。这种分块方式是环状树图等可视表达的基础。饼图很多时候应该尽量避免使用，因为肉眼对面积的大小不敏感。一般情况下，应用柱状图替代饼图，但是有一个例外，就是反映某个部分占整体的比例。

（6）等值线图使用相等数值的数据点连线来表示数据的连续分布和变化规律。等值线图中的曲线是空间中具有相同数值（高度、深度等）的数据点在平面上的投影。

（7）走势图是一种紧凑简洁的数据趋势表达方式，它通常以折线图为基础，往往直接嵌入在文本或表格中。走势图使用高度密集的折线图表达方式来展示数据随某一变量（时间、空间）的变化趋势。

（8）散点图是表示二维数据的标准方法。在散点图中，所有数据以点的形式出现在笛卡儿坐标系中，每个点所对应的横纵坐标代表该数据在坐标轴二维维度上的属性值大小。散点图适用于三维数据集，但其中只有两维需要比较。有时候为了识别第三维，可以为每个点加上文字标识，或者不同的颜色。

（9）气泡图是散点图的一种变形，通过每个点的面积大小，反映第三维。如果为气泡图加上不同颜色（或者文字标签），气泡图就可以用来表示四维数据。

（10）维恩图使用平面上的封闭图形来表示数据集合之间的关系。每个封闭图形代表一个数据集合，图形之间的交叠部分代表集合间的交集，图形外的部分代表不属于该集合的数据部分。

（11）热力图使用颜色来表达位置相关的二维数值数据大小。这些数据常以矩阵或方格形式排列，或在地图上按一定位置关系排列，每个数据点可以使用颜色编码数值的大小。

（12）雷达图适用于多维数据（四维以上），且每个维度必须可以排序。但是，它有一个局限，就是数据点最多 6 个，否则无法辨别，因此适用场合有限。

2．简单统计值标绘

盒须图是 John Tukey 发明的通过标绘简单的统计值来呈现一维和二维数据分布的方法。它的基本形式是用一个长方形盒子表示数据的大致范围，并在盒子中用横线标明均值的位置。同时，在盒子上部和下部分别用两根横线标注最大值和最小值。盒须图在实验数据的统计分析中很有用。针对二维数据，标准的一维盒须图可以根据需要扩充为二维盒须图。

3. 多视图协调关联

多视图协调关联将不同类型的绘图组合起来，每个绘图单元可以展现数据某方面的属性，并且通常允许用户进行交互分析，提升用户对数据的模式识别能力。在多视图协调关联应用中，"选择"操作作为一种探索方法，可以是对某个对象和属性进"取消选择"的过程，也可以是选择属性的子集或对象的子集，以查看每个部分之间的关系的过程。

3.5 可视化中的美学因素

数据可视化主要是借助于图形化手段，清晰、有效地传达与沟通信息。为了有效地传达思想观念，美学形式应与功能需要齐头并进，直观地传达关键的方面与特征。如前所述，设计者确定了数据到可视化元素的映射、完成了视图与交互的设计，并筛选决定了可视化视图所需包含的信息量之后，好的可视化项目应尽可能以简洁易懂的表现形式展示适当的信息，最好能让读者有赏心悦目的感觉。因此，美学因素在一定程度上影响用户对可视化设计的喜好或厌恶情绪，进而影响可视化传播和表达信息的能力。可视化效果之美有其特定的涵义，称得上"完美"的可视化效果，不仅美观悦目，而且新颖、充实和高效。也可以说，可视化的艺术完美性指其形式与内容是否和谐统一，是否有创新和发展等。

在可视化设计中，美观有效的可视化项目能使用户方便地从可视化结果中获取足够的信息，以判断和理解可视化所包含的内容。可视化设计中的网格及其标注是美化设计效果必须考虑的因素。图形化的构建要素，包括坐标轴、布局、形状、色彩、线条和排版是实现可视化之美的"必要"因素，而不是"充分"因素。合理地利用这些因素来引导用户、传播信息、揭示关系、突出结论及提高视觉魅力是必要的。例如，在没有任何标注的坐标轴上的点，用户既不知道每个点的具体值，也不知道该点所代表的具体含义。解决这一问题的恰当做法是给坐标轴标记尺度，然后给相应的点标记一个标签以显示其数据的值，最后给整个可视化结果赋以一个简洁明了的题目。此外，为了更加醒目地对比结果，可视化设计者可以通过在水平坐标轴和竖直坐标轴增加均匀分割的网格线，以消除用户的视觉疲劳。

例如，在图 3-14（a）和图 3-14（b）中，分别由于网格的过多使用和过少使用，使得可视化结果在缺少数据表达精确性的同时也丧失了美观性，而图 3-14（c）中因为网格的合理使用，使得用户能很好地理解数据所映射的点。

在可视化项目中，颜色是使用最广泛的视觉通道，也是经常被过度甚至错误使用的一个重要视觉参数。使用了错误的颜色或者试图使用过多颜色表示大量数据属性，都可能导致可视化结果的视觉混乱，因而都是不可取的。另外，鉴于人的感知判断大都是基于相对判断的，对颜色的感知尤其如此。因此，可视化设计应特别谨慎地选取颜色。另外，在某些可视化领域，可视化的设计者还需要考虑色觉障碍的用户感受，使得可视化结果对这些用户依然能够有效地表达和传递信息。

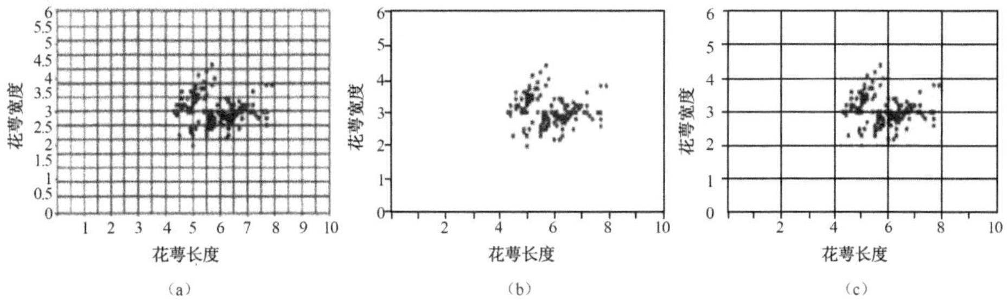

（a） （b） （c）

图 3-14 网格及其标注的合理使用例子

总之，可视化设计者在完成可视化的功能设计（向用户展示数据的信息）后，就需要认真考虑其形式表达（可视化的美学）方面的改进。可视化的美学因素虽然不是可视化设计的主要目标，但是具有更多美感的可视化设计显然更加容易吸引用户的注意力，并促使用户进行更深入的探索，因此，优秀的可视化必然是功能与形式的完美结合。在可视化设计的方法学中，有多种方法可以提高可视化的美学效果，但应遵循以下原则。

1. 聚焦

设计者必须通过适当的技术手段将用户的注意力集中到可视化结果中的最重要的区域。如果设计者不对可视化结果中各元素的重要性进行排序，并改变重要元素的表现形式使其脱颖而出，那么用户只能以一种自我探索的方式获取信息，从而难以达到设计者的意图。例如，在一般的可视化设计中，设计者通常可以利用人类视觉感知的前向注意力，将重要的可视化元素通过突出的颜色编码进行展示，以抓住可视化用户的注意力。

2. 平衡

平衡原则要求可视化的设计空间必须被有效利用，尽量使重要元素置于可视化设计空间的中心或中心附近，同时确保元素在可视化设计空间中的平衡分布。

3. 简单

简单原则要求设计者既要尽量避免在可视化项目中包含过多的造成混乱的图形元素，也要尽可能不使用过于复杂的视觉效果（如带光照的二维柱状图等）。在过滤多余数据信息时，可以使用迭代的方式进行，即过滤掉任何一个信息特征都要衡量信息损失，力求找到可视化结果美学性与表达信息量的最佳平衡。

3.6 可视化框架设计整体思路

本节讨论可视化框架的构成和数据映射流程，以便建立宏观的思考问题的方法，掌握相关的基本概念。

3.6.1 可视化框架的构成

数据可视化的本质是将数据映射到图形，同时将一些附加信息传达给用户。一个可视化框架需要如下 4 部分，当然根据实际问题的需要，可以把这些模块进行进一步的细分。

（1）数据处理模块，对数据进行加工的模块，包括一些数据处理方法，如合并、分组、排序、过滤、计算统计信息等。

（2）图形映射模块，将数据映射到图形视觉通道（详见第 4 章）的过程，如将数据映射成颜色、位置、大小等。

（3）图形展示模块，决定使用何种图形来展示数据，点、线、面等图形标记。

（4）辅助信息模块，用于说明视觉通道与数据的映射关系，如坐标轴、图例、辅助文本等。

3.6.2 数据图形映射的流程

可视化从数据映射到图形需要以下流程（见图 3-15）：

（1）原始数据：加载到页面上的 JSON 数组（或其他非结构化数据）。

（2）统计分析：统计函数加工数据。

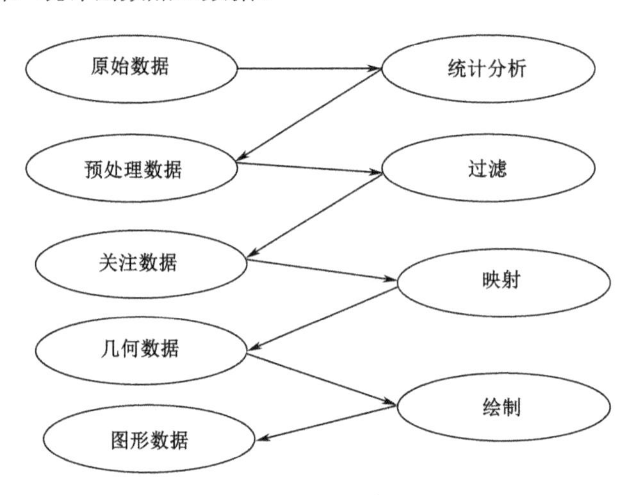

图 3-15　可视化从数据映射到图形流程

（3）预处理数据：每个视图接收到的数据。

（4）过滤：行过滤，列过滤（是否保存整条数据，后面讨论）。

（5）关注数据：对数据进行行列的过滤，当前图表关注的数据。

（6）映射：将数据从数值域转换几何属性，如点、线、路径、面积、多边形等。

（7）绘制：调用绘图库，绘制出图形。

（8）图像数据：最终形成的图表。

可以看到，在数据进行图形映射的流程中，数据类型非常重要，不同的数据类型影响不同的映射方式。

习题

一、填空与选择题

1. 混色特性包括________、________和________等。

2. 可视化是对数据的透彻理解、深入分析和综合运用，主要包括数据采集、________、________和________4 个环节。

3. 彩色电影中彩色的形成属于相减混色，相减混色中采用品、黄、（　　）3 种颜色作为基色，它们各是绿、蓝、红的补色。

A. 红　　B. 橙　　C. 青　　D. 紫

4. 在明亮环境下，人眼对波长为 555nm 的（　　）最为敏感。

A. 红黄光　　B. 黄绿光　　C. 红蓝光　　D. 紫绿光

5. 人眼的视觉有惰性，这种惰性现象也称为视觉暂留，视觉暂留时间约为 0.05～（　　）。

A. 10ms　　B. 50ms　　C. 0.2s　　D. 0.5s

6. 人眼的视场是很宽的，垂直方向能超过 80°，水平方向能超过（　　）。

A. 180°　　B. 170°　　C. 160°　　D. 150°

7. 图表类型的选择有依赖于所要处理和展现的数据类型，例如离散数据的数值可清晰计数，最适合用（　　）展示。

A. 曲线图　　B. 柱状图　　C. 饼图　　D.气泡图

8. 雷达图适用于（　　）数据，且每个维度必须可以排序。

A. 一维　　B. 二维　　C. 三维　　D. 多维

9. 下列两色光重叠投影到（暗室）白幕上，应出现（　　）颜色。

A. 淡红和淡绿　　B. 黄光和青光　　C. 青光和品光　　D. 红光和黄光

二、简答题

1. 彩色电视系统中的三基色是什么颜色，是如何选定的？

2. 何谓明视觉和暗视觉，比较在明视觉条件下对辐射功率相同的 510nm 绿光和 610nm 橙光的亮度感觉谁高谁低？

3. 何谓视敏函数和相对视敏函数？

4. 何谓对比度和亮度层次，它们之间存在什么关系？

5. 何谓视觉惰性，人眼视觉暂留时间是多少，电视显示 25 帧与视觉惰性的关系是怎样的？

6. 被传送的景物中，有两点的亮度分别为 B1=1nit，B2=10nit，试说明 B1、 B2 间能分辨的亮度等级（取 δ=0.05）。

7. 人眼彩色视觉对色调和色饱和度的分辨力怎样？

8. 人眼彩色视觉对彩色细节的分辨力怎样，它在彩色电视中得到怎样的利用？

9. 谈谈您对数据可视化这门学科的认识和想法。

10. 地理信息可视化是可视化应用众多领域中的一种，请列举几个属于地理信息可视化的实例。

11. 数据可视化的最终目标是什么，有哪些基本特征？

12. 举例说明数据可视化带来的好处，并讨论存在的技术难题。

13. 数据可视化的三类通用目标是什么，分别举例加以说明。

14. 以零售商销售报表可视化为例，说明数据可视化过程中的 5 个基本步骤。

15. 使用常用的可视化工具（如 Excel）对您所在班级的学生信息表进行可视化展示，并考虑如何突出展示效果。

16. 在进行数据分析时，统计分析方法、探索性数据分析和数据挖掘三类方法各有什么侧重点和优势?

17. 简要画出可视化流程概念图，并对其进行简要说明。

18. 简要说明图 3-16 中数据挖掘与可视化的联系。

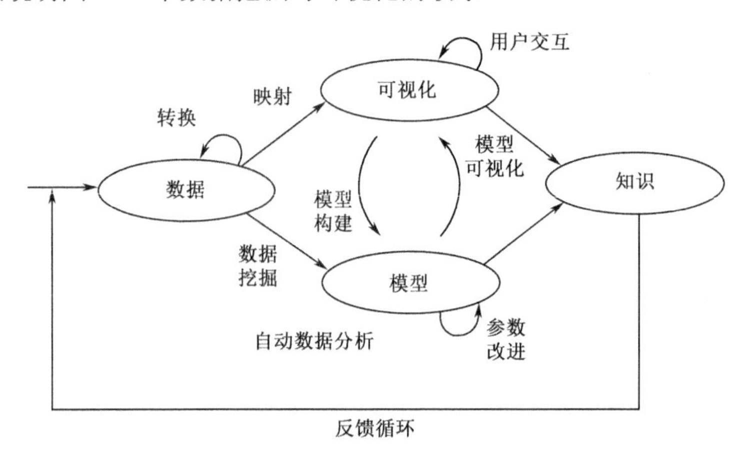

图 3-16　数据转换为知识的过程

19. 谈谈您对数据可视化中美学因素的认识。

参考文献

[1] 陈为，张嵩，鲁爱东. 数据可视化的基本原理与方法[M]. 北京：科学出版社，2013.

[2] 段永良，何光威，周洪萍，等. 电视原理与应用[M]. 北京：人民邮电出版社，2011.

[3] 陈建军，于志强，朱昀. 数据可视化技术及其应用[J]. 红外与激光工程，2001，30（5）：339-343.

[4] Tom Soukup, Ian Davidson. 可视化数据挖掘[M]. 朱建秋，蔡伟杰，译. 北京：电子工业出版社，2004.

[5] Scott Murry. 数据可视化实战[M]. 李松峰，译. 北京：人民邮电出版社，2013.

[6] Julie Steele, Noah Lliinsky. 数据可视化之美[M]. 祝洪凯，译. 北京：机械工业出版社，2011.

[7] 唐泽圣. 三维数据场可视化[M]. 北京：清华大学出版社，1999.

[8] Nathan Yau. 数据可视化指南[M]. 向怡宁，译. 北京：人民邮电出版社，2013.

[9] Maarten H. Everts, Henk Bekker, Jos B. T. M. Roerdink, Tobias Isenberg. Depth Dependent Halos: Illustrative Rendering of Dense Line Data[J]. IEEE Transactions on Visualization and Computer Graphics, 2009, 15(6): 1299-1306.

[10] Tony Hey, Stewart Tansley, Kristin Tolle. The Fourth Paradigm: Data-Intensive Scientific Discovery[R]. Microsoft Research, 2009.

[11] David Laidlaw, Joachim Weickert. Visualization and Processing of Tensor Fields: Advances and Perspectives[M]. Berlin: Springer, 2009.

[12] Jennifer Rowley. The wisdom hierarchy: representations of the DIKW hierarchy[J]. Journal of Information Science, 2007, 33(2): 163-180.

[13] Robert Spence. Information Visualization: Design for Interaction (2nd Edition)[M]. Englewood: Prentice Hall, 2007.

[14] Christian Tominski. Event-Based Visualization for User-Centered Visual Analysis[D]. PhD Thesis, Institute for Computer Science, University of Rostock, 2006.

[15] Matthew Ward, Georges Grinstein, Daniel Keim. Interactive Data Visualization: Foundations, Techniques, and Applications. May, 2010 ChaimZins. Conceptual Approaches for Defining Data, Information, and Knowledge[J]. Journal of the American Society for Information Science and Technology. 2007, 58 (4): 479-493.

[16] C.D. Hansen, C.R. Johnson. The Visualization Handbook[M]. Salt Lake City: Academic Press, 2004.

[17] T. Munzner. A nested model for visualization design and validation[J]. IEEE Transaction lrsualization and Computer Graphics, 2009, 15(6): 921-928.

[18] K. Potter, J. Kniss, R. Riesenfeld, C.R. Johnson. Visualizing Summary Statistics and Uncertainty[J]. IEEE Transactions on irsualization and Computer Graphics, 2010, 29(3): 823-832.

[19] G. Robertson, R. Fernandez, D. Fisher, et al. Effectiveness of Animation in Trend Visualization[J]. IEEE Transactions on Visualization and Computer Graphics,2008, 14(6): 1325-1332.

[20] C. Stolte, P. Hanrahan. Polaris: A system for query, analysis and visualization of multi-dimensional relational databases[J]. IEEE Transactions on visualization and Computer Graphics, 2002,8(1) : 52-65.

第 4 章　数据可视化的常用方法

客观世界和虚拟社会正源源不断产生大量的数据，而人类视觉对数字、文本等形式存在的非形象化数据的处理能力远远低于对形象化视觉符号的理解。因此，采用合适的数据可视化方法处理人类获取的数据，是整个数据可视化过程中最为重要的步骤之一。

在数据可视化与可视分析的过程中，用户是所有行为的主体：通过视觉感知器官获取可视信息，编码并形成认知。不同的数据可视化方法，对用户产生的直观效果不同。依据不同原则，数据可视化方法有不同的分类。例如，按空间维度的不同，可分为一维可视化、二维可视化、三维可视化、复杂高维可视化等；按面向领域的不同，可分为地理可视化方法、生命科学可视化、网络与系统安全可视化、金融可视化等；按可视化对象不同，可分为文本和文档可视化、跨媒体可视化、层次和网络可视化等。

而从方法论的角度出发，数据可视化方法可以分为 3 个层次，数据可视化方法体系如图 4-1 所示。

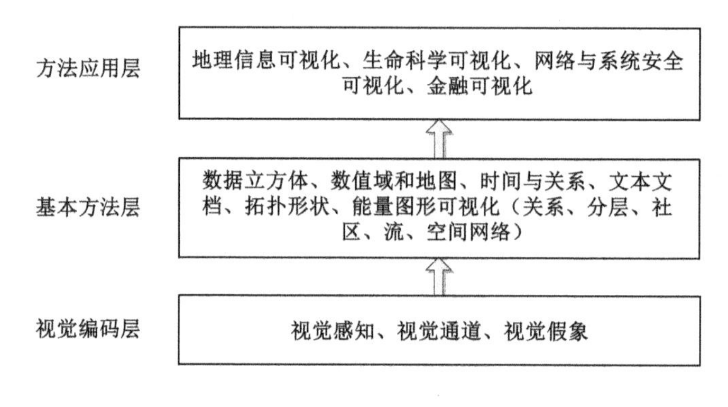

图 4-1　数据可视化方法体系

4.1　视觉编码

“数据可视化”的核心本质即为由数据到视觉元素的编码过程，是将数据信息映射成可视化元素的技术。视觉编码是数据可视化与其他数据处理方法的根本区别。可视化将数据以一定的变换和视觉编码原则映射为可视化视图，在数据分析和数据可视化的过程中，只有遵循科学的视觉编码原则，才能有效地引导用户加深对数据理解的目的。通过分析人类视觉感知，分析表达直观、易于理解和记忆的可视化元素，合理使用不同的视觉通道表达数据所传达的重要信息，从而避免造成视觉假象，达到良好的数据可视化信度和效度。

4.1.1 视觉感知

视觉是人类获得信息的最主要途径，视觉感知是人类大脑的最主要功能之一，超过50%的人脑功能用于视觉信息的处理，眼睛是人体从外界接收信息的主要器官之一。1786 年 William Playfair 就开始采用图形的方法来观测数据。之后，不断有科学家讨论各种图形可视化方法的优劣（例如，1927 年，Eells 和 Croxton 争论条形图和饼图的优缺点），优秀的可视化方法一定具有良好的视觉感知速度和效果。

1. 视觉感知与视觉认知

选择可视化方法之前，需要掌握视觉感知（Visual Perception）和视觉认知（Visual Cognition）之间的区别与联系，以及如何寻求保证视觉感知直观、准确、易懂的同时，达到视觉认知最大化的方法。

视觉感知是指客观事物通过人的视觉器官在人脑中形成的直接反映，人类只有通过“视觉感知”，才能达到“视觉认知”。通常而言，人类的视觉感知器官最灵敏，感知外在事物的效率和效果都优于其他感知器官。

以图 4-2 为例，年轻人对于时间的心理感知较为模糊，总觉得人生很长。可是如果用一个小格子表示一个月，人生只有 900 个格子。在一张 A4 纸上画一个 30×30 的表格（见图 4-2），每过一个月就涂掉一格，通过视觉感知就能发现，被量化后的人生原来如此短暂。

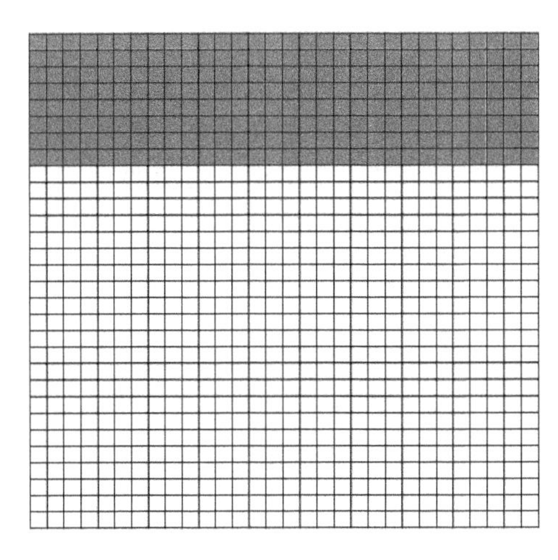

图 4-2 视觉感知实例

视觉认知是把通过视觉器官的信息加以整合、解释、赋以意义的心理活动，是关于怎样理解和解释所观察到的客观事物的过程。视觉认知首先是由视觉器官接受信息，然后将感觉变为知觉，将知觉进行整合，“视觉感知”是“视觉认知”的基础和前提。视觉认知融入了感觉、知觉、注意、记忆、理解、判断、推理等因素。

仍然以图 4-2 为例，通过对时间的视觉感知，感知了时间的短暂，认知了要珍惜时间来做有意义的事情，如好好学习、认真工作、孝敬父母等。通过视觉感知，达到认知上的升华。

2．格式塔（Gestalt）原则

格式塔是德文“Gestalt”的译音，意思是“完形的”，它描述了在视觉上每个人如何感知对象，是视觉可视化设计的基本原则。眼脑作用是一个不断组织、简化、统一的过程，正是通过这一过程，才产生出易于理解、协调的整体，人们会用一种最为简单的形式来感知和解释模糊不清或复杂的图像，这是格式塔的基本原则的理论基础。格式塔原则具体包括接近原则（Law of Proximity）、相似原则（Law of Similarity）、闭合原则（Law of Closure）、连续原则（Law of Continuity）。

（1）接近原则。在欣赏视觉作品时，不同元素之间的位置信息很重要。通常，视觉感知时会把相互靠近的元素作为一个整体。元素之间的距离越近，被认可成为组合的概率越大。

在可视化设计中，能够应用接近原则来对元素进行区分和规划，通过设计一定的间距和空间，保证元素整体和局部之间的协调性。

（2）相似原则。与接近原则注重元素之间的位置不同，相似原则注重元素内部特性的不同。对于元素内部的纹理、颜色、形状、大小等特征，视觉感知时会常常把具有相似特征的元素归为一类或一个整体。

在可视化设计中，能够应用相似原则来对元素内部特征进行区分和规划，通过设计元素内部一定的纹理、颜色、形状、大小等特征，保证可视化作品整体协调性的同时，使局部具有鲜明的特征。

（3）闭合原则。浏览者心理的一种推论倾向，是把一种不连贯的有缺口的图形尽可能在心理上使之趋合。或者说浏览者倾向于从视觉上封闭那些开放或未完成的轮廓。设计中通过不完整的图形，让浏览者去闭合图形，可以吸引用户的兴趣和关注。如苹果公司的 logo，咬掉的缺口唤起人们的好奇、疑问，给人巨大的想象空间。

（4）连续原则。连续原则与闭合原则有些类似。以实物形象上的不连续使浏览者产生心理上的连续知觉。

关于格式塔的原则还有很多，应用于心理学、哲学、美学和科学的任何领域。格式塔原则对于可视化工作者有很大的启发作用，尤其是在选取可视化方法时，保证了能够遵循通用的适用于可视化方法的基本原则，下面介绍这 4 种原则如何指导可视化方法的选择。

4.1.2 视觉通道

1．视觉通道简介

可视化编码由几何标记（图形元素）和视觉通道两部分组成。

几何标记：可视化中标记通常是一些几何图形元素，如点、线、面、体。

视觉通道：用于控制几何标记的展示特性，包括标记的位置、大小、形状、方向、色调、饱和度及亮度等。

2．视觉通道的类型

人类对视觉通道的识别有两种基本的感知模式。第一种感知模式得到的信息是关于对象本身的特征和位置等，对应视觉通道的定性性质和分类性质；第二种感知模式得到的信息是对象某一属性在数值上的大小，对应视觉通道的定量性质或者定序性质。因此可将视觉通道分为两大类：

（1）定性（分类）的视觉通道，如形状、颜色的色调、空间位置。

（2）定量（连续、有序）的视觉通道，如直线的长度、区域的面积、空间的体积、斜度、角度、颜色的饱和度和亮度等。

这两种分类不是绝对的，如位置信息，既可以区分不同的分类，又可以分辨连续数据的差异。

3．视觉通道的表现力

进行可视化编码时需要考虑不同视觉通道的表现力和有效性，主要体现在以下几个方面：

（1）准确性，在视觉上是否能够准确地表达数据之间的变化。

（2）可辨认性，同一个视觉通道能够编码的分类个数，即可辨识的分类个数上限。

（3）可分离性，不同视觉通道的编码对象放置到一起，是否容易分辨。

（4）视觉突出，对重要的信息，是否用更加突出的视觉通道进行编码。

4．数据和视觉通道的映射

可视化编码的过程可以理解为数据的字段和可视化通道之间建立对应关系的过程，它们的映射关系如下：

（1）一个数据字段对应一个视觉通道（1:1）。

（2）一个数据字段对应多个视觉通道（1:n）。

（3）多个数据字段对应一个视觉通道（n:1）。

4.1.3　数据分类

对于信息可视化中数据类型的划分，从数据可视化类型出发研究可视化过程，可以参考基于任务分类学的数据类型（Data Type By Task Taxonomy，TTT）。TTT 定义了 7 个基本任务，即总览、缩放、过滤、按需细化、关联、历史和提取；并将数据分为 7 类，即一维线性数据、二维数据、三维数据、多维数据、时态数据、树型数据和网状数据。

一维：一维数据是指由字母或文字组成的线性数据，如文本文件、程序源代码等。可视化设计主要针对文字，选择字体、颜色、大小和显示方式。

二维：二维数据主要是平面或地图数据，例如地理地图、平面图或报纸面等。用户需求一般是搜索某些区域、路径、地图放大或缩小、查询某些属性等。

三维：三维数据指三维空间中的对象，如分子、人体以及建筑物。与低维度数据不同，对象包括位置和方向等三维信息，显示这些对象需要不同的透视方法，设置颜色、透明度等参数。

时间：时间数据广泛存在与不同的应用中。用户的需求是搜索在某特定时刻所发生的事件，以及相应的信息和属性。

多维：多维数据的每一项数据拥有多个属性，可以表示为高维空间的一个点，该类数据常见于传统的关系或统计数据库应用中。多维数据可由三维散点图表示。

树：表示层次关系。

网络：表示连接和关联关系。节点连接图及连接矩阵是常见的网络可视化形式。

一维、二维、三维、时间、多维数据又可归于时空数据，树和网络数据又可归于非时空数据。

这 7 种数据类型还有许多变形和多种数据的结合体，但都是对现实中各类数据信息进行抽象。

4.1.4 常用的复杂数据处理方法

通过实验测量、计算机仿真、网络数据传输和文件输入/输出等方法获取数据之后，通常要对复杂数据进行预处理，常见数据操作如下。

合并：将两个以上的属性合并成一个属性或对象，包括有效简化数据、改变数据尺度。例如，在人员管理信息系统中，若员工第一年和第二年为同一级别，将其合并为一个属性，再如考勤管理中迟到和早退属性都是违纪属性等。

采样：采样是统计学的基本方法，也是对数据进行选择的主要手段，对数据的初步探索和最后的数据分析环节经常被采用。如果采样结果大致具备原始数据的特征，那么这个采样是具有代表性的。在车辆管理子系统中采样可用于接收车辆 GPS 数据。

降维：维度越高，数据集在维度空间的分布越稀疏，从而减弱了数据集的密度和距离的定义对数据聚类和离群值检测等操作的影响。将数据属性的维度降低，有助于解决维度灾难，减少数据处理的时间和内存消耗，更为有效地可视化数据，降低噪声或消除无关特征等。

特征子集选择：从数据集中选择部分数据属性值可以消除冗余的特征、与任务无关的特征，包括暴力枚举法、特征重要性选择、压缩感知理论的稀疏表达方法。

特征生成：特征生成是指在原始数据的基础上构建新的能反映数据集重要信息的属性，包括特征抽取、将数据应用到新空间、基于特征融合与特征变换的特征构造。

离散化与二值化：将数据集根据分布划分为若干个子类，形成对数据集的离散表达。

属性变换：将某个属性的所有的可能值一一映射到另一个空间，如指数变换、取绝对值等。

4.2 统计图表可视化方法

统计图表是最早的数据可视化形式之一，作为基本的可视化技术仍然被广泛地使用。对于很多复杂的大型可视化系统来说，这类图表更是作为基本的组成元素而不可缺少，选择合适的统计图表和视觉暗示组合便能够达到很好的数据可视化。

通过对一些基本统计图表、属性、适用的场景及实例的介绍，希望读者能对可视化设计方法所遵循的准则有所了解和认识。数据可视化的最重要目的和最高追求是将简单、易于理解、快速易懂的可视化展现形式，表示复杂的数据关系，因此基本的可视化图表能够满足大部分可视化项目的需求。

可视化图表按所呈现的信息和视觉复杂程度通常可分为 3 类：原始数据绘图、简单统计值标绘和多视图协调关联。

4.2.1　柱状图

柱状图（Bar chart）是一种以长方形的长度为变量的表达图形的统计报告图，由一系列高度不等的纵向条纹表示数据分布的情况，用来比较两个或两个以上的价值（不同时间或者不同条件），只有一个变量，通常用于较小的数据集分析。柱状图亦可横向排列，或用多维方式表达。柱状图的每根柱体内部也可以用不同的方式进行编码，构成堆叠图。

柱状图适用于二维数据集，能够清晰地比较两个维度的数据。由于视觉对高度之间的差异感知较敏感，柱状图利用柱子之间的高度来反映数据之间的差异。

优势：柱状图利用柱子的高度反映数据的差异，肉眼对高度差异很敏感。

劣势：柱状图的局限在于只适用中小规模的数据集。

1．传统二维柱状图

传统柱状图一般用于表示客观事物的绝对数量的比较或者变化规律，用于显示一段时间内数据的变化，或者显示不同项目之间的对比。传统二维柱状图包括二维簇状柱形图、二维堆积柱形图、二维百分比堆积柱形图等（见图 4-3）。

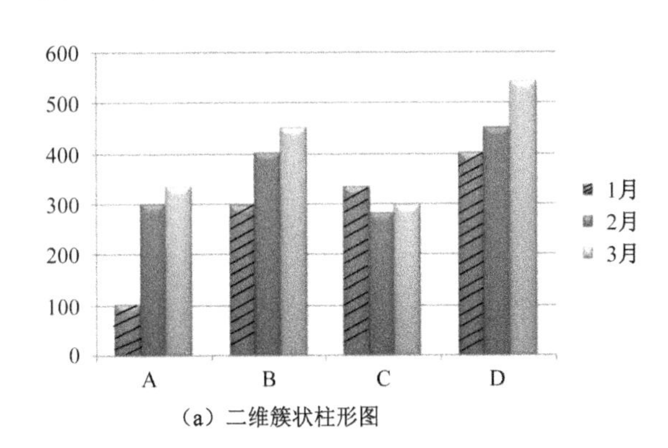

（a）二维簇状柱形图

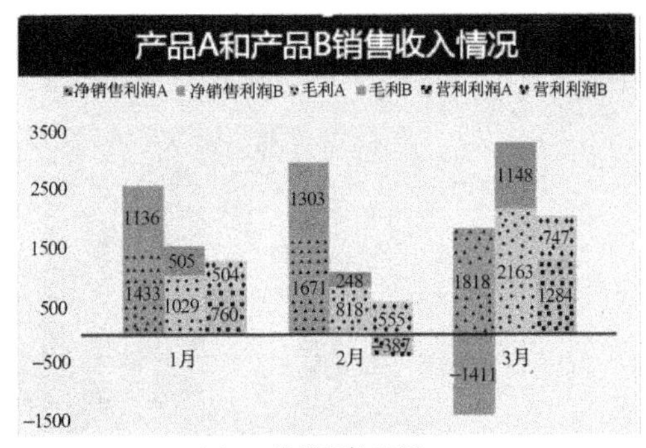

（b）二维堆积柱形图

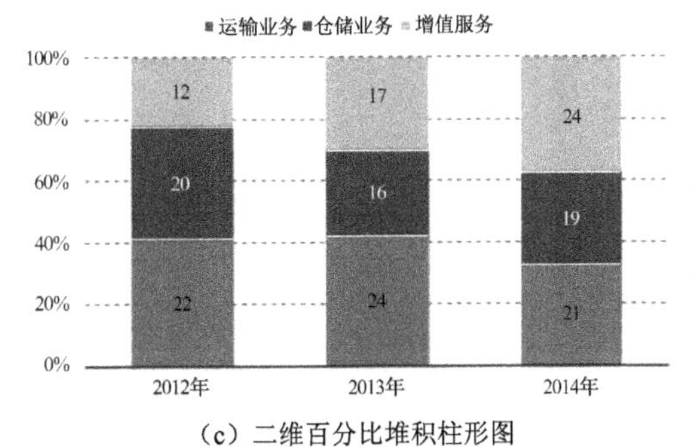

（c）二维百分比堆积柱形图

图 4-3　传统二维柱状图

二维簇状柱形图：这种图表类型比较类别间的值。水平方向和垂直方向分别表示不同类别的值，从而强调值随时间的变化。在类别的顺序不重要时，使用此图表类型能够表述跨若干类别的比较值，如图 4-3（a）所示。

二维堆积柱形图：这种图表类型显示各个项目与整体之间的关系，比较整体的各个部分，显示整体的各个部分如何随时间而变化，从而比较各类别的值在总和中的分布情况，如图 4-3（b）所示。

二维百分比堆积柱形图：这种图表类型以百分比形式比较各类别的值在总和中的分布情况，比较各个值占总计的百分比，显示每个值的百分比如何随时间而变化，如图 4-3（c）所示。

2. 三维柱状图

为了使柱状图表更加美观，可以把柱状图表做成三维图表形式。三维柱状图的可视化效果更加直观，而且能够在第三个坐标轴显示三维数据。三维柱状图采用柱体来量化数据，同时对柱体可以采用不用的颜色编码来表述不同的变量。

三维柱形图：这种图表类型沿着两个数轴比较数据点，数据点指在图表中绘制的单个值，这些值由条形、柱形、折线、饼图和其他被称为数据标记的图形表示。相同颜色的数据标记组成一个数据系列。

三维簇状柱形图、三维堆积柱形图、三维百分比堆积柱形图分别如图 4-4（a）、图 4-4（b）、图 4-4（c）所示。

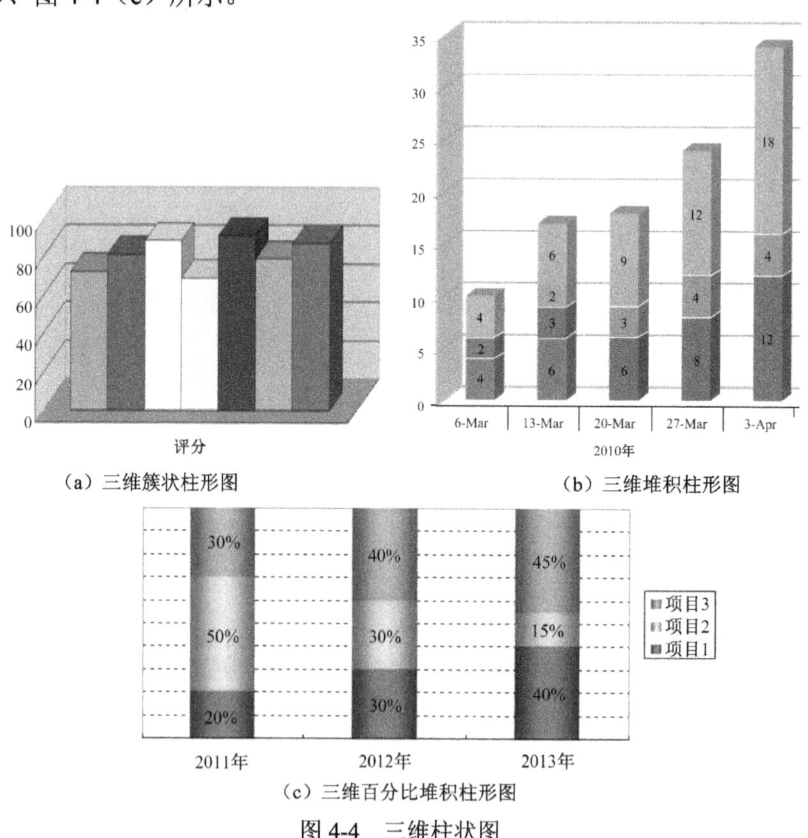

（a）三维簇状柱形图

（b）三维堆积柱形图

（c）三维百分比堆积柱形图

图 4-4　三维柱状图

柱状图一般不是连续变化的，理解柱状图的一般思路是：

（1）看横坐标以及纵坐标反映的内容。

（2）看柱子数值的大小与变化的规律。

（3）综合分析现象或者问题的产生及原因，并提出相关建议和对策。

图 4-5 所示为我国 2004—2014 年新增和累计风电装机容量。首先，应该关注横纵坐标所示的内容；其次，依据柱状图的高度和比例可以清晰地发现十年间装机容量的变换规律；最后，综合其他信息，挖掘我国风电产业十年内各种变化，综合分析装机容量逐年增加的原因，对后续装机容量进行预测。

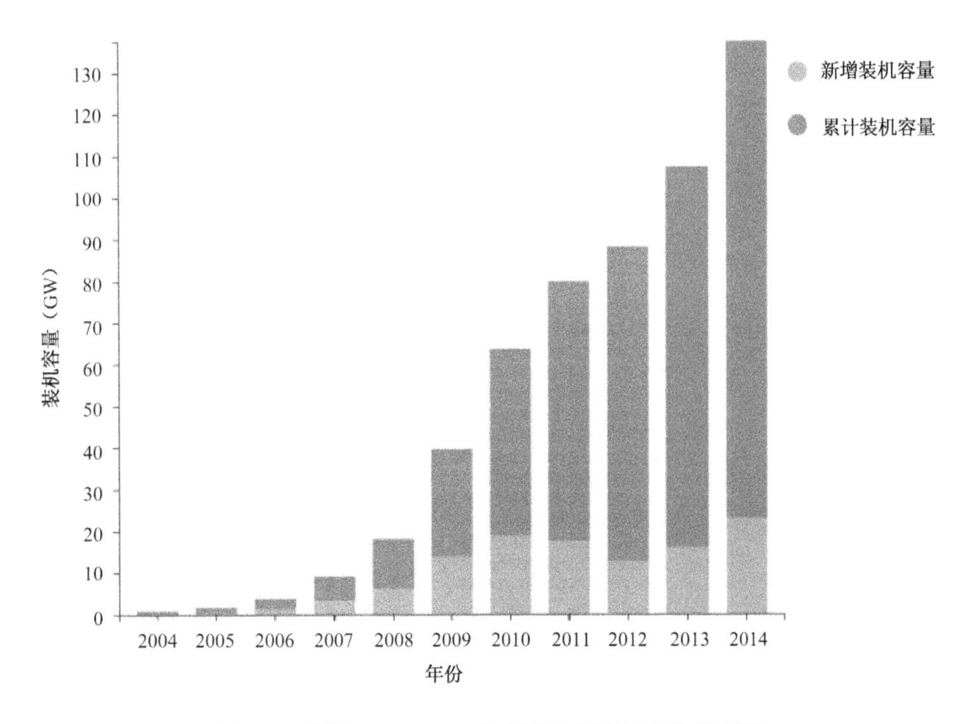

图 4-5 我国 2004—2014 年新增和累计风电装机容量

4.2.2 条形图

排列在工作表的列或行中的数据可以绘制到条形图（见图 4-6）中。条形图显示各个项目之间的比较情况。

描绘条形图的要素有 3 个：组数、组宽度、组限。

条形图适用场景：轴标签过长、显示的数值是持续型的。

簇状条形图和三维簇状条形图：簇状条形图比较各个类别的值。在簇状条形图中，通常垂直轴表示不同的类别，水平轴表示不同类别的数值。三维簇状条形图以三维格式显示水平矩形，而不以三维格式显示数据。

堆积条形图和三维堆积条形图：堆积条形图显示单个项目与整体之间的关系。三维堆积条形图以三维格式显示水平矩形，而不以三维格式显示数据。

百分比堆积条形图和三维百分比堆积条形图：此类型的图表比较各个类别的每一数值所占总数值的百分比大小。三维百分比堆积条形图表以三维格式显示水平矩形，而不以三维格式显示数据。

水平圆柱图、圆锥图和棱锥图：水平圆柱图、圆锥图和棱锥图可以使用为矩形条形图提供的簇状图、堆积图和百分比堆积图，并且它们以完全相同的方式显示和比较数据。唯一的区别是这些图表类型显示的是圆柱、圆锥和棱锥形状，而不是水平矩形。

图 4-6 所示为 30 个北京监测站检测 PM2.5 的数据，横坐标表示 PM2.5 的数值，纵坐标表示 30 个监测站，可以很清晰、直观地看出每个监测站检测的数值及其大小关系。

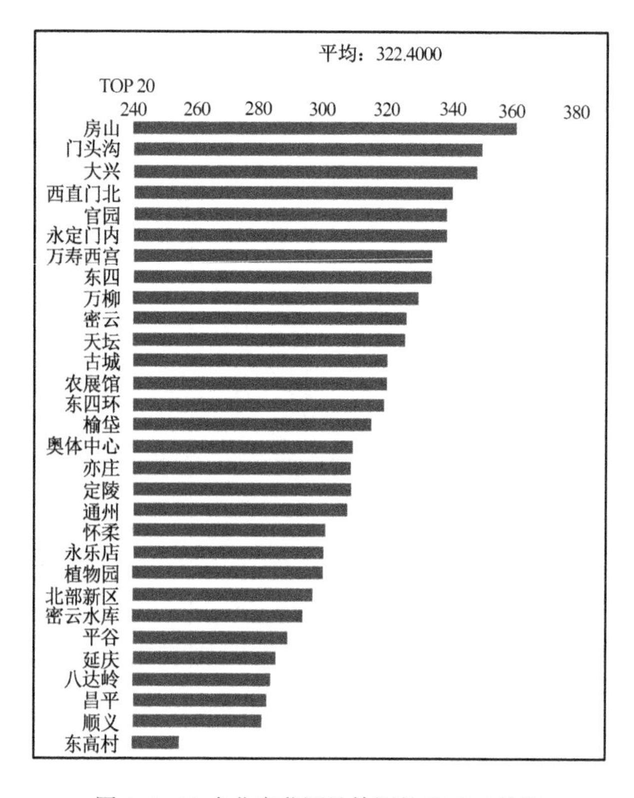

图 4-6　30 个北京监测站检测的 PM2.5 数据

（数据来源于中国工业信息网）

4.2.3　折线图

折线图适用于二维大数据集，尤其是那些趋势比单个数据点更重要的场合。同时，它还适用于多个二维数据集之间的比较，当需要体现许多数据点的顺序时，能够按时间（年、月和日）或类别显示趋势，如图 4-7 所示。

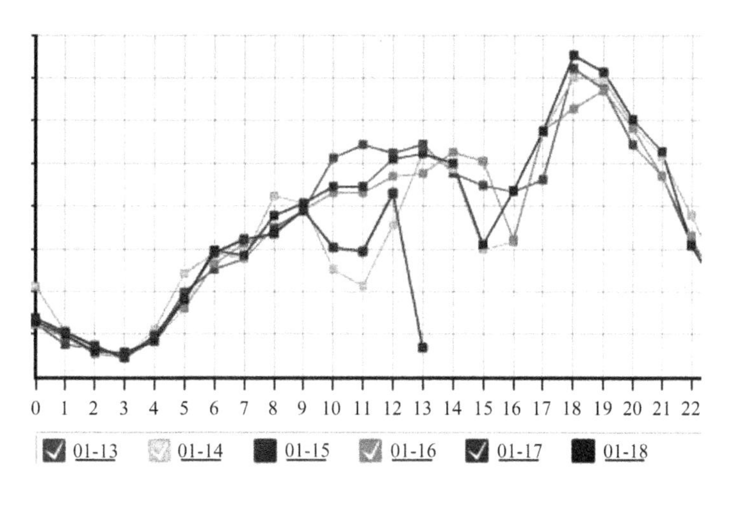

图 4-7　折线图

4.2.4　饼图

饼图一般适用于表述一维数据（行或列）的可视，尤其是能够直观反映数据序列中各项的大小、总和和相互之间的比例大小，图表中的每个数据系列具有唯一的颜色或图案并且在图表的图例中表示。

饼图适用数据：反映某个部分占整体的比例，用于对比几个数据在其形成的总和中所占百分比值时最有用。如果想表示多个系列的数据，则可以用环形图。

优势：饼图能够直观地反映某个部分占整体的比例，肉眼对局部占整体的份额一目了然，用不同颜色来区分局部模块，也显得较为清晰。

劣势：饼图的局限性在于要求仅有一个要绘制的数据系列，同时绘制的数值没有负值，同时几乎没有零值。

4.2.5　散点图

散点图适用于三维数据集，但其中只有两维需要比较。有时候为了识别第三维，可以为每个点加上文字标识，或者不同的颜色。

散点图展示成对的数和它们所代表的趋势之间的关系。对于每一数对，一个数被绘制在 X 轴上，而另一个数被绘制在 Y 轴上。过两点作轴垂线，相交处在图表上有一个标记。当大量的数对被绘制后，就会出现一个图形。散点图的重要作用是可以用来绘制函数曲线，从简单的三角函数、指数函数、对数函数到更复杂的混合型函数，都可以利用它快速准确地绘制出曲线，所以常用于教学和科学计算中。

4.2.6　气泡图

气泡图是散点图的一种变形，通过每个点的面积大小，来反映第三维所表达的信息。如果为气泡图加上不同颜色（或者标签），气泡图就可以用来表示四维数据。

气泡图与散点图相似，不同之处是，气泡图允许在图表中额外加入一个表示大小的变量。实际上，这就像以二维绘制包含三个变量的图表一样。气泡由大小不同的标签（指示相对重要程度）表示。

4.2.7 雷达图

雷达图适用于多维数据（四维以上），且每个维度必须可以排序。但是，它有一个局限，就是数据点最多 6 个，否则无法辨别，因此适用场合有限。

雷达图（Radar Chart）又可称为戴布拉图、蜘蛛网图（Spider Chart），是财务分析报表的一种。将一个公司的各项财务分析所得的数字或比率，就其比较重要的项目集中画在一个圆形的图表上，以表现一个公司各项财务比率的情况，使用者能一目了然地了解公司各项财务指标的变动情形及其好坏趋向。

4.3 图可视化方法

图是表达数据最灵活、最强大的方式之一，能够将数据进行优雅变换，“无图无真相”“一图胜千言”正是对图可视化方法最好的归纳。图可视化能够简洁地表述复杂的关系、吸引读者的注意力、有助于读者理解和回忆等特点，因此胜过千言万语。

近年来，图论方法在数据可视化，尤其是社会网络类数据的可视化中得到广泛应用。

4.3.1 图的类型

1. 关系

图可视化最重要的作用之一是表达关系。这些关系组成了已经定义的世界或系统。某种意义上，人们平时接触的任何图形都属于图。图能够使得人们以一种非常容易理解的方式描述和表达世界。图表示一个视觉模型，这个模型被传递到脑海中之后，能够较高效地理解一些系统和因素，能够帮助人们做出明智的辅助决策。

2. 分层

对于分层数据中获取信息，图也是一个很好的选择。分层图常称为树。树有一个根节点，其链接分支到第二级节点，第二级节点还可能再次分支，以此类推，直到没有子节点的叶子节点，根节点的每个后代节点都只有一个父节点。

分层中，常见的图形便是树。树是一种非线性的数据结构，用它能很好地描述有分支和层次特性的数据集合。树形结构在现实世界中广泛存在，如社会组织机构的组织关系图就可以用树形结构来表示。树在计算机领域中也有广泛应用，如在编译系统中，用树表示源程序的语法结构。在数据库系统中，树形结构是数据库层次模型的基础，也是各种索引和目录的主要组织形式。在许多算法中，常用树形结构描述问题的求解过程、所有解的状态和求解的对策等。在这些年的国内外信息学奥赛、大学生程序设计比赛等竞赛中，树形结构成为参赛者必备的知识之一，尤其是建立在树形结构基础之上的搜索算法。

4.3.2　图论可视化

基于图论（Graph Theory）算法的可视化也是可视化方向的一个分支。有关图论的文字记载最早出现在欧拉 1736 年的论著中，图论是应用数学的一个分支，它以图为研究对象。图论中的图是由若干给定的点及连接两点的线所构成的图形，这种图形通常用来描述某些事物之间的某种特定关系，用点代表事物，用连接两点的线表示相应两个事物间具有这种关系。图一般用二维组 $G=(V,E)$ 来进行描述，其中，集合 V 中的元素称为图 G 的定点（或节点、点），集合 E 的元素称为边（或线）。通常，描绘一个图的方法是把顶点画成一个小圆圈，如果相应的顶点之间有一条边，就用一条线连接这两个小圆圈。绘制这些小圆圈和连线是无关紧要的，重要的是要正确体现哪些顶点对之间有边，哪些顶点对之间没有边。

节点链接法、空间填充法和混合型方法等图论方法，能够很好地分析层次数据，在层次数据可视化方面具有很好的应用。层次数据着重表现个体之间的层次关系，尤其是自然世界和社会关系中的包含和从属关系、组织信息和逻辑承接关系等。

现在常常用图论可视化来表述常见的关系模型，比如公司组织结构图、家谱树、树结构可视等，如图 4-8 和图 4-9 所示。

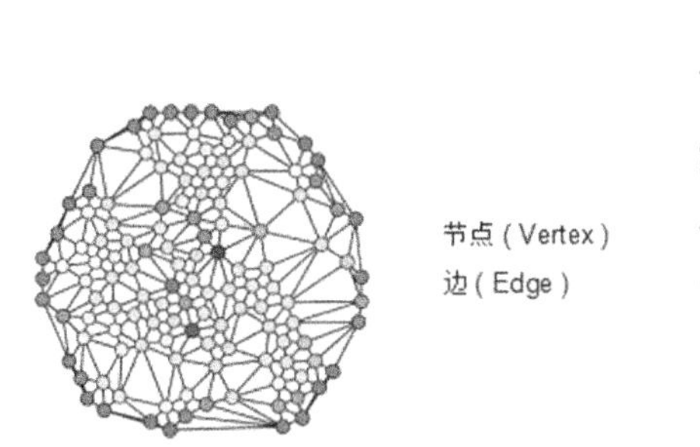

图 4-8　人与人之间的关系可视化

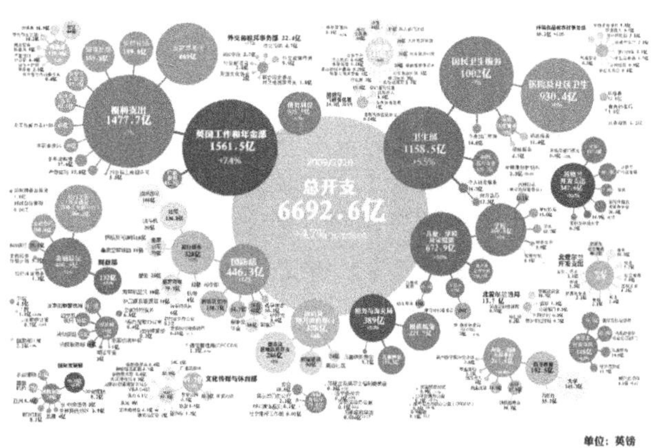

图 4-9　英国 2009—2010 财年财政开支可视化

4.3.3　思维导图

思维导图（Mind Map），即借助图表分析问题、厘清思路。常见的思维导图有 8 种：圆圈图（Circle Map）、气泡图（Bubble Map）、双重气泡图（Double Bubble Map）、树状图（Tree Map）、流程图（Flow Map）、多重流程图（Multi-flow Map）、括号图（Brace Map）和桥状图（Bridge Map）。

1．圆圈图

圆圈图定义一件事（Defining in Context Circle map），主要用于把一个主题展开来，联想或描述细节。它有两个圆圈，里面的小圈是主题，而外面的大圈里放的是和这个主题有关的细节或特征。其基本形状如图 4-10 所示。

2. 气泡图

气泡图描述事物性质和特征（Describing Qualities）。国外很多幼儿园和小学都在用气泡图帮助孩子学习知识、描述事物。最基本的气泡图如图 4-11 所示。

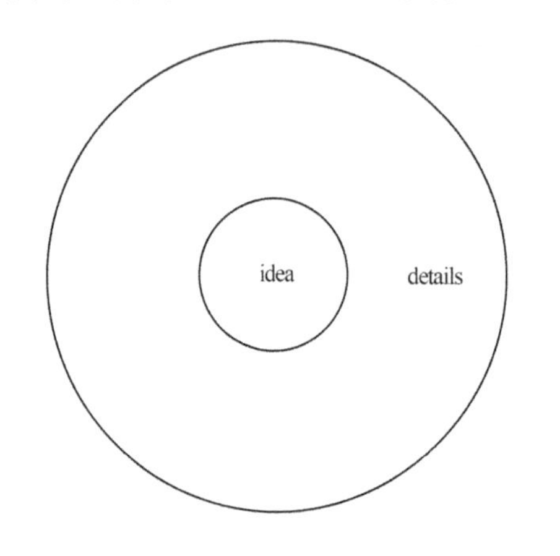

图 4-10 思维导图圆圈图

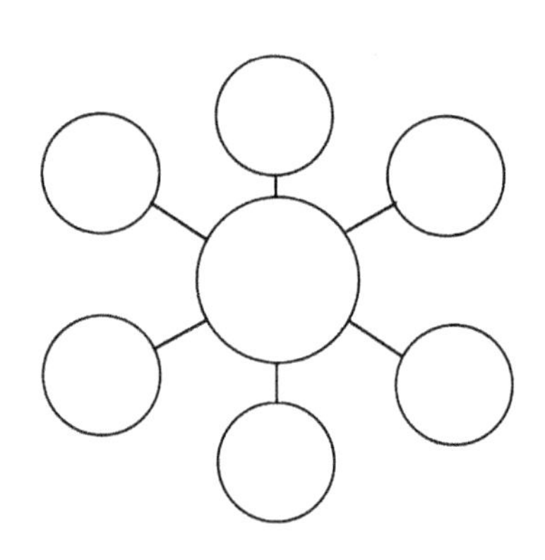

图 4-11 思维导图气泡图

圆圈图强调的是一个概念的具体展开，而气泡图则更加侧重于对一个概念的特征描述。例如，用气泡图分析一只鹰有哪些特征。在实际分析问题的时候，不必太纠结到底该用哪种图，怎么直观怎么来。

气泡图能帮助孩子学会使用丰富的形容词，有个孩子读完了《夏洛特的网》，为书中的蜘蛛做了一张气泡图，在她眼里，这只叫夏洛特的蜘蛛具有很多美好的品质：聪明、友好、有爱、有才、神奇……

3. 双重气泡图

双重气泡图用于比较和对照（Comparing and Contrasting），是气泡图的“升级版”。它的妙处在于，对两个事物进行比较和对照，找到它们的差别和共同点。

4. 树状图

树状图用于分类和归纳（Classifying），如主题、一级类别、二级类别等，可以帮人们整理、归纳一些知识。

5. 流程图

流程图用于弄清先后顺序（Sequencing）。可以用流程图从先后顺序的角度去分析事物的发展和内在逻辑。

6. 多重流程图

多重流程图用于分析因果关系（Cause and Effect），也称因果关系图，用来分析一个事件产生的原因和它导致的结果。当中是事件，左边是事件产生的多种原因，右边是事件导致的多个结果。

7. 括号图

括号图用于整体和局部的关系（Part-Whole）。这种图的应用很多。

8. 桥状图

桥状图用于类比或类推（Seeing Analogies）。在桥形横线的上面和下面写下具有相关性的一组事物，然后按照这种相关性，列出更多具有类似相关性的事物。

虽然这些图的基本形式和应用都很简单，但随着思维越来越严密，图也会变得越来越复杂。思维导图的目的是更好地厘清头绪，更好地理解数据与图形之间的关联关系。

4.4　可视化分析方法的常用算法

可视化分析（Visual Analytics）是信息可视化、科学可视化、人机交互、认知科学、数据挖掘、信息论、决策理论等研究领域的交叉融合所产生的新的研究方向。Thomas 和 Cook 在 2005 年将其定义为：可视分析是一种通过交互式可视化界面来辅助用户对大规模复杂数据集进行分析推理的科学与技术。可视分析的运行过程可看作“数据→知识→数据”的循环过程，中间经过可视化技术和自动化分析模型两条主线，从数据中洞悉知识的过程主要依赖两条主线的互动与协作。可视分析不再是一个交叉研究的新术语，而成为一个独立的研究分支。可视分析概念提出时拟定的目标之一即是面向大规模、动态、模糊或者常常不一致的数据集来进行分析，因此可视分析的研究重点与大数据分析的需求相一致，即指在大数据自动分析挖掘方法的同时，利用支持信息可视化的用户界面及支持分析过程的人机交互方式与技术，有效融合计算机的计算能力和人的认知能力，以获得对于大规模复杂数据集的洞察力。近年来，可视分析研究很大程度上也围绕着大数据的热点领域，如互联网、社会网络、城市交通、商业智能、气象变化、反恐、经济与金融等。

可视分析作为信息可视化与科学可视化领域交叉融合的研究方向，主要包含 4 部分核心内容：分析推理技术、视觉呈现和交互技术、数据表示和转换技术，以及支持产生、表达和传播分析结果的技术。可视分析技术致力于通过交互可视界面来分析、推理和决策。人们通过使用可视分析技术和工具，从海量、动态、不确定甚至包含相互冲突的数据中整合信息，获取对复杂情景的更深层的理解。可视分析技术允许人们对已有预测进行检验，对未知信息进行探索，提供快速、可检验的评估，以及提供更有效的交流手段。可视分析领域整合了不同领域的理论、方法和工具，提供先进的分析手段、交互技术和可视表达，允许人与海量复杂信息之间的快速交流。基于感知和认知理论的工具设计，计算机图形学和人机交互领域的呈现技术，使可视分析具有了巨大的能力和价值，在物理、天文、气象、生物等科学领域，以及应急事件分析处理决策、国防安全保障、社会关系分析等社会领域发挥重要作用。

与数据可视化和信息可视化相比，可视分析学关注的不再只是如何更好地可视化，它的产出物是可以供分析师使用的分析系统。事实上，在许多情况下，让用户参与到自动分析过程之中是一个不可预测和高成本的任务，所以研究人员青睐于使自动分析迈向互动式的可视化分析。然而，由于许多真实世界的问题在一开始并没有得到很好的定义，因此不能通过自动算法进行分析。尤其是当这些自动算法应用于定义模糊的问题时，算法的输入和输出之间的关系对于决策者来说往往依旧不清楚。因此，分析师们常常疑惑自己是否仍能继续信任这个系统。此外，某些情况下需要对一些分析解决方案进行动态适应，但通过自动算法来处理是非常困难的。所以，为了解决这一系列问题，可视分析学强调结合计算机的优势和人的智慧，即采用有效的自动化分析方法的同时，允许经验丰富的用户将其自身的背景知识和想法与之融合，从而得到两全其美的结果。

4.4.1 可视化分析方法

目前，可视化分析发展十分迅速，新兴技术不断出现。接下来介绍几种常见的可视分析方法。

1. 沙盒分析法

沙盒是一个灵活的分析媒介，结合了计算机语言的人类认知与分析功能。沙盒为分析提供有效的支持，促进分析方法的应用，通过消除噪点和减少时间提高分析效率。沙盒分析的关键能力主要有认知、自动处理模型范本、解读想法。运用网络服务界面和协议，整合了高级计算机语言功能。沙盒的组成如图 4-12 所示。其优点是识别大量的人为认知、减少搜索时间、识别模式较强，对人类社会行为的可视分析十分有效。

图 4-12　沙盒组成

2. 认知作业分析法

认知作业分析法是研究个人或团队在特殊环境下的心理过程、行为和判断的方法，融合了计算机技术，有效地进行人类决策。认知作业分析是人们对完成特定任务的思维过程信息，这些信息包括如何去处理所获取的信息和下一步该做什么。认知作业分析着重研究认知过程，而不是完成任务的机理。认知作业分析的结果由所掌握的数据决定，是对任务的详细描述。其优点是不受其他事物的影响，反应速度快，可应用于决策判断，应急疏散。

3．顺序模式法

顺序模式是一个有限序列模式（如 A→B→C→D，且 A、B、C、D 都在同一域里）。顺序模式用来发现离散事件同时发生的概率。随着计算机的发展，人们能处理更庞大的数据并且获得大量的顺序模式。每个顺序模式包含一个最小概率，其意义为这个模式发生的百分比。其优点是快速地显示数据的结构与分布、显示单个事件的发生频率、准确性高，可应用于文本挖掘。

4．协同多视图法

多视图在用户交互界面中非常普遍。多视图可用多种形式的视图，如促进信息加工中的抽象视图、分层和时间序列的视图。相比以往的单一视图，协同多视图更加有效。在可视分析中实现协同并不容易，因为没有正式的协同规则，有的规则也不是万能的，需要具有一定的针对性才能体现协同多视图法的效果。例如，在犯罪比例研究中，人们把国家中各个区域的犯罪比例数据显示到一个视图之中，只能单一地了解各地区的犯罪比例，而无法了解往年的犯罪比例，不知道犯罪比例是否增加。这时，通常会加上一个时间轴，调动时间轴，就可以对比发现该区域的犯罪概率是否增加，得到所需要的信息。协同多视图法的基本原理如图 4-13 所示。其优点是数据利用率高，决策正确性强，可应用于犯罪分析，路径分析。

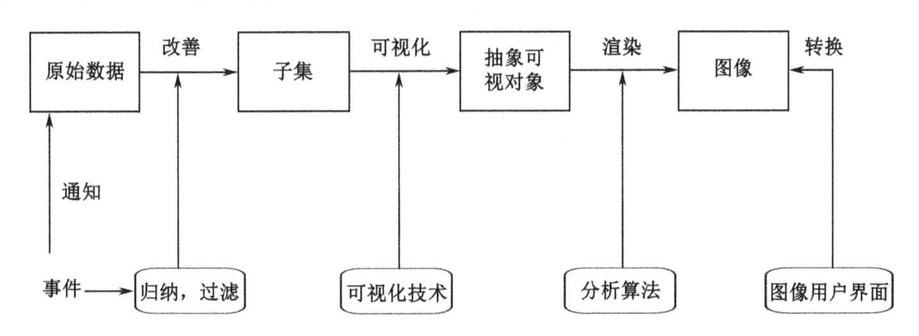

图 4-13　协同多视图法

4.4.2　可视化分析研究的特点

可视分析学的根本原理是将可视化作为半自动分析过程的媒介，人类和机器合作，利用两者各自特有的能力，获得最有效的结果。具体来说，可视分析学将创新性交互技术和可视化表示融入新的计算转换和数据分析工具中，这些工具的设计基于认知的、设计的和感知的原则，信息可视化成为用户和机器之间的直接界面，由分析推理科学提供推理框架，在其上架构战略和战术的分析技术，使用户获得深入洞见，能直接支持情境评价、计划和决策制定。可视分析学从 6 个基本方面放大了人类的感知能力：

（1）增加感知源，如通过可视化来扩展人类工作记忆。

（2）减少搜索，如在小空间表示大量数据。

（3）增强模式认知，如在空间中展示具备时间序列特征的信息。

（4）支持关系可感知的简易推理。

（5）对大量潜在事件的感知监测。

（6）提供可操作的介质，与静态图不同，能允许探索参数值的表示空间。

Keim 等把可视分析学的基本流程概括为：先分析、展示重要的，缩放、过滤和深入分析，根据需要展示细节。关键是明确分析任务的最佳自动化算法，识别不能进一步自动化的局限，然后开发出一个集成化方案，充分集成这些自动分析算法，使用恰当的可视化和交互技术，通过学习用户行为和有效利用可视化，最后创造性地理解和感知问题，为分析过程带来更多智慧。可视分析学将形成分析过程和模型的建构式评价、修正和迅速提高，最终改善知识和决策，将科技应用到计算和可视化，分析报告和技术转移上，促进分析推理、数据交互、数据转换和数据表示的发展。

4.4.3 可视化分析的应用实例

可视分析学广泛应用于模型和决策支持、图像和视频数据处理以及社会媒体数据分析等领域。

1. 模型和决策支持

回归模型在许多应用领域中扮演着重要角色，典型的回归模型构建过程中输入变量的特征子集选取受到限制，其他局限还存在于局部结构、转换及变量间交互的识别。Muhlbacher 等综合了关系结构的可视化定量分析以及为任意数量特征或特征组进行排序所需相关性的定量化，从而构建了解决这些局限的回归模型框架。Broeksema 等则进一步将可视分析学方案运用到解决运筹决策管理领域相关问题，考虑将决策模型作为描述商业领域的本体，而在这个本体基础上构建描述决策商业逻辑的生产规则，展示了可视分析学的动机和附加价值。基于模型驱动黑色系期货日 K 线数据验证如图 4-14 所示。

2. 图像和视频数据处理

图像和视频数据是继文本数据之后的又一大数据类型，可视分析学在这两种数据分析上同样能发挥优势。Schmidt 等对两个或多个数据集进行比较，介绍了可视化大型图像数据集中差异和相似性的新方法。Schultz 等提出简化频谱聚类的框架，关注三维图像分析中的应用，将频谱聚类中的抽象高维特征空间链接到三维数据空间，提供迅速的反馈支持需要的决策。传统基于概要的图像或视频搜索系统依靠机器学习概念作为其核心技术，然而在许多应用中，机器学习本身就不切实际，因为视频本身可能没有充分的语义标注，或缺少合适的训练数据，而用户的搜索需求可能因为不同任务而频繁改变。Legg 等开发了克服这些缺点的可视分析系统，利用基于概要的界面允许用户以灵活的方式明确搜索需求，而不用依靠语义标注，利用可视化促进不同阶段可视分析学的知识发现，这包括可视化搜索空间以支持交互浏览，可视化候选搜索结果迅速交互以支持在最小化观看视频的同时进行敏捷的学习，以及可视化搜索结果的聚合信息。在处理视频数据方面，Meghdadi 等提出一种新的视频可视分析系统以交互探索监视视频数据，抽取每个物体的移动路径，提供空间和时间的过滤工具，将移动物体的大部分可视化表示纳入 sViSIT 系统，帮助鉴别出视频中最通用的任务。有趣的是，Kurzhals 等还将可视分析学用到分析眼睛运动数据。双目生理性眼颤的互抑制可视化如图 4-15 所示。

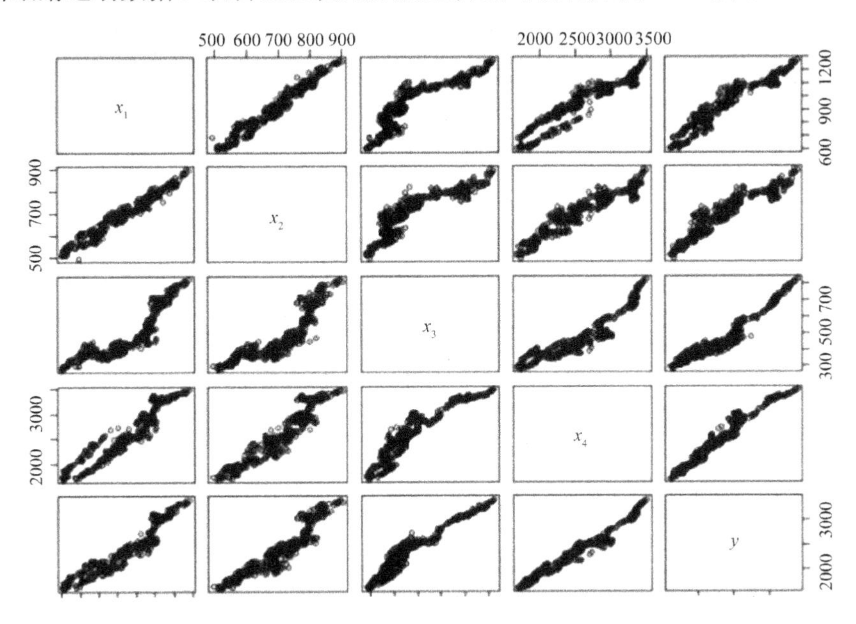

图 4-14　基于模型驱动黑色系期货日 K 线数据验证

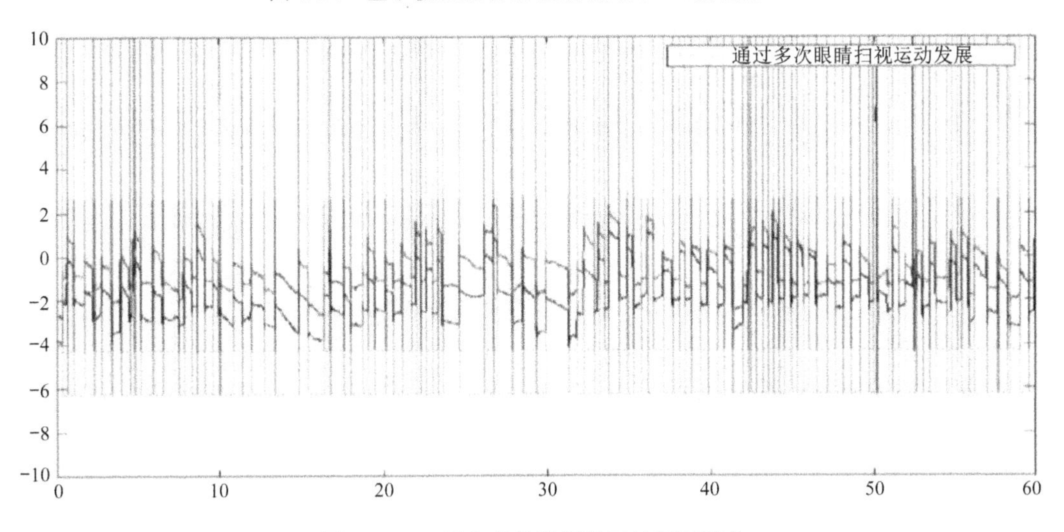

图 4-15　双目生理性眼颤的互抑制可视化

3．社会媒体数据分析

Xu 等提出了扩展主题竞争力模型，分析社会媒体上各种意见领袖提出的多种主题对公众注意力的竞争力，通过混合故事线类型可视化的主题河（Theme River）实现的可视化设计，凸显了信息扩散过程的主题和社会层面。微博数据的迅猛增长使分析人员需要新方法来监测其感兴趣的主题，现有典型的微博监测工具基于用户定义的关键词查询和元数据限制进行信息过滤，这种方法在过滤精确性和对趋势及主题结构改变适应性上存在缺陷，Bosch 等提出 ScatterBlogs2，允许分析者以一种交互和可视化的方式建立任务定制的消息过滤器，所创建的过滤方法经精心安排和调整，能进行微博的交互式、可视化的实时监测与分析。此外，可视分析学还被用至社会网络分析、文档重建系统和人类地形分析等领域。社会媒体数据可视化分析如图 4-16 所示。

复杂数据往往是多变量、高复杂的，在这样的高维空间中处理数据相当麻烦，常用的处理算法有方差分析、回归分析、判别分析、聚类分析、主成分分析、因子分析、层次分析等。

图 4-16 社会媒体数据可视化分析

4.4.4 主成分分析

主成分分析（Principal Component Analysis, PCA）法是一种利用线性映射进行数据降维的方法，同时去除数据的相关性，以最大限度保持原始数据的方差信息，从而进行有效的特征提取。之所以进行降维处理，是因为识别系统在一个低维空间要比在一个高维空间更加容易。主成分分析把给定的一组相关变量通过线性变换转成另一组不相关的变量，这些新的变量按照方差依次递减的顺序排列。在数学变换中保持变量的总方差不变，使第一变量具有最大的方差，称为第一主成分；第二变量的方差次大，并且和第一变量不相关，称为第二主成分。依次类推，I 个变量就有 I 个主成分。这种方法在引进多方面变量的同时将复杂因素归结为几个主成分，使问题简单化，同时得到更加科学有效的数据信息。在实际问题研究中，为了全面、系统地分析问题，必须考虑众多影响因素。这些因素一般称为指标，在多元统计分析中也称为变量。因为每个变量都在不同程度上反映了所研究问题的某些信息，并且指标之间彼此有一定的相关性，因而所得的统计数据反映的信息在一定程度上有重叠。其主要方法有特征值分解、奇异值分解（The Singular Value Decomposition，SVD）、非负矩阵分解（Non-negative Matrix Factorization，NMF）等。主成分分析是通过一个或几个综合性较好的指标来概括多个变量具有相关性的指标，即主成分，这些指标希望能互相独立地代表某一方面的性质，指标要可靠、真实，能充分反映个体间的变异。主成分分析计算步骤如下。

（1）设原数据构成的矩阵为 $\boldsymbol{A}$，计算协方差矩阵（没有消除量纲的表示变量间相关性的矩阵）或相关系数矩阵（消除量纲的表示变量间相关性的矩阵）$\boldsymbol{R}$。

相关系数矩阵 $\boldsymbol{R}$ 的计算公式为

$$\boldsymbol{R}=\begin{pmatrix} r_{11} & r_{12} & \cdots & r_{1p} \\ r_{21} & r_{22} & \cdots & r_{2p} \\ \vdots & \vdots & \ddots & \vdots \\ r_{p1} & r_{p2} & \ldots & r_{pp} \end{pmatrix} \tag{4.4.1}$$

式（4.4.1）中，r_{ij}（$i,j=1,2,\cdots,p$）为原变量 x_i 和 x_j 的相关系数，计算公式为

$$r_{ij}=\frac{\sum_{k=1}^{n}(x_{ki}-\overline{x_i})(x_{kj}-\overline{x_j})}{\sqrt{\sum_{k=1}^{n}(x_{ki}-\overline{x_i})^2\sum_{k=1}^{n}(x_{kj}-\overline{x_j})^2}} \tag{4.4.2}$$

（2）分别计算出特征根和特征矢量。计算特征根 $\lambda_i\,(i\in[1,p])$，将特征根按由小至大的顺序排列，求出特征矢量$\boldsymbol{\gamma}_i=(\gamma_{i1},\gamma_{i2},\cdots,\gamma_{ip})$。可用逐次逼近的雅可比算法。将特征矢量的分量作为权数，$\boldsymbol{R}$ 的列矢量加权即可得出主成分

$$Y_i=\gamma_{i1}z_1+\gamma_{i2}z_2+\cdots+\gamma_{ip}z_p \qquad i=1,2,\cdots,p \tag{4.4.3}$$

（3）求出主成分的方程贡献率和累计贡献率，给出合适的主成分个数，一般选择累计方差贡献类大于等于 95%的 k 个特征值。贡献率是第 i 个主成分的方差在全部方差中所占的比例。贡献率反映了原来 i 个特征矢量的信息，有多大的提取信息能力。累计贡献率是指前 k 个主成分共有多大的综合能力，用这 k 个主成分的方差和在全部方差中所占的比例来描述，称为累计贡献率。累计贡献率越大表明前 k 个主成分包含原始信息越多。第 k 个主成分的方差贡献率见式（4.4.4）。累计方差贡献率见式（4.4.5）。

$$\alpha_i=\frac{\lambda_k}{\sum_{i=1}^{p}\lambda_i} \tag{4.4.4}$$

$$\beta_k=\frac{\lambda_k}{\sum_{i=1}^{m}\lambda_i} \tag{4.4.5}$$

（4）计算各个主成分的得分，按照分值大小排队，分析各个样本单位在各个主成分

方面的表现。

①先计算 m 个特征值对应的载荷矩阵 $\boldsymbol{U}$，即

$$\boldsymbol{U}=\left(\sqrt{\lambda_i}\gamma_i\right),\qquad i=(1,2,\cdots,m) \tag{4.4.6}$$

②计算主成分得分 $\boldsymbol{U}_2$，即

$$\boldsymbol{U}_2=\boldsymbol{R}\boldsymbol{U} \tag{4.4.7}$$

（5）综合排序 F 的计算公式见式（4.4.9），由 F 可得出排分结果。

$$\beta_k=\lambda_k \Big/ \sum_{i=1}^{m}\lambda_i \tag{4.4.8}$$

$$F=\sum_{i=1}^{m}\beta_i(A\gamma_i)^{\mathrm{T}} \tag{4.4.9}$$

主成分分析的优点是将多变量概括为少变量并且损失少量信息，对数据起到了降维的作用，为后续的计算减少工作量；缺点是有时候新变量的符号有正有负时物理意义难以弄清楚。主成分分析的算法时间复杂度为 O（n^2m^2），n 和 m 分别为行数和列数，即样本和变量数。

4.4.5 聚类分析

聚类分析是将样品或指标进行分类的统计方法。

聚类分析的优点是结论直观、简明，处理数据的难度降低，起到降维的作用；缺点是当样本数量较大时得出聚类的结论有些困难。

1．系统聚类法

系统聚类法是将变量由多变少的一种方法，先将距离最小的变量归为一类，再将它们合并，合并后再计算新类之间的距离，再将距离最小的新类合并，直到所有变量归为一类为止。距离的定义有最短距离法、最长距离法、中心法、类平均法、中间距离法、离差平方和法等。

系统聚类法的缺点是当样本容量较大时需要消耗大量计算机内存，而且在归并类的过程中需要将每个样本和其他类的距离逐个比较以确定选择合并入哪个类，所以计算量相当大。

2．动态聚类法

动态聚类可以较好地解决系统聚类当样本数量大时计算量大的问题。动态聚类先设定好数值 K，然后将所有样本分成 K 类作为聚核，再计算每个样本到聚核的距离，与聚核距离最小的样本归为一类，这样样本被分为 K 类，第一次分类结束。然后再计算每一类的重心作为第二次分类的聚核，再跟第一次一样分类，继续下去，然后按一定的标准停止分类。

4.4.6　因子分析

因子分析是从假定的因子模型出发，构成复杂数据的元素公共因子、误差和特殊因子。主成分分析是把方差划分成不一样的正交成分，而因子分析是将方差划分为不同的起因因子。因子分析使用了主成分分析的方法但其关于特征值的计算是以相关矩阵作为出发，把每个变量置于同一度量，使特征值相对均匀，并将主成分转换成因子，还把特征矢量正规化使之长度为 1。因子分析对数据也起降维作用。主成分分析和因子分析的具体区别如下：

（1）主成分分析是把主要成分表示为原始观察变量的线性组合，而因子分析是把原始观察变量表示为新因子的线性组合，两种情况之下原始观察变量所在的位置是不同的。

（2）因为主成分分析中是通过正交变换把拥有相关性的变量转换为维数相等的变量，再在总方程误差允许值的范围内选择主成分，所以新变量的坐标维数与原始变量的维数保持不变；而因子分析法是通过创建一个模型把问题的诸多繁杂的变量消减为几个新因子，使得新因子变量数 m 小于原始变量数 P，这样便创建成一个结构简单的模型。因子分析法看成是主成分分析法的扩展。

（3）主成分分析中，相关矩阵 $\boldsymbol{R}$ 的特征矢量的元素是经正交变换的变量系数；而因子分析模型的变量系数取自因子负荷量。也就是说因子负荷量矩阵 $\boldsymbol{A}$ 与相关矩阵 $\boldsymbol{R}$ 满足

$$(\boldsymbol{R}-\lambda\boldsymbol{E})\boldsymbol{A}=0 \tag{4.4.10}$$

式中，λ 为 $\boldsymbol{R}$ 的最大特征根。

4.4.7　层次分析法

层次分析法能对大量的非定量的模糊数据进行处理，如良好、优秀、一般等，层次分析法用定量的方法去描述这些数据，将定性和定量相结合，分层次分析，用数学的方法确定每一层中所有元素的重要性的权值，最后分析排序结果，解决问题。层次分析的步骤：

（1）构造判断矩阵。

（2）计算层次单排序。

（3）计算各层元素的组合权重。

（4）一致性检验。

层次分析法的优点：

（1）分析方法比较系统。

（2）决策方法比较简易实用。

（3）所需定量的数据信息较少。

层次分析法的缺点：

（1）不能为决策制定出新方案。

（2）定量的数据相对少，定性因素多，有时难以让人信服。

（3）当指标过多时，数据统计量增大，且权重难以确定。

（4）特征值和特征矢量的精确算法相对复杂。

4.5 可视化方法的选择

上面介绍了统计图表可视化方法和图可视化方法，在为数据选择正确的图表和图时，除依据格式塔原则外，还要参照可视化模型（见图 4-17），遵循各种方法的优势，精挑细选各种方法，采用多种方法联合呈现数据。因此，在研究的初期阶段，更重要的是要从不同的角度观察数据，并深入到对项目更重要的事情上。

对于 4.2 节所介绍的统计图表可视化方法，基本的可视化图表按照所呈现的信息和视觉复杂程度通常可以分为 3 类：原始数据绘图、简单统计值标绘和多视图协调关联。制作多个图表时，要比较所有的变量，看看有没有值得进一步研究的问题。先从总体上观察数据，然后放大到具体的分类和独立的特点。基本图表的选择方法：展示需要相比传统的用表格或文档展现数据的方式，利用数据可视化将数据以更加直观的方式展现出来，使数据更加客观、更具说服力。在各类报表和说明性文件中，用直观的图表展现数据，显得简洁、可靠。

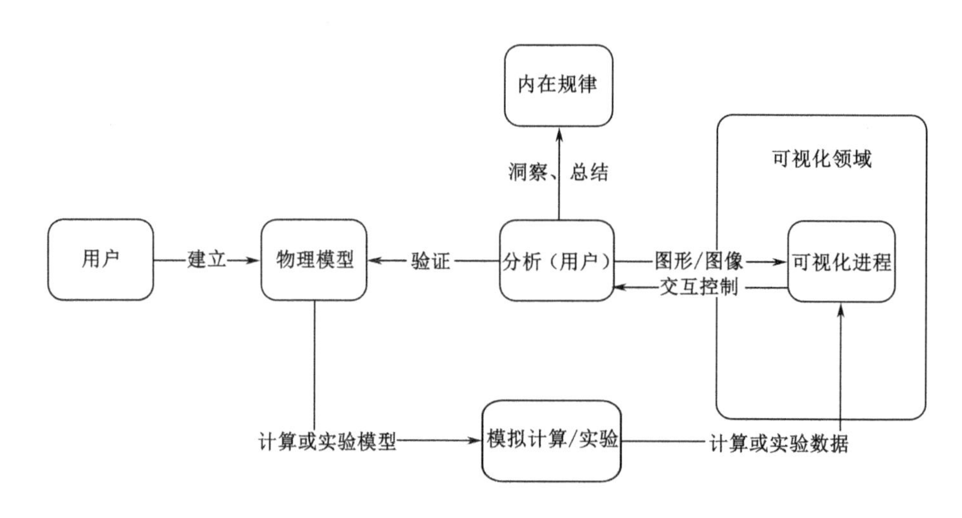

图 4-17　科学可视化模型

在可视化图表工具的表现形式方面，图表类型表现得更加多样化、丰富化。除了传统的饼图、柱状图、折线图等常见图形，还有气泡图、面积图、省份地图、词云、瀑布图、漏斗图等，甚至还有 GIS 地图。这些种类繁多的图形能满足不同的展示和分析需求。图 4-18 总结了根据需求分析可采用的统计可视化方法。

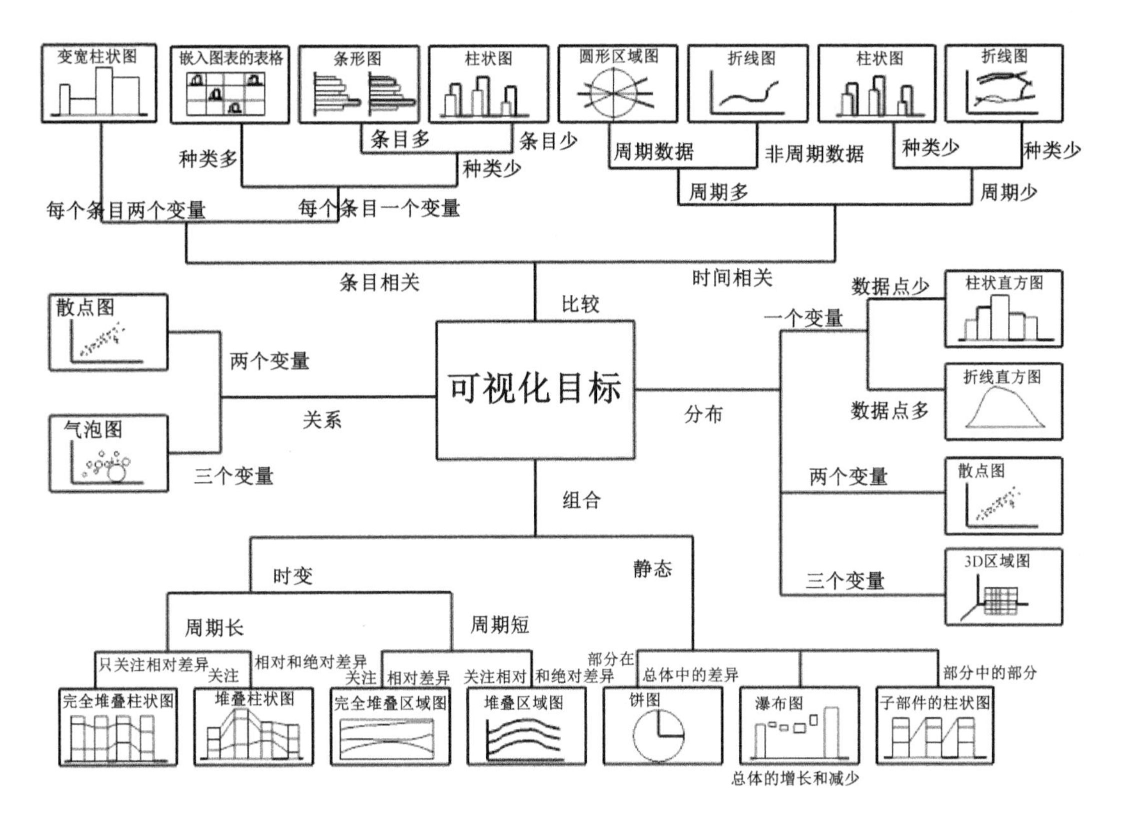

图 4-18 统计可视化方法选择

4.5.1 百度地图开发

要开发与地图相关的可视化平台时，可以通过百度地图开放平台获取 SDK（http://lbsyun.baidu.com/）及 API 参考。

百度地图是百度公司提供的一项网络地图搜索服务，覆盖了国内近 400 个城市、数千个区县。在百度地图里，用户可以查询街道、商场、楼盘的地理位置，也可以找到最近的所有餐馆、学校、银行、公园等。除普通的电子地图功能之外，百度地图新增加了三维地图按钮。

百度公司有自己专门的一套坐标系统，现在通过国际上使用的 GPS 坐标（WGS84）获得的数据都是 WGS84 的坐标信息，所以在这个过程中需要进行坐标系的转换，百度公司提供了转化的函数。

4.5.2 城市人流走势

在前端开发中，统计图的绘制可以选择 Echarts（http://echarts.baidu.com/）。

Echarts 是一个纯 JavaScript 的图标库，可以流畅地运行在 PC 和移动设备上，兼容当前绝大部分浏览器（如 IE8/9/10/11, Chrome, Firefox, Safari 等），底层依赖轻量级的 Canvas 类库 ZRender，提供直观、生动、可交互、可高度个性化定制的数据可视化图表。

现在 Echarts 已经迭代到了版本 3，其中加入了更多丰富的交互功能和更多的可视化效果，并且对移动端做了深度的优化。Echarts 官网也提供了完整的文档。

4.5.3 商圈人流对比

D3.js（https://d3js.org/）是一个 JavaScript 库，它可以通过数据操作文档。D3 可以通过使用 HTML、SVG 和 CSS 把数据鲜活形象地展现出来。D3 严格遵循 Web 标准，因而可以让用户的程序轻松兼容现代主流浏览器并避免对特定框架的依赖。同时，它提供了强大的可视化组件，可以让使用者以数据驱动的方式操作 DOM。

D3 官网也提供了较为清晰的文档，但与 Echarts 相比，D3 的实现更为灵活，使用起来难度稍大。

4.5.4 D3.js 和 Echarts 选择上的建议

在图表制作的 JavaScript 库中，有前面提到的 Echarts 和 D3.js，本节介绍 Highcharts.js。Highcharts 和 Echarts 类似，但与 D3.js 维度不同。如果前面两个能解决用户的需求，那么就可以不考虑 D3。英语好的用户选 Highcharts，英语不好的用户选 Echarts。当然最好要先评估一下它们对浏览器的兼容性，避免后期不能运行的情况。Highcharts 和 Echarts 基本上就是画图表用的，而 D3.js 更自由些，很容易做出想要的效果，如 mind chart、heat chart、tile chart。D3.js 源码封装对 svg 的操作，svg 不依赖分辨力，而 canvas 则依赖分辨力低，对密集型游戏处理效果很好，而 svg 对复杂度高的渲染速度会很慢。D3.js 最新的迭代版本已经支持 canvas 操作。

4.5.5 优秀作品欣赏

D3 制作的 example（注意迭代版本）：https://github.com/d3/d3/wiki/Gallery

风、气象、海洋状况的全球地图：https://earth.nullschool.net/zh-cn/

视物|致知：http://www.vizinsight.com/

阿里指数：https://alizs.taobao.com/

iremember：http://i-remember.fr/en

标签云制作 tagul：https://tagul.com/

可视化案例：http://www.open-open.com/news/view/154a034/

地理信息可视化开源库：http://mapv.baidu.com/

习题

一、选择题

1．基于任务分类学的数据类型定义了 7 个基本任务，分别是：总览、(　　)、关联、历史和提取。(多选)

A. 缩放　　B. 过滤　　C. 按需细化　　D. 删减

2．柱状图可视化的方法的特点，包括（　　）。(多选)

A. 是一种以长方形的长度为变量的表达图形的统计报告图

B. 用来比较两个或以上的价值（不同时间或者不同条件）

C. 利用柱子的高度，反映数据的差异

D. 适用大规模的数据集

3．可视分析的运行过程可看作是（　　）的循环过程。(单选)

A. “数据→知识→数据”　　B. “知识→知识→知识”

C. “数据→数据→数据”　　D. “知识→数据→数据”

4．常常用图论可视化来表述常见的关系模型，如（　　）。(多选)

A. “公司组织结构图”　　B. “人类关系网”

C. “家谱树”　　D. “城市人流检测”

5．方法论的角度，数据可视化可以分为三个层次，分别是（　　）。(多选)

A. 视觉编码层　　B. 基本方法层

C. 方法应用层　　D. 界面展示层

二、设计题

1．API 绘图设计。设计一个基于 API 结构的 Windows 应用程序，并使用 GDI 绘制圆柱、圆锥和立方体。三个图可以放大、缩小和移动。

2．可视化方法应用：尝试用 Echarts 开发一个某城市人流走势的小型可视化作品。

参考文献

[1] 陈为. 数据可视化的基本原理与方法[M]. 北京：科学出版社，2013.

[2] 陈为，沈则潜，陶煜波. 数据可视化[M]. 北京：电子工业出版社，2013.

[3] 张昕，袁晓如. 树图可视化[J]. 计算机辅助设计与图形学学报, 2012, 24(9):1113-1124.

[4] Sarkar D. Lattice: Multivariate Data Visualization with R[J]. Springer, 2008, 25(b02):275-276.

[5] Healey C G. Choosing Effective Colours for Data Visualization[C]. Visualization '96. Proceedings. IEEE, 2009:263-270.

[6] Thorvaldsdóttir H, Robinson J T, Mesirov J P. Integrative Genomics Viewer (IGV): high-performance genomics data visualization and exploration[J]. Briefings in Bioinformatics,

2013, 14(2):178.

[7] Keller P R, Keller M M, Markel S, et al. Visual Cues: Practical Data Visualization[J]. Computers in Physics, 1994, 8(3):297.

[8] Ahrens J, Geveci B, Law C. 36-ParaView: An End-User Tool for Large-Data Visualization[J]. Visualization Handbook, 2005:717-731.

[9] Konstantin S, Alexander T, Dmitry A. Methods for the Metagenomic Data Visualization and Analysis[M]. Metagenomics: Current Advances and Emerging Concepts, 2017.

[10] Kreft L, Botzki A, Coppens F, et al. PhyD3: a phylogenetic tree viewer with extended phyloXML support for functional genomics data visualization.[J]. Bioinformatics, 2017.

[11] Phil Simon. 大数据可视化：重构智慧社会[M]. 漆晨曦，译. 北京：人民邮电出版社，2015.

[12] 朝乐门. 数据科学[M]. 北京：清华大学出版社，2016.

第 5 章　大数据可视化的关键技术

大数据（Big data）是一场革命，它将改变人们的生活、工作和思维方式。大数据的发展和应用，将对社会的组织结构、国家的治理模式、企业的决策架构、商业的业务策略及个人的生活方式产生深远的影响。大数据既是一类数据，也是一项技术，还是一种理念和思维方式。从人类文明诞生的那一刻起，数据就应运而生。正在发生的大数据变革，冲击着各行各业，同时大数据也正在改变着人们的日常生活。大数据就好比是 21 世纪的石油和金矿，是一个国家提升综合竞争力的又一关键资源。小到个人，大到企业和国家，大数据均是极度重要的一个议题，需要深入理解它。掌握大数据是不容易的，但一旦掌握，必然熟能生巧，越发地精进，使人终身受益。本质上来看，“人人都可以成为数据工程师”，甚至“人人都应该是数据工程师”。

本章从大数据标准架构出发，展示大数据的全景图，该全景图更加关注大数据高效处理技术及工具，更加关注通过大数据处理后输出的更高效的产品，而大数据可视化产品是大数据落地的最后一公里。大数据作为一种社会资源，其价值已经受到社会各界的广泛关注，但只有让大数据成为产品，成为可以帮助用户科学运营海量数据、提供优质服务的产品，才能发挥出其真正的魅力，而实现的方式就是可视分析。可视分析是运用关联分析、空间分析与多维分析等多种分析手段，通过计算机视觉技术，转换成为能在具体业务场景应用的分析与决策能力，其能够有效解决大数据信息量巨大无法感知、逻辑关系复杂无法关联的难题，真正把大数据应用于具体业务场景的预测研判。

5.1　大数据架构

对于“大数据”，研究机构 Gartner 给出了这样的定义：“大数据”需要新处理模式才能具有更强的决策力、洞察发现力和流程优化能力来适应海量、高增长率和多样化的信息资产。麦肯锡全球研究所给出的定义是：一种规模大到在获取、存储、管理、分析方面大大超出了传统数据库软件工具能力范围的数据集合，具有海量的数据规模、快速的数据流转、多样的数据类型和价值密度低 4 大特征。

ITU Y.3600 标准首先明确给出了大数据的定义：一种允许可能在实时性约束条件下收集、存储、管理、分析和可视化具有异构特征的大量数据集的模式。

国内普遍接受的定义是：具有数量巨大、来源多样、生成极快、且多变等特征并且难以用传统数据体系结构有效处理的数据。因此，大数据的内涵不仅是数据本身，还包括大数据技术和大数据应用。

就大数据本身而言，是指大小、形态超出典型数据管理系统采集、储存、管理和分析等能力的大规模数据集，而且这些数据之间存在着直接或间接的关联性，通过大数据技术可以从中挖掘出模式或知识；大数据技术是使大数据中所蕴含的价值得以挖掘和展现的一系列技术与方法，包括采集、清洗、存储、分析与挖掘、可视化等；而大数据应用，是对特定的大数据集综合应用大数据系列技术与方法，获得有价值信息的过程。大数据技术研究的最终目标就是得到有价值的信息、发现新模式、产生洞见。

描述大数据的内涵，可以从大数据的数据特征、大数据技术特征和大数据应用特征三个维度的各自特征来完整描述。大数据的数据特征，可用 4V、5V、7V 或 11V 等来描述。其中 7V 特征的含义如下：

容量（Volume）：数据的大小决定所考虑的数据的价值和潜在的信息（量）。

速度（Velocity）：获得数据的速度，实时获取需要的信息（速）。

种类（Variety）：结构化数据、半结构化数据和非结构化数据（类）。

价值（Value）：价值密度低；合理运用大数据，以低成本创造高价值（价）。

真实性（Veracity）：数据的质量，数据清洗，去伪存真（真）。

可视化（Visualization）：可视化可推动大数据的普及应用（普）。

黏性（Viscosity）：改善用户体验，增加用户对媒体的黏性（黏）。

大数据时代最大的转变，就是放弃对因果关系的渴求，取而代之的是关注相关关系。也就是说，只需知道“是什么”，而不需要知道“为什么”。这就颠覆了千百年来人类的思维惯例，是对人类的认知和与世界交流的方式提出全新的挑战。因为人类总是会思考事物之间的因果联系，而对数据的相关性并不敏感；相反，计算机则几乎无法自己理解因果，而对相关性分析极为擅长。由此引发了新一代人工智能技术。为了准确把握大数据内涵与大数据可视化的关系，首先讨论大数据的参考架构与关键技术。

全国信息技术标准化技术委员会大数据标准工作组和中国电子技术标准化研究院，在 2016 版《大数据标准化白皮书》中给出了大数据参考架构，如图 5-1 所示。

（1）大数据参考架构总体上可以概括为“一个概念体系，两个价值链维度”。“一个概念体系”是指它为大数据参考架构中使用的概念提供了一个构件层级分类体系，即“角色—活动—功能组件”，用于描述参考架构中的逻辑构件及其关系；“两个价值链维度”分别为“IT 价值链”和“信息价值链”，其中“IT 价值链”反映的是大数据作为一种新兴的数据应用范式对 IT 产生的新需求所带来的价值，“信息价值链”反映的是大数据作为一种数据科学方法论对数据到知识的处理过程中所实现的信息流价值。这些内涵在大数据参考模型图中得到了体现。

（2）大数据参考架构是一个通用的大数据系统概念模型。它表示了通用的、技术无关的大数据系统的逻辑功能构件及构件之间的互操作接口，可以作为开发各种具体类型大数据应用系统架构的通用技术参考框架。其目标是建立一个开放的大数据技术参考架构，使系统工程师、数据科学家、软件开发人员、数据架构师和高级决策者能够在可以互操作的大数据生态系统中制定一个解决方案，解决由各种大数据特征融合而带来的需要使用多种方法的问题。它提供了一个通用的大数据应用系统框架，支持各种商业环境，包括紧密集成的企业系统和松散耦合的垂直行业，有助于理解大数据系统如何补充及区别已有的分析、商业智能、数据库等传统的数据应用系统。

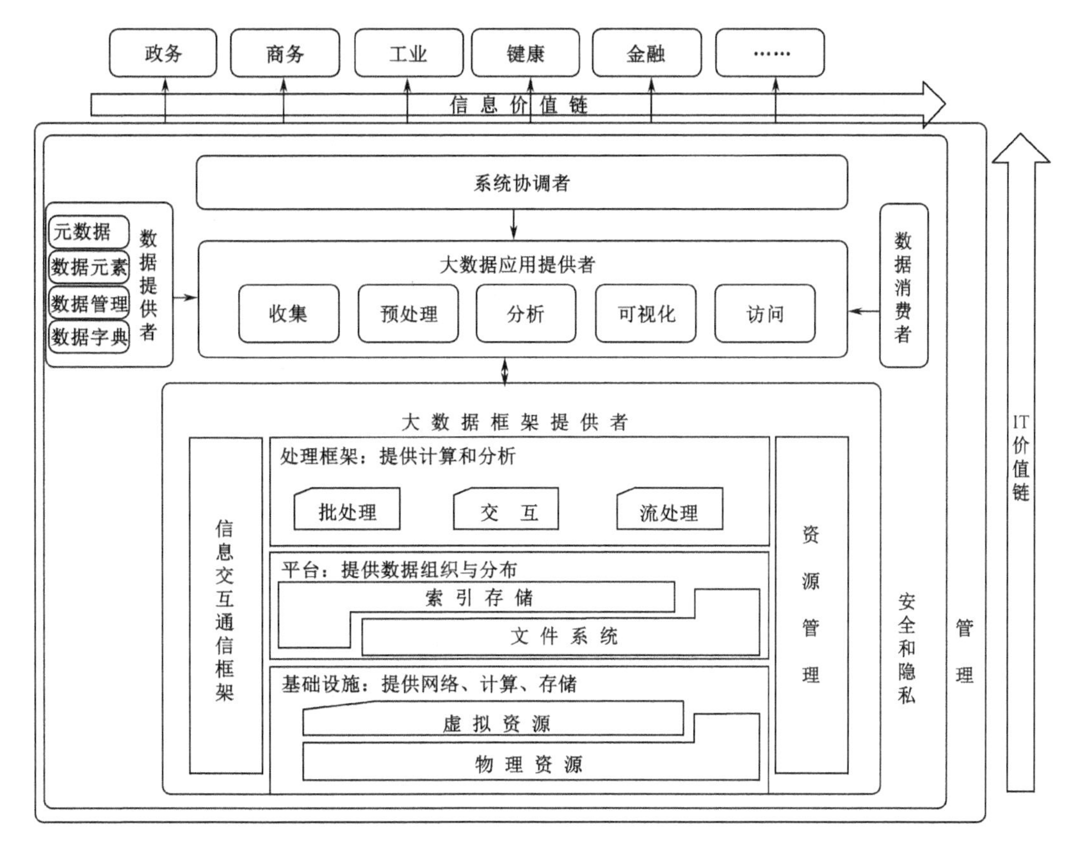

图 5-1　大数据参考架构图

（3）大数据参考架构图的整体布局按照代表大数据价值链的两个维度来组织，即信息价值链（水平轴）和 IT 价值链（垂直轴）。在信息价值链维度上，大数据的价值通过数据的收集、预处理、分析、可视化和访问等活动来实现。在 IT 价值链维度上，大数据价值通过为大数据应用提供存放和运行大数据的网络、基础设施、平台、应用工具及其他 IT 服务来实现。大数据应用提供者处在两个维的交叉点上，表明大数据分析及其实施为两个价值链上的大数据利益相关者提供了价值。

5 个主要的模型构建代表在每个大数据系统中存在的不同技术角色：系统协调者、数据提供者、大数据应用提供者、大数据框架提供者和数据消费者。另外，还有两个非常重要的模型构件，即安全隐私与管理，代表能为大数据系统其他 5 个主要模型构件提供服务和功能的构件。这两个关键模型构件的功能极其重要，因此也被集成在任何大数据解决方案中。

参考架构可以用于多个大数据系统组成的复杂系统（如堆叠式或链式系统），这样其中一个系统的大数据使用者可以作为另外一个系统的大数据提供者。

参考架构逻辑构件之间的关系用箭头表示，包括 3 类关系，即“数据”“软件”和“服务使用”。“数据”表明在系统主要构件之间流动的数据，可以是实际数值或引用地址。“软件”表明在大数据处理过程中的支撑软件工具。“服务使用”代表软件程序接口。虽然此参考架构主要用于描述大数据实时运行环境，但也可用于配置阶段。大数据系统中涉及的人工协议和人工交互没有包含在此参考架构中。

5.1.1 系统协调者

系统协调者角色提供系统必须满足的整体要求，包括政策、治理、架构、资源和业务需求，以及为确保系统符合这些需求而进行的监控和审计活动。系统协调者通常会涉及更多具体角色，由一个或多个角色扮演者管理和协调大数据系统的运行。这些角色的扮演者可以是人、软件及二者的结合。系统协调者的功能是配置和管理大数据架构的其他组件，来执行一个或多个工作负载。这些由系统协调者管理的工作负载，在较低层可以把框架组件分配或调配到个别物理或虚拟节点上，在较高层可以提供一个图形用户界面来支持连接多个应用程序和组件的工作流规范。系统协调者也可以通过管理角色监控工作负载和系统，以确认每个工作负载都达到了特定的服务质量要求，还可能弹性地分配和提供额外的物理或虚拟资源，以满足由变化/激增的数据或用户/交易数量带来的工作负载需求。

5.1.2 数据提供者

数据提供者角色为大数据系统提供可用的数据。数据提供者角色的扮演者包括企业、公共代理机构、研究人员和科学家、搜索引擎、Web/FTP 和其他应用、网络运营商、终端用户等。在一个大数据系统中，数据提供者的活动通常包括采集数据、持久化数据、敏感信息转换和清洗、创建数据源的元数据及访问策略、访问控制、通过软件的可编程接口实现推或拉式的数据访问、发布数据可用及访问方法的信息等。

数据提供者通常需要为各种数据源（原始数据或由其他系统预先转换的数据）创建一个抽象的数据源，通过不同的接口提供发现和访问数据功能。这些接口通常包括一个注册表，使得大数据应用程序能够找到数据提供者、确定包含感兴趣的数据、理解允许访问的类型、了解所支持的分析类型、定位数据源、确定数据访问方法、识别数据安全要求、识别数据保密要求以及其他相关信息。因此，该接口将提供注册数据源、查询注册表、识别注册表中包含标准数据集等功能。

针对大数据的 4V 特性和系统设计方面的考虑，暴露和访问数据的接口需要根据变化的复杂性采用推和拉两种软件机制。这两种软件机制包括订阅事件、坚挺数据馈送、查询特定数据属性或内容，以及提交一段代码来执行数据处理功能。由于需要考虑大数据跨网络移动的经济性，还允许相关接口提交分析请求（如执行一段实现特定算法的软件代码），只把结果返回给请求者。数据访问可能不总是自动进行，可以让用户登录到系统，并提供新数据应传送的方式（如基于数据馈送建立订阅电子邮件）。

5.1.3 大数据应用提供者

大数据应用提供者在数据的生命周期中执行一系列操作，以满足系统协调者建立的系统要求及安全和隐私要求。大数据应用提供者通过把大数据框架中的一般性资源和服务能力相结合，把业务逻辑和功能封装成架构组件，构造特定的大数据应用系统。大数据应用提供者角色的扮演者包括应用程序专家、平台专家、咨询师等。大数据应用提供者角色执行的活动包括数据的收集、预处理、分析、可视化和访问。

大数据应用提供者可以是单个实例，也可以是一组更细粒度大数据应用提供者实例的集合，集合中的每个实例执行数据生命周期中的不同活动。每个大数据应用提供者的活动可能是由系统协调者、数据提供者或数据消费者调用的一般服务，如 Web 服务器、文件服务器、一个或多个应用程序的集合或组合。每个活动可以由多个不同实例执行，或者单个程序也可能执行多个活动。每个活动都能够与大数据框架提供者、数据提供者及数据消费者交互。这些活动可以并行执行，也可以按照任意的数字顺序执行，活动之间经常需要通过大数据框架提供者的消息和通信框架进行通信。大数据应用提供者执行的活动和功能，特别是数据收集和数据访问活动，需要与安全和隐私角色进行交互，执行认证/授权并记录、维护数据的出处。

收集活动用于处理与数据提供者的接口。它既可以是一般服务，如由系统协调者配置的用于接收或执行数据收集任务的文件服务部或 Web 服务器；也可以是特定于应用的服务，如用来从数据提供者拉数据或接收数据提供者推送数据的服务。收集活动执行的任务类似于 ETL 的抽取（Extraction）环节。收集活动接收到的数据通常需要大数据框架提供者的处理框架来执行内存队列缓存或其他数据持久化服务。

预处理活动执行的任务类似于 ETL 的转换（Transformation）环节，包括数据验证、消洗、去除异常值、标准化、格式化或封装。预处理活动也是大数据框架提供者归档存储的数据来源，这些数据的出处信息一般也要被验证并附加到数据存储中。预处理活动也可能聚集来自不同数据提供者的数据，利用元数据键创建一个扩展的、增强的数据集。

分析活动的任务是从数据中提取出知识。这需要用特定的数据处理法对数据进行处理，以便从数据中得出能够解决技术目标的新洞察。分析活动包括对大数据系统低级别的业务逻辑进行编码（更高级别的业务流程逻辑由系统协调者进行编码），它利用大数据框架提供者的处理框架来实现这些关联的逻辑，通常会涉及在批处理或流处理组件上实现分析逻辑的软件。分析活动还可以使用大数据框架提供者的消息和通信框架在应用逻辑中传递数据和控制功能。

可视化活动的任务是用最利于沟通和理解知识的方式把分析活动结果展现给数据消费者。可视化的功能包括生成基于文本的报告或者以图形方式渲染分析结果。可视化的结果可以是静态的，存储在大数据框架提供者中供以后访问。更多的情况下，可视化活动要经常与数据消费者、大数据分析活动及大数据提供者的处理框架和平台进行交互，这就需要基于数据消费者设置的数据访问参数来提供交互式可视化手段。可视化活动完全可以由应用程序实现，也可以使用大数据框架提供者提供的专门的可视化处理框架实现。

访问活动主要集中在与数据消费者的通信和交互。与数据收集活动类似，访问活动可以是由系统协调者配置的一般服务，如 Web 服务器或应用服务器，用于接受数据消费者的请求。访问活动还可以作为可视化活动、分析活动的界面来响应数据消费者的请求，并使用大数据框架提供者的处理框架和平台来检索数据，向数据消费者请求作出响应。此外，访问活动还要确保为数据消费者提供描述性和管理性元数据，并把这些元数据作为数据传送给数据消费者。访问活动与数据消费者的接口可以是同步或异步的，也可以使用拉或推软件机制进行数据传输。

5.1.4 大数据框架提供者

大数据应用提供者在创建特定的大数据应用系统时，大数据框架提供者角色提供一般资源和服务能力。大数据框架提供者的角色扮演者包括数据中心、云提供商、自建服务器集群等。大数据框架提供者执行的活动和功能包括提供基础设施（物理资源、虚拟资源）、数据平台（文件存储、索引存储）、处理框架（批处理、交互、流处理）、消息和通信框架、资源管理等。

基础设施为其他角色执行活动提供存放和运行大数据系统所需要的资源。通常情况下，这些资源是物理资源的某种组合，用来支持相似的虚拟资源。资源一般可以分为网络、计算、存储和环境。网络资源负责数据在基础设施组件之间的传送；计算资源包括物理处理器和内存，负责执行和保持大数据系统其他组件的软件；存储资源为大数据系统提供数据持久化能力；环境资源是在考虑到建立大数据系统时需要的实体工厂资源，如供电、制冷等。

数据平台通过相关的应用编程接口（API）或其他方式，提供数据的逻辑组织和分发服务。它也可能提供数据注册、元数据以及语义数据描述等服务。逻辑数据组织的范围涵盖从简单的分隔符平面文件到完全分布式的关系存储或列存储。数据访问方式可以是文件存取 API 或查询语言（如 SQL）。通常情况下，实现的大数据系统既支持任何基本的文件系统存储，也支持内存存储、索引文件存储等方式。

处理框架提供必要的基础软件，以支持实现的应用能够处理具有 4V 特征的大数据。处理框架定义了数据的计算和处理是如何组织的。大数据应用依赖于各种平台和技术，以应对可扩展的数据处理和分析的挑战。处理框架一般可以分为批处理（Batch）、流处理（Streaming）和交互式（Interactive）3 种类型。

消息和通信框架为可水平伸缩的集群的节点之间提供可靠队列、传输、数据接收等功能。它通常有两种实现模式，即点对点（Point-to-point）模式和存储—转发（Store-and-forward）模式。点对点模式不考虑消息的恢复问题，数据直接从发送者传送给接收者。存储转发模式提供消息持久化和恢复机制，发送者把数据发送给中介代理，中介代理先存储消息然后再转发给接收者。

资源管理活动负责解决由大数据的数据量和速度特征而带来的对 CPU、内存、I/O 等资源管理问题。有两种不同的资源管理方式，分别是框架内（Intra-framework）资源管理和框架间（Inter-framework）资源管理。框架内资源管理负责框架自身内部各组件之间的资源分配，由框架负载驱动，通常会为了最小化框架整体需求或降低运行成本而关闭不需要的资源。框架间资源管理负责大数据系统多个存储框架和处理框架之间的资源调度和优化管理，通常包括管理框架的资源请求、监控框架资源使用，以及在某些情况下对申请使用资源的应用队列进行管理等。特别地，针对大数据系统负载多变、用户多样、规模较大的特点，应采用更加经济有效的资源框架和管理方案。大数据软件框架的亮点是高可扩展性，而本质诉求仍然是如何实现并行化，即对数据进行分片并为每一个分片分配相应的本地计算资源。因此，为了支持大数据软件框架，基础架构最直接的实现方式就是将一份计算资源和一份存储资源进行绑定，构成一个资源单位（如服务器），以获得尽可能高的本地数据访问性能。但是，由于这种基础架构计算同存储之间紧耦合且比例固定，逐渐暴露出资源利用率低、重构时灵活性差等问题。因此，未来应通过硬件及软件各方面的技术创新，在保证本地数据访问性能的同时，实现计算与存储资源之间的松耦合：可以按需调配整个大数据系统中的资源比例，及时适应当前业务对计算和存储的真实需要；同时，可以对系统的计算部分进行快速切换，真正满足数据技术（DT）时代对 “以数据为中心、按需投入计算”的业务要求。

5.1.5　数据消费者

数据消费者角色接收大数据系统的输出。与数据提供者类似，数据消费者可以是终端用户或者其他应用系统。数据消费者执行的活动通常包括搜索 / 检索、下载、本地分析、生成报告、可视化等。数据消费者利用大数据应用提供者提供的界面或服务访问他感兴趣的信息，这些界面包括数据报表、数据检索、数据渲染等。

数据消费者角色也会通过数据访问活动与大数据应用提供者交互，执行其提供的数据分析和可视化功能。交互可以是基于需要（Demand-based）的，包括交互式可视化、创建报告，或者利用大数据提供者提供的商务智能（BI）工具对数据进行钻取（Drill-down）操作等。交互功能也可以是基于流处理（Streaming-based）或推（Push-based）机制的，这种情况下消费者只需要订阅大数据应用系统的输出即可。

5.1.6　安全和隐私

在大数据参考架构图中，安全和隐私角色覆盖了其他 5 个主要角色，即系统协调者、数据提供者、大数据框架提供者、大数据应用提供者、数据消费者，表明这 5 个主要角色的活动都要受到安全和隐私角色的影响。安全和隐私角色处于管理角色之中，与大数据参考架构中的全部活动和功能都相互关联。在安全和隐私管理模块，通过不同的技术手段和安全措施，构筑大数据系统全方位、立体的安全防护体系，同时应提供一个合理的灾备框架，提升灾备恢复能力，实现数据的实时异地容灾功能。

5.1.7　管理

管理角色包括两个活动组：系统管理和大数据生命周期管理。系统管理活动组包括调配、配置、软件包管理、软件管理、备份管理、能力管理、资源管理和大数据基础设施的性能管理等活动。大数据生命周期管理涵盖了大数据生命周期中所有的处理过程，其活动和功能是验证数据在生命周期的每个过程是否都能够被大数据系统正确地处理。

由于大数据基础设施的分布式和复杂性，系统管理依赖于两点：使用标准的协议（如 SNMP）把资源状态和出错信息传送给管理组件；通过可部署的代理或管理连接子（Connector）允许管理角色监视甚至控制大数据处理框架元素。系统管理的功能是监视各种计算资源的运行状况，应对出现的性能或故障事件，从而能够满足大数据应用提供者的服务质量（QoS）需求。在云服务提供商提供能力管理接口时，通过管理连接子对云基础设施提供的自助服务、自我调整、自我修复等能力进行利用和管理。大型基础设施通常包括数以千计的计算和存储节点，因此应用程序和工具的调配应尽可能自动化。软件安装、应用配置及补丁维护也应该以自动的方式推送到各节点并实现自动地跨节点复制。还可以利用虚拟化技术的虚拟映像，加快恢复进程和提供有效的系统修补，以最大限度地减少定期维护时的停机时间。系统管现模块应能够提供统一的运维管理，能够对包括数据中心、基础硬件、平台软件（存储、计算）和应用软件进行集中运维、统一管理，实现安装部署、参数配置、系统监控等功能。应提供自动化运维的能力，通过对多个数据中心的资源进行统一管理，合理分配和调度业务所需要的资源，做到自动化按需分配。同时提供对多个数据中心的 IT 基础设施进行集中运维的能力，自动化监控数据中心内各种 IT 设备的事件、告警、性能，实现从业务维度来进行运维的能力。

大数据生命周期管理活动，负责验证数据在生命周期中的每个过程是否都能够被大数据系统正确地处理，它覆盖了数据从数据提供者那里被摄取到系统，一直到数据被处理或从系统中删除的整个生命周期。由于大数据生命周期管理的任务可以分布在大数据计算环境中的不同组织和个体，从遵循政策、法规和安全要求的视角，大数据生命周期管理包括以下活动或功能：政策管理 （数据迁移及处理策略）、元数据管理（管理数据标识、质量、访问权限等元数据信息）、可访问管理（依据时间改变数据的可访问性）、数据恢复（灾难或系统出错时对数据进行恢复）、保护管理（维护数据完整性）。从大数据系统要应对大数据的 4V 特征来看，大数据生命周期管理活动和功能还包括与系统协调者、数据提供者、大数据框架提供者、大数据应用提供者、数据消费者及安全和隐私角色之间的交互。

5.2 大数据核心技术

5.2.1 数据收集

大数据时代，数据的来源极其广泛，数据有不同的类型和格式，同时呈现爆发性增长的态势，这些特性对数据收集技术也提出了更高的要求。数据收集需要从不同的数据源实时或及时地收集不同类型的数据并发送给存储系统或数据中间件系统进行后续处理。数据收集一般可分为设备数据收集和 Web 数据爬取两类，常用的数据收集软件有 Splunk、Sqoop、Flume、Logstash、Kettle 等，常用的网络爬虫有 Heritrix、Nutch 等。

5.2.2 数据预处理

数据的质量对数据的价值大小有直接影响，低质量数据将导致低质的分析和挖掘结果。广义的数据质量涉及许多因素，如数据的准确性、完整性、一致性、时效性、可信性与可解释性等。

大数据系统中的数据通常具有一个或多个数据源，这些数据源可以包括同构/异构的（大）数据库、文件系统、服务接口等。这些数据库中的数据来源于现实世界，容易受到噪声数据、数据值缺失与数据冲突等的影响。此外，数据处理、分析、可视化过程中的算法与实现技术复杂多样，往往需要对数据的组织、数据的表达形式、数据的位置等进行一些前置处理。

数据预处理的引入，将有助于提升数据质量，并使得后续数据处理、分析、可视化过程更加容易、有效，有利于获得更好的用户体验。数据预处理形式上包括数据清理、数据集成、数据归约与数据转换等阶段。

数据清理技术包括数据不一致性检测技术、脏数据识别技术、数据过滤技术、数据修正技术、数据噪声的识别与平滑技术等。

数据集成把来自多个数据源的数据进行集成，缩短数据之间的物理距离，形成一个集中统一的（同构/异构）数据库、数据立方体、数据宽表与文件等。

数据归约技术可以在不损害挖掘结果准确性的前提下，降低数据集的规模，得到简化的数据集。归约策略与技术包括维归约技术、数值归约技术、数据抽样技术等。

经过数据转换处理，数据被变换或统一。数据转换不仅简化处理与分析过程、提升时效性，也使得分析挖掘的模式更容易被理解。数据转换处理技术包括基于规则或元数据的转换技术、基于模型和学习的转换技术等。

5.2.3　数据存储

分布式存储与访问是大数据存储的关键技术，具有经济、高效、容错好等特点。分布式存储技术与数据存储介质的类型和数据的组织管理形式直接相关。目前的主要数据存储介质类型包括内存、磁盘、磁带等，主要数据组织管理形式包括按行组织、按列组织、按键值组织和按关系组织，主要数据组织管理层次包括按块级组织、文件级组织及数据库级组织等。

不同的存储介质和组织管理形式对应于不同的大数据特征和应用特点。

1. 分布式文件系统

分布式文件系统是由多个网络节点组成的向上层应用提供统一文件服务的文件系统。分布式文件系统中的每个节点可以分布在不同的地点，通过网络进行节点间的通信和数据传输。分布式文件系统中的文件在物理上可能被分散存储在不同的节点上，在逻辑上仍然是一个完整的文件。使用分布式文件系统时，无需关心数据存储在哪个节点上，只需像本地文件系统一样管理和存储文件系统的数据。

分布式文件系统的性能与成本是线性增长的关系，它能够在信息爆炸时代有效解决数据的存储和管理，分布式文件系统在大数据领域是最基础的、最核心的功能组件之一，如何实现一个高扩展、高性能、高可用的分布式文件系统是大数据领域最关键的问题之一。常用的分布式磁盘文件系统有 HDFS（Hadoop 分布式文件系统）、GFS（Google 分布式文件系统）、KFS（Kosmos distributed File System）等，常用的分布式内存文件系统有 Tachyon 等。

2. 文档存储

文档存储支持对结构化数据的访问。关系模型不同的是文档存储没有强制的架构。事实上，文档存储以封包键值对的方式进行存储。在这种情况下，应用对要检索的封包采取一些约定，或者利用存储引擎的能力将不同的文档划分成不同的集合，以管理数据。

与关系模型不同的是，文档存储模型支持嵌套结构。例如，文档存储模型支持XML 和 JSON 文档，字段的“值”又可以嵌套存储其他文档。文档存储模型也支持数组和列值键。

与键值存储不同的是，文档存储关心文档的内部结构。这使得存储引擎可以直接支持二级索引，从而允许对任意字段进行高效查询。支持文档嵌套存储的能力，使得查询语言具有搜索嵌套对象的能力，XQuery 就是一个例子。主流的文档数据库有MongoDB、CouchDB、Terrastore、RavenDB 等。

3. 列式存储

列式存储将数据按行排序，按列存储，将相同字段的数据作为一个列族来聚合存储。当只查询少数列族数据时，列式数据库可以减少读取数据量，减少数据装载和读入读出的时间，提高数据处理效率，按列存储还可以承载更大的数据量，获得高效的垂直数据压缩能力，降低数据存储开销。使用列式存储的数据库产品有传统的数据库仓库产品，如 Sybase IQ、InfiniDB、Vertica 等；也有开源的数据库产品，如 Hadoop Hbase、Infobright 等。

4. 键值存储

键值存储（Key-Value 存储，KV 存储）是 NoSQL 存储的一种方式。它的数据按照键值对的形式进行组织、索引和存储。KV 存储非常适合不涉及过多数据关系和业务关系的业务数据，同时能有效减少读写磁盘的次数，比 SQL 数据库存储拥有更好的读写性能。键值存储一般不提供事务处理机制。主流的键值数据库产品有 Redis、Apache Cassandra、Google Bigtable 等。

5. 图形数据库

图形数据库主要用于存储事物及事物之间的相关关系，这些事物整体上呈现复杂的网络关系，这些关系可以简单地称为图形数据。使用传统的关系数据库技术已经无法很好地满足超大量图形数据的存储、查询等需求，如上百万或上千万个节点的图形关系，而图形数据库可以采用不同的技术很好地解决图形数据的查询、遍历、求最短路径等需求。在图形数据库领域，有不同的图模型来映射这些网络关系，如超图模型，包含节点、关系、属性信息的属性图模型等。图形数据库可用于对真实世界的各种对象进行建模，如社交图谱，以反映这些事物之间的相互关系，主流的图形数据库有 Google Pregel、Neo4j、Infinite Graph、DEX、InfoGrid、AllegroGraph、GraphDB、HyperGraphDB 等。

6. 关系数据库

关系模型是最传统的数据存储模型，它使用记录（由元组组成）按行进行存储，存储在表中，表由架构界定。表中的每个列都有名称和类型，表中的所有记录都要符合表的定义。SQL 是专门的查询语言，提供相应的语法查找符合条件的记录，如表连接（Join）。表连接可以基于表之间的关系在多表之间查询记录。表中的记录可以被创建和删除，记录中的字段也可以单独更新。关系模型数据库通常提供事务处理机制，这为涉及多条记录的自动化处理提供了解决方案。对于不同的编程语言而言，表可以被看成数组、记录列表或者结构。表可以使用 B 树和哈希表进行索引，以应对高性能访问。

传统的关系型数据库厂商结合其他技术改进关系型数据库，如分布式集群、列式存储，支持 XML、JSON 等数据的存储。

7．内存存储

内存存储是指内存数据库（MMDB）将数据库的工作版本放在内存中，由于数据库的操作都在内存中进行，从而磁盘 I/O 不再是性能瓶颈，内存数据库系统的设计目标是提高数据库的效率和存储空间的利用率。内存存储的核心是内存存储管理模块，其管理策略的优劣直接关系到内存数据库系统的性能。基于内存存储的内存数据库产品有 Oracle TimesTen、Altibase、eXtremeDB、Redis、RaptorDB、MemCached 等。

5.2.4　数据处理

分布式数据处理技术，一方面与分布式存储形式直接相关，另一方面也与业务数据的温度类型（冷数据、热数据）相关。目前，主要的数据处理计算模型包括 MapReduce 计算模型、DAG 计算模型、BSP 计算模型等。

1．MapReduce 分布式计算框架

MapReduce 是一个高性能的批处理分布式计算框架，用于对海量数据进行并行分析和处理。与传统数据仓库和分析技术相比，MapReduce 适合处理各种类型的数据，包括结构化、半结构化和非结构化数据，并且可以处理数据量为 TB 和 PB 级别的超大规模数据。

MapReduce 分布式计算框架将计算任务分为大量的并行 Map 和 Reduce 两类任务，并将 Map 任务部署在分布式集群中的不同计算机节点上并发运行，然后 Reduce 任务对所有 Map 任务的执行结果进行汇总，得到最后的分析结果。

MapReduce 分布式计算框架可动态增加或减少计算节点，具有很高的计算弹性，并且具备很好的任务调度能力和资源分配能力，具有很好的扩展性和容错性。MapReduce 分布式计算框架是大数据时代最为典型的、应用最广泛的分布式运行框架之一。

最流行的 MapReduce 分布式计算框架是由 Hadoop 实现的 MapReduce 框架。Hadoop MapReduce 基于 HDFS 和 HBase 等存储技术确保数据存储的有效性，计算任务会被安排在离数据最近的节点上运行，减少数据在网络中的传输开销，同时还能够重新运行失败的任务。Hadoop MapReduce 已经在各个行业得到了广泛的应用，是最成熟和最流行的大数据处理技术。

2．分布式内存技术系统

使用分布式共享内存进行计算可以有效地减少数据读写和移动的开销，极大地提高数据处理的性能。支持基于内存的数据计算，兼容多种分布式计算框架的通用计算平台是大数据领域所必需的重要关键技术。除了支持内存计算的商业工具（如 SPA、HAMA、Oracle BigData Appliance 等），Spark 则是此种技术的开源实现代表，它是当今

大数据领域最热门的基于内存计算的分布式计算系统。相比于传统的 Hadoop Map Reduce 批量计算模型，Spark 使用 DAG，迭代计算和内存的方式可以带来 1～2 个数量级的效率提升。

3．分布式流计算系统

大数据时代，数据的增长速度超过了储存容量的增长，在不远的将来，人们将无法储存所有的数据，同时，数据的价值会随着时间的流逝而不断减少。此外，很多数据涉及用户的隐私无法进行存储。对数据进行实时处理的技术获得了人们越来越多的关注。

数据的实时处理是一个很有挑战性的工作，数据流本身具有持续达到、速度快且规模巨大等特点，所以需要分布式的流计算技术对数据进行实时处理。数据流的理论及技术仍是研究热点。当前广泛应用的很多系统均为支持分布式。并行处理的流计算系统，比较代表性的商用软件包括 IBM StreamBase 和 InfoSphere Streams，开源系统则包括 Twitter Storm，Yahoo S4，Spark Streaming 等。

5.2.5 数据分析

大数据分析技术包括已有数据信息的分布式系统技术，以及未知数据信息的分布式挖掘和深度学习技术。分布式统计分析技术基本都可由数据处理技术直接完成，分布式挖掘和深度学习技术则可以进一步细分为聚类、分类、关联分析及深度学习。

1．聚类

聚类是指将物理或抽象对象的集合分组，成为由类似的对象组成的多个类的过程。它是一种重要的人类行为。聚类与分类的不同在于，聚类所要求划分的类是未知的。聚类是将数据分类到不同的类或者簇这样的一个过程，所以同一个簇中的对象有很大的相似性，而不同簇间的对象有很大的相异性。

聚类是数据挖掘的主要任务之一。聚类能够作为一个独立的工具获得数据的分布状况，观察每一簇数据的特征，集中对特定的聚簇集合作进一步地分析。聚类还可以作为其他算法（如分类和定性归纳算法）的预处理步骤。

聚类是数据挖掘中的一个很活跃的研究领域，传统的聚类算法可以被分为 5 类：划分方法、层次方法、基于密度方法、基于网格方法和基于模型方法。传统的聚类算法已经比较成功地解决了低维数据的聚类问题。但是由于实际应用中数据的复杂性，在处理许多问题时，现有的算法经常失效，特别是对于高维数据和大型数据的情况。数据挖掘中的聚类研究主要集中在针对海量数据的有效和实用的聚类方法上，聚类方法的可伸缩性、高维聚类分析、分类属性数据聚类、具有混合属性数据的聚类和非距离模糊聚类等问题是目前挖掘研究人员最为感兴趣的方向。

2．分类

分类是指在一定的有监督的学习前提下，将物体或抽象对象的集合分成多个类的过程。也可以认为，分类是一种基于训练样本数据（这些数据已经被预先贴上了标签）区分另外的样本数据标签的过程，即另外的样本数据应该如何贴标签。用于解决分类问题的方法非常多，常用的分类方法主要有决策树、贝叶斯、人工神经网络、K-近邻、支持矢量机、逻辑回归、随机森林等方法。

决策树是分类和预测的主要技术之一，决策树学习是以实例为基础的归纳学习算法，它着眼于从一组无次序、无规则的实例中推演出以决策树表示的分类规则。构造决策树的目的是找出属性和类别间的关系，用它预测将来未知类别的记录的类别。它采用自顶向下的递归方式，在决策树的内部节点进行属性的比较，并根据不同属性值判断从该节点向下的分支，在决策树的叶节点得到结论。

贝叶斯（Bayes）分类算法是一类利用概率统计知识进行分类的算法，如朴素贝叶斯分类（Naive Bayesian Classification）算法，这些算法主要利用 Bayes 定理预测一个未知类别的样本属于各个类别的可能性，选择其中可能性最大的一个类别作为该样本的最终类别。

人工神经网络（Artificial Neural Networks, ANN）是一种应用类似于大脑神经突触连接的结构进行信息处理的数学模型。在这种模型中大量的节点（或称“神经元”或“单元”）之间的相互连接构成网络，即“神经网络”，以达到处理信息的目的。神经网络通常需要进行训练，训练的过程就是网络进行学习的过程。训练改变了网络节点连接权的值，使其具有分类的功能，经过训练的网络就可用于对象的识别。目前，神经网络已有上百种不同的模型，常见的有 BP 网络、径向基 RBF 网络、Hopfield 网络、随机神经网络、竞争神经网络（Hamming 网络，自组织映射网络）等。当前的神经网络仍普遍存在收敛速度慢、计算量大、训练时间长和不可解释等缺点。

K-近邻（K-Nearest Neighbors，KNN）算法是一种基于实例的分类方法。该方法就是找出与未知样本 x 距离最近的 K 个训练样本，这 K 个样本中多数属于哪一类，就把 x 归为那一类。K-近邻方法是一种懒惰学习方法，它存放样本，直到需要分类时才进行分类，如果样本集比较复杂，可能会导致很大的计算开销，因此无法应用到实时性很强的场合。

支持矢量机（Support Vector Machine, SVM）是 Vapnik 根据统计学习理论提出的一种新的学习方法，它的最大特点是根据结构风险最小化准则，以最大化分类间隔构造最优分类超平面来提高学习机的泛化能力，较好地解决了非线性、高维数、局部极小点等问题，对于分类问题支持矢量机算法根据区域中的样本计算该区域的曲面，由此确定该区域中未知样本的类别。

逻辑回归是一种利用预测变量（数值型或离散型）来预测事件出现概率的模型，主要应用于生产欺诈检测、广告质量估计及定位产品预测等。

3. 关联分析

关联分析是一种简单、实用的分析技术，发现存在于大量数据集中的关联性或相关性，从而描述一个事务中某些属性同时出现的规律和模式。关联分析在数据挖掘领域称为关联规则挖掘。

关联分析是从大量数据中发现项集之间有趣的关联和相关联系。关联分析的一个典型例子是购物篮分析，该过程通过发现顾客放入其购物篮中的不同商品之间的联系，分析顾客的购买习惯。通过了解哪些商品频繁地被顾客同时购买，这种关联的发现可以帮助零售商制定营销策略。其他的应用还包括价目表设计、商品促销、商品的摆放和基于购买模式的顾客划分。

关联分析的算法主要分为广度优先算法和深度优先算法两大类。应用最广泛的广度优先算法有 Apriori、AprioriTid、AprioriHybrid、Partition、Sampling、DIC（Dynamic Itemset Counting）等算法。主要的深度优先算法有 FP-growth、E（Equivalence Class Transformation）、H-Mine 等算法。

Apriori 算法是一种广度优先的挖掘产生布尔关联规则所需频繁项集的算法，也是最著名的关联规则挖掘算法之一。FP-growth 算法是一种深度优先的关联分析算法，于 2000 年由 Han Jiawei 等人提出。

4．深度学习

深度学习（Deep Learning，DL）是机器学习研究中的一个新的领域，其动机是建立、模拟人脑进行分析学习的神经网络，模仿人脑的机制解释数据，如图像、声音和文本。深度学习的实质是通过构建具有很多隐层的机器学习模型和海量的训练数据，学习更有用的特征，从而最终提升分类或预测的准确性。深度学习的概念由 Hinton 等人于 2006 年提出，是一种使用深层神经网络的机器学习模型。深层神经网络是指包含很多隐层的人工神经网络，它具有优异的特征学习能力，学习得到的特征对数据有更本质的刻画，从而有利于可视化或分类。

与机器学习方法一样，深度机器学习方法也有监督学习与无监督学习之分。不同的学习框架下建立的学习模型是不同。例如，卷积神经网络（Convolutional Neural Networks，CNNs）是一种深度的监督学习下的机器学习模型，而深度置信网络（Deep Belief Neworkts，DBNs）是一种无监督学习下的机器学习模型。

当前深度学习被用于计算机视觉、语音识别、自然语音处理等领域，并取得了大量成果。运用深度学习技术，能够从大数据中发掘更多有价值的信息和知识。

5.2.6 数据治理

数据治理涵盖为特定组织机构的数据创建协调一致的企业级视图（Enterprise view）所需的人员、过程和技术，数据治理的目的是：①增强决策制定过程中的一致性与信心；②降低遭受监管罚款的风险；③改善数据的安全性；④最大限度地提高数据的创收潜力；⑤指定信息质量责任。

5.3 可视化关键技术

数据可视化技术包含以下几个基本概念：①数据空间，是指由 n 维属性和 m 个元素组成的数据集所构成的多维信息空间；②数据开发，是指利用一定的算法和工具对数据进行定量的推演和计算；③数据分析，指对多维数据进行切片、块、旋转等动作剖析数据，从而能多角度多侧面观察数据；④数据可视化，是指将大型数据集中的数据以图形图像形式表示，并利用数据分析和开发工具发现其中未知信息的处理过程。

数据可视化已经提出了许多方法，这些方法根据其可视化的原理不同可以划分为基于几何的技术、面向像素技术、基于图标的技术、基于层次的技术、基于图像的技术和分布式技术等。

清晰而有效地在大数据与用户之间传递和沟通信息是数据可视化的重要目标，数据可视化技术将数据库中每一个数据项作为单个图元元素表示，大量的数据集构成数据图像，同时将数据的各个属性值以多维数据的形式表示，可以从不同的纬度观察数据，从而对数据进行更深入的观察和分析。

（1）数据信息的符号表达技术。除了常规的文字符号和几何图形符号，各类坐标、图像阵列、图像动画等符号技术都可以用来表达数据信息。特别是多种符号的综合使用，往往能让用户获得不一样的沟通体验。各数据类型具体的符号表达技术包括各类报表、仪表盘、坐标曲线、地图、谱图、图像帧等。

（2）数据渲染技术。各类符号到屏幕图形阵列的二维平面渲染技术、三维立体渲染技术等。渲染关键技术还与具体媒介相关，如手机等移动终端上的渲染技术等。

（3）数据交互技术。除了各类 PC 设备和移动终端上的鼠标、键盘与屏幕的交互技术形式，可能还包括语音、指纹等交互技术。

（4）数据表达模型技术。数据可视化表达模型描述了数据展示给用户所需要的语言文字和图形图像等符号信息，以及符号表达的逻辑信息和数据交互方式信息等。其中数据矢量从多维信息空间到视觉符号空间的映射与转换关系，是表达模型最重要的内容。数据值、数据趋势、数据对比、数据关系等表达技术都是表达模型中的重要内容。

大数据可视化与传统数据可视化技术和软件工具（如 BI）通常对数据库或数据仓库中的数据进行抽取、归纳和组合，通过不同的展现方式提供给用户，用于发现数据之间的关联信息。而大数据时代的数据可视化技术则需要结合大数据多类型、大体量、高速率、易变化等特征，能够快速地收集、筛选、分析、归纳、展现决策者所需要的信息，支持交互式可视化分析，并根据新增的数据进行实时更新。

当前数据可视化技术是一个正在迅速发展的新兴领域，已经出现了众多的数据可视化软件和工具，如 Tableau、Datawatch、Platfora、R、D3.js、Processing.js、Gephi、ECharts、大数据魔镜等。许多商业的大数据挖掘和分析软件也包括了数据可视化功能，如 IBM SPSS、SAS Enterprise Miner 等。

（5）可视化设计与开发模型。大数据可视化产品设计开发，遵循一般软件开发的流程。产品研发趋势表现在如下 3 个方面：开发的对象从小数据到大数据；产品用户从少数专家扩展到广泛的不特定的群体；产品的实际应用强调可视化方法的可扩展性、开发的简捷性和系统的智能性。可视化设计与开发模型包含 3 个方面：一是领域背景或应用场景，明确谁是目标用户；二是抽象，也就是将需求转化为可视化的目标，明确可视化的数据类型、可视化的任务及为何要可视化；三是语法，也就是解决如何可视化。可视化设计与开发模型包含两个关键技术，即可视编码和智能人机交互，如图 5-2 所示。

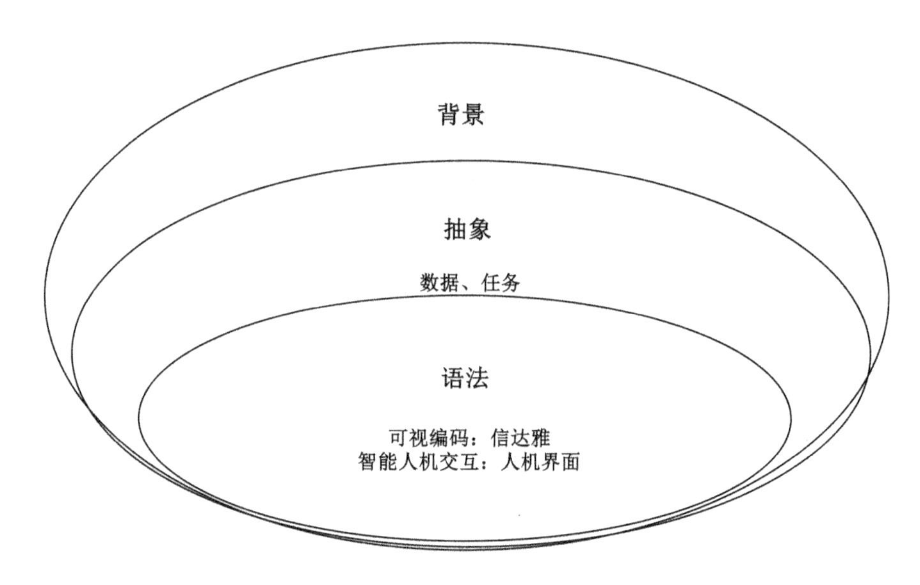

图 5-2　可视化设计与开发模型

5.4　大数据可视化渲染

大数据技术加速了企业创新，改变了商业营销模式和企业管理模式，引领了社会变革，改变了人们的生活和工作方式。作为一种媒介，可视化已经发展成为一种很好的故事讲述和展现的方式，在研究和学术领域中，可视化作为数据研究工具，而随着大数据的应用越来越广泛，大量繁杂的数据经过可视化处理后，以图形化的形式呈现出来，清晰明了，大数据可视化正在改变信息获取和表达的方式。

大数据可视化渲染研究的是如何将可视化后的图形图像更快、更准确地显示出来。大数据可视化表达包括静态和动态的，主要取决于硬件系统，当然渲染技术本身也起了很大的作用。目前，基于高性能三维动态渲染的大数据可视化引起大家的关注，同时跟踪数以万计的大数据量对象，并达到无卡顿的实时渲染效果，可应用于交通、物流运输、军事等行业，可以让管理者及时、准确地获取目标动态信息，同时还可以给浏览者带来震撼、直观的体验。

大数据进行可视化，并实现最终渲染后，就变成了图像如何进行显示的问题。因此，大数据可视化渲染归根到底就是图像图形显示的问题。

5.4.1　图像相关概念

图像是对客观存在物体的一种相似性模仿与描述，图像按照表述方式分为物理图像、数字图像、数字视频和三维图像等。物理图像指物质或能量的实际分布。物理图像信号的好坏取决于物理信号的检测设备的性能。光感应特性好的设备，得到的光学图像效果也好。数字图像是用一个数字阵列来表示的图像。数字图像可以用矩阵来描述，矩阵中的每个数字表示数字图像的一个最小单位，称为像素。通过对每个像素点的颜色或亮度进行数字化描述，就可以得到一幅数字图像。三维图像使用一个三维的数据集合表示。通常采用在二维的平面上显示投影面来达到表现三维物体的目的。数字视频是连续播放的数字图像序列，如图 5-3 所示。

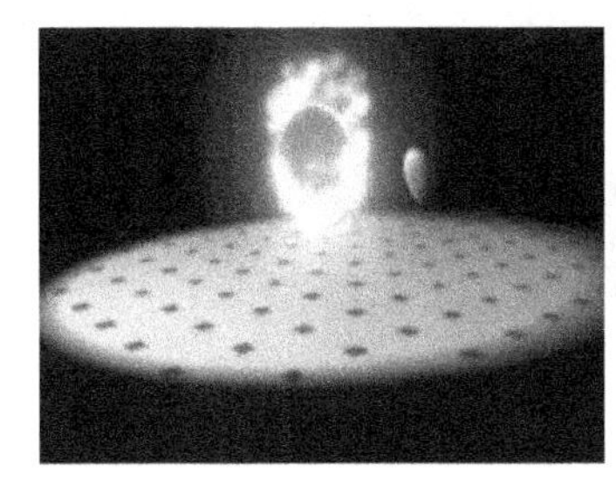
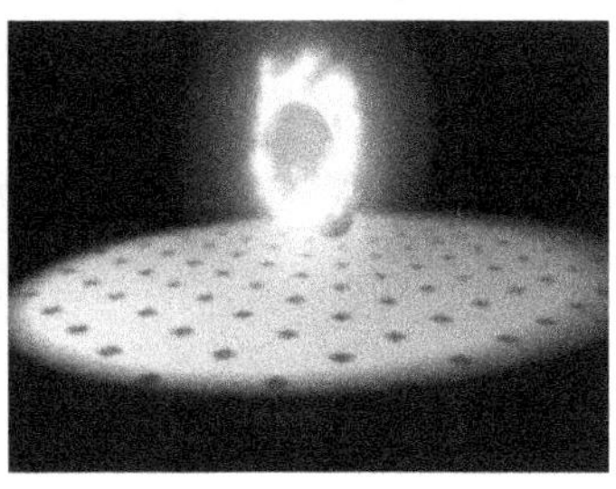

图 5-3　序列帧图像示例

与数字图像相关的研究领域包括数字图像处理和计算机视觉等。这两个研究领域各有不同的侧重点，但又有一定的交叉和覆盖。数字图像处理一般指静态图像的处理，计算机视觉主要包括三维景物信息的处理与识别，对目标内容和信息进行理解等。

数字图像处理研究的主要内容包括图像信息的描述、图像信息的处理、图像信息的分析、图像信息的编码、图像信息的显示、图像的三维重建等。

数字图像是指用数字阵列表示的图像，阵列中的每个元素称为像素，像素是组成数字图像的基本单位。数字图像的画面质量主要由采样和量化两个环节决定。一幅彩色图像可以看成是二维连续函数 $f(x,y)$，也就是由无限个点组成的物体。首先要把这无限个点转化为有限个点，这就需要在 x、y 方向上分别取点，也就是每隔一定距离取一个点，这个点就代表了这段位置，同时它的颜色也将代表这段距离的颜色。通过这种方式可以把原本无限的点组成的图像，化为有限个点组成的图像。这个过程就是采样，每两个点之间的距离称为采样间隔，这个“点”就是像素，是位图中的最基本单位。得到的是一个二维的像素矩阵，它具有有限的个数，由每行采样的点乘以每列采样的点决定。1024×768 大小的数字图像，是指在行方向上采样 1024 个点，在列方向上采样 768 个点，即这幅图像共有 1024×768=786432 个像素。

在确定图像像素个数之后，还没有完成图像数字化的工作，需要对像素进行赋值，原始图像所具有的颜色也是连续的，也可以认为是由无数种颜色组成的，由计算机来处理无数个点也是不现实的，所以需要每隔一定的色差来取颜色，这就是量化。在量化以后，每个像素都具有了一个值，这个值就代表了相应的颜色。所以最后获得的就是一个二维的数字矩阵，它有有限的像素，每个像素都有一定的值，并把这样的数据按某种格式记录在图像文件中。完成图像数字化的过程后，就可以在计算机中对它进行编辑和处理。在数字化为位图以后，图像编辑和处理其实就是在处理一堆“数字”。

位图就是用像素阵列来表示的图像。像素阵列在一定范围内的大小或者说每英寸数字图像上的像素点的个数就称为图像分辨力。图像分辨力越高，采样间隔越小，像素点越接近无限小的点，也就越精细。反之，图像分辨力越低，图像就越模糊。不同图像分辨力对图像质量的影响如图 5-4 所示。

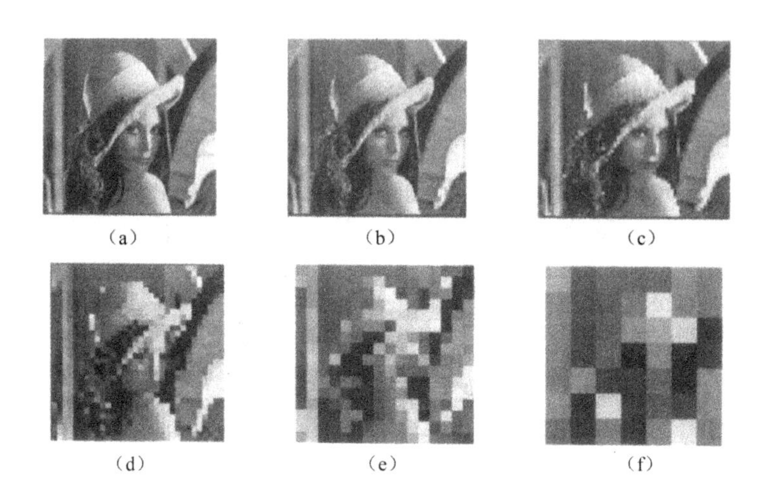

图 5-4　不同图像分辨力对图像质量的影响

5.4.2　渲染技术概述

随着计算机图形学的发展，计算机真实感图形学已经建立起完整的学术和工程体系。从数字娱乐、影视特效到广告动画，人们已经领略到真实感图形的魅力。渲染技术这个概念伴随着计算机的诞生而出现，对现实世界进行真实模拟并显示成为计算机图形学领域追求的最终目标。从计算机生成的第一个点、第一条直线起，人们就产生了使用计算机生成真实感图像的兴趣。最早期的技术是受到限制的，只能得到一些普通的效果，如平滑的光照和高光。随着 1980 年光线追踪算法和 1984 年辐射度算法的提出，真实感图像生成开始利用基于物理原理的模拟算法。这两种算法都利用到光的物理属性，而且其原理都存在于其他领域中，如在光学中存在着光线追踪的概念，在热工学中的热传递存在着辐射度算法的思想。

渲染的功能是显示三维坐标系中的场景。在计算机中，三维世界是由坐标系和坐标系的点构成的，包括物体的材质、纹理、光照等信息。这些信息在计算机中由数据表示，不能直接显示在计算机屏幕上。渲染就是完成从数据到显示的过程，将数据显示到二维显示平面上，让人们看到图像。

渲染过程包括了多边形的位置计算、遮挡显示、物体剔除、隐藏面消除、光照、着色、纹理映射等，完成一系列的处理流程，直到将每个像素的颜色信息存入显示缓存。在图形渲染中，光照和表面属性是最难模拟的。有各种各样的光照模型用于模拟光照，从简单到复杂分别有简单光照模型、局部光照模型和整体光照模型。从绘制方法上看，有模拟光的实际传播过程的光线跟踪法，也有模拟能量交换的辐射度方法。

真实感渲染已有近 50 年的历史。在早期的发展阶段，由于计算机硬件能力的限制，主要的研究方向集中在如何简化物理数学模型，使计算机生成的计算量不过于庞大，而效果又可被接受。随着硬件能力的提升，科学家和研究者开始把重心集中到如何创建出真实可信的图形上。从 20 世纪 70 年代至今，有大批的研究者在这个领域做出了杰出的贡献，目前利用商业引擎制作的影视特效和广告效果图已经很难用肉眼识别出与真实效果的差别。但是目前渲染技术中所使用的各种算法模型仍然是现实情况的简化和模拟，要完全真实且实时地模拟现实效果，还有一段很长的路。

除了在计算机中实现逼真物理模型外，真实感渲染的另一个研究重点是加速算法，力求能在最短时间内绘制出最真实的图像。例如，求解算法的加速、光线跟踪的加速、包围体树、自适应八叉树等都是著名的加速算法。目前，三维图形的生成技术虽然已比较成熟，但如何实时生成真实感的图形仍然是重要瓶颈。为了达到实时的目的，至少要保证图形的刷新频率不低于 15 帧/s，最好高于 30 帧/s。在不降低图形品质和复杂程度的前提下，提高刷新频率是该技术的一项重要研究内容。目前在真实感研究领域中，绝大部分的研究成果都包含数学、物理学、生理学、信号学等领域的技术，有的甚至还应用了材料工程学、自动化科学等领域的相关知识。

在计算机图形学中，主要存在 3 种渲染技术：深度缓存技术、光线跟踪技术和辐射度技术。这 3 种技术各自拥有大量具体的实现方法。其中深度缓存技术主要使用于实时绘制领域，而光线跟踪技术和辐射度技术主要使用于真实感渲染领域。

深度缓存技术是一个比较常用的判断对象表面可见性的空间算法，它是投影面上的每一个像素位置与场景中所有面深度的比较。对场景中的各个对象表面单独进行处理，且在表面上逐点进行。由于通常沿着观察系统的 *Z* 轴来计算各对象距离观察平面的深度，因此也称为 Z 缓存技术。

光线跟踪技术跟踪光线在场景中的反射和折射，并计算它们对总的光强度的作用。光线跟踪技术为可见面判别、明暗效果、透明及多光源照明等提供了实现方法。

辐射度技术用于精确描述物体表面的漫反射，计算所有对象表面之间辐射能量的交换。辐射度方法可以生成高度真实感的对象表面绘制结果，但存储需求和计算时间巨大。

基于物理原理对模型中所有光线传播的模拟称为全局光照（Global Illumination）。全局光照的目的是对模型中所有光线的反射进行模拟。全局光照的输入是几何模型、材质及光源的描述。全局光照的任务是计算光线如何从光源出发、如何与场景交互，而间接光照是现实世界中最主要的光照。

5.4.3 基于 CPU 的渲染

人们对图形软件系统的真正研究始于 1961 年 Sutherland 开发的 Sketchpad 图形系统，Sketchpad 可以通过使用手持物体（如光笔）直接在显示屏幕上创建图形图像。可视化的图形被存入计算机内存，它们可以被重新调用，并同其他数据一样可以进行后期的处理。早期的渲染方式，由于硬件的限制，GPU 硬件技术还没有得到发展，计算机的处理核心 CPU 对渲染起决定性作用，但是软件技术方面，开始有了一些新的探索。20 世纪 60 年代早期，发明了线框模式的渲染；70 年代早期，Wamock、Watkins 发明了 flat 着色方式和隐藏面算法；1971 年出现了 Gouraud Shading（高洛德着色）方法；1972 年出现了 Phone Shading（补色着色）方法；1974 年，Catmull 发明了 Z. Buffer 隐藏面算法；1974 年，Catmull 首先使用了纹理贴图方法；1976 年，信号处理首次被用于图形学中的反走样；1976 年，发明了反射纹理贴图（Reflection Mapping）；1978 年，Blinn 发明了凹凸纹理贴图（Bump Mapping）；1978 年，Catmull 和 Clark 发明了表面细分方法；70 年代末，Crow 和 Williams 将硬阴影算法应用于图形程序中；1983 年，Williams 提出用 Mipmapping 用于纹理贴图的反走样的方法；1984 年，Miller 和 Hoffman 发明了光照贴图；1985 年出现了着色语言；1988 年出现了体绘制技术（Volume Rendering）（Drebin）；1990 年，Renderman 软件开发完成；20 世纪 90 年代早期出现了 NPR 渲染技术，即非真实渲染；1993 年，NVIDIA 公司成立图形技术并以不可想象的速度发展，新技术层出不穷。与此同时，GPU 硬件技术也已超过了 CPU 技术的发展速度。1992 年出现了固定功能渲染管线，1998 年出现了多重纹理贴图，1999 年在 NVIDIA 显卡中出现了寄存器组合器，2001 年出现了顶点和像素着色器。

虽然早期的渲染都基于 CPU 完成，但由于当时图形化技术也没有达到真实感绘制的效果，所以依靠单线程 CPU 运行计算的速度也能达到要求。随着 GPU 的出现和技术的更新，单纯依靠 CPU 渲染的方式已经无法满足实时可视化渲染的要求，现在的渲染方式多采用多核 CPU 和 GPU 结合的方式进行，多核 CPU 对渲染速度的提升影响极大。也有部分渲染软件如 Vray、Randerin、Podium 和照片级渲染器 Maxwell 等，它们都是利用 CPU 进行渲染的软件，而且几乎所有的 CPU 渲染软件都能对 CPU 的多线程实现良好支持，即核心、线程数量越多，渲染的效率越高，而且同样频率和缓存的核心，数量多 1 倍，渲染速度也几乎快 1 倍。

现在的 CPU 完全处于性能过剩的状态，即便最低端的 CPU，都能够很流畅地处理各种应用。至于高性能要求的应用，几乎都体现在高清视频、可视化渲染等领域，而这些应用几乎都是密集的浮点计算。在这些领域里，GPU 所展现出的能力明显超出 CPU，新一代软件几乎都将 GPU 加速作为优先的选项。

5.4.4 基于 GPU 的渲染

在 PC 时代初始，还没有 GPU 这一名称，它的前身是所谓的“显示芯片”，但当“三维”这个概念出现在 PC 平台时，这一名称变为“图形芯片”，后来 NVIDIA 公司制造出功能更强的“图形芯片”，使图形应用逐渐降低对 CPU 的依赖，由此诞生了“图形处理单元”，即 GPU，它对于显卡的功能相当于 CPU 对于整台计算机。GPU 设计的初衷是处理图形渲染所需要的复杂的数学和几何运算。一些高速的 GPU 往往包含比 CPU 更多的晶体管。

GPU 能从硬件上支持 T&L（Transform and Lighting，多边形转换与光源处理）的显示芯片。T&L 是三维渲染中的一个重要部分，其作用是计算多边形的三维位置和处理动态光线效果，也可以称为“几何处理”。一个好的 T&L 单元，可以提供细致的三维物体和高级的光线特效，但在很多 PC 中，T&L 的大部分运算是交由 CPU 处理的（这也就是所谓的软件 T&L），由于 CPU 的任务繁多，除了 T&L 之外，还要做内存管理、输入响应等非三维图形处理工作，因此在实际运算的时候性能会大打折扣，常常出现显示卡等待 CPU 数据的情况，其运算速度远跟不上今天复杂三维游戏的要求。

GPU 是显示卡的“大脑”，它决定了显卡的档次和大部分性能，同时也是二维显示卡和三维显示卡的区别依据。二维显示芯片在处理三维图像和特效时主要依赖 CPU 的处理能力，称为“软加速”。三维显示芯片是将三维图像和特效处理功能集中在显示芯片中，就是所谓的“硬件加速”功能。

2006 年以后，GPU 又有了新的名称，即“流处理器”或“高并行处理器”。虽然业内习惯上对其还是沿用 GPU 的名称，但这已是一个全新的时代。而现在，GPU 已整合在 CPU 内部，彼此协同的异构计算方式成为新的方向，引领着图形工业朝向新的领域前进。

GPU 渲染就是利用图形处理芯片进行渲染运算的最新技术，与传统的 CPU 渲染不同，GPU 渲染的运算速度更快。传统的 CPU 渲染是利用 CPU 的运算部分进行渲染运算，但一个 CPU 的运算单元只占 CPU 的 20%，即便是目前主流的多核 CPU 也是一样，多核只是可以同时运行多个程序，但对运算而言并没有帮助。而 GPU 可以进行并行运算，例如，一个 GPU 拥有 20 个核心，那么当进行渲染运算时，这 20 个核心会全部进行并行计算。由此可见，基于 GPU 的渲染可以达到以往不可想象的实时渲染，以往需要几小时来完成渲染的图像现在只需要几秒就能渲染完毕，如图 5-5 所示。

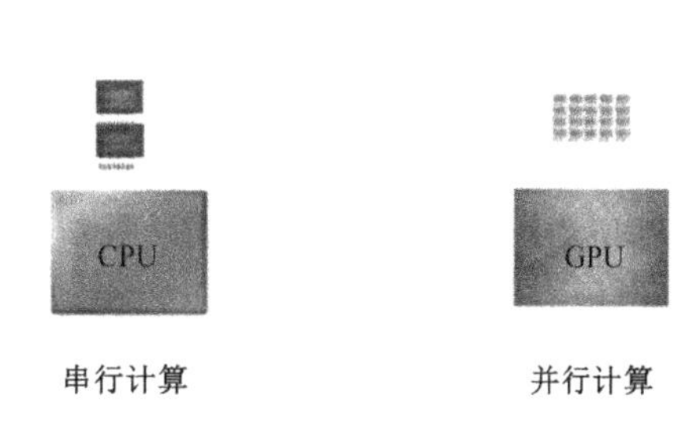

图 5-5　CPU 和 GPU 对比

如今的大数据可视化渲染基本都采用基于 GPU 的渲染方式来进行，实现实时的高动态渲染效果。

传统显示核心的架构分为顶点着色引擎和像素着色引擎。当顶点着色引擎负荷很重时，像素着色引擎可能闲置着；反之当像素着色引擎负担重时，顶点着色引擎可能闲置着，这就造成显示核心运算能力没有得到充分发挥，造成资源浪费。DirectX 10 将顶点着色、几何着色和像素着色合并成一个渲染流程。所以每一个统一流处理器都能处理顶点、几何和像素数据，不会有闲置问题，效率得到显著提升。

GPU 原本只是为了进行三维图形加速而诞生的芯片，由于其专用性，体系结构较之 CPU 大大简化，从而可以高度优化设计，进行大规模的浮点数并行计算，当代 GPU 在这方面的性能远远超过了 CPU。在浮点数计算速度上， GPU 超过 Intel 公司最快的 CPU 的 10 倍，从这一点来说，GPU 已是计算机中最快的芯片。

微软公司 DirectX 10 发布之后，GPU 迎来了第一次重大变革，而这次变革的推动者不再是 NVIDIA 或 ATI，而是微软公司。这意味着统一渲染架构与通用计算的降临。

微软公司认为，传统的分离设计过于僵化，无法让所有的程序都能够以最高效率运行。因为任何一个三维渲染画面，其顶点指令与像素指令的比例都是不相同的，但 GPU 中顶点单元与像素单元的比例却是固定的，这就会导致某些时候顶点单元不够用，像素单元大量闲置，某些时候又反过来，硬件利用效率低下。而开发者们为了获得最好的运行性能，也不得调整两种渲染指令的比例，微软公司认为这种情况限制了图形技术的进一步发展。

为此，微软公司在设计 Xbox360 游戏机时，提出统一渲染架构的概念。统一渲染是指 GPU 中不再有单独的顶端渲染单元和像素渲染单元，而是由一个通用的渲染单元同时完成顶点和像素渲染任务。为了实现这一点，图形指令必须先经过一个通用的解码器，将顶点和像素指令翻译成统一渲染单元可直接执行的渲染微指令，而统一渲染单元其实就是一个高性能的浮点和矢量计算逻辑，它具有通用和可编程属性。相比 DirectX 9 之前的分离设计，统一渲染架构具有硬件利用效率高以及编程灵活的优点。ATI 在获得 Xbox360 合约之后，便迅速展开了设计，它所拿出的 Xenos GPU 芯片便首度采用统一渲染架构，如图 5-6 所示。

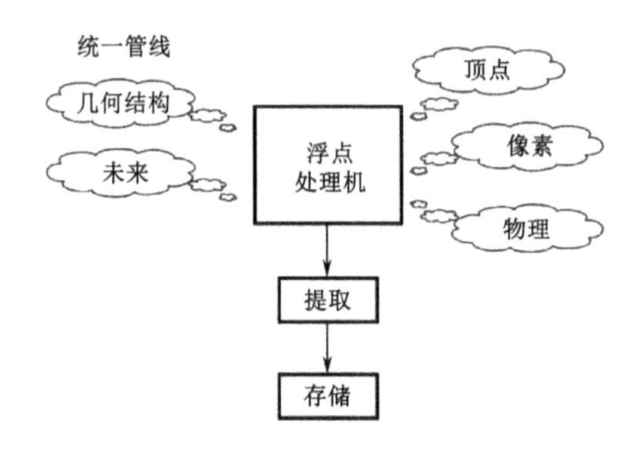

图 5-6　统一渲染架构

统一渲染架构是微软公司为提升硬件效率所提出的，同时进一步提升了 GPU 内部运算单元的可编程性，让 GPU 可以运行高密集度的通用计算任务，意味着 GPU 可以打破三维渲染的局限，迈向更为广阔的天地。

因为具备强大的并行处理能力和极高的存储器带宽，如果 GPU 用于处理诸如金融分析、地震预报、医学影像、流体模拟等需要大量重复数据集运算的应用程序，就有可能获得比 CPU 强大得多的计算能力。相比之下，由于 CPU 本身为顺序任务设计，浮点运算能力不足，即便采用多核架构，并行处理能力也是有限的。但目前来说，GPU 还不能完全取代 CPU，CPU 和 GPU 作为计算机的两个重要部件，其功能各有所长。CPU 擅长：操作系统、系统软件、应用程序、通用计算、系统控制等；游戏中的人工智能、物理模拟等；三维建模—光线追踪渲染；虚拟化技术，即抽象硬件，同时运行多个操作系统或者一个操作系统的多个副本等。而 GPU 则擅长图形类矩阵运算、非图形类并行数值计算、高端三维游戏。

在一台均衡计算的计算机系统中，CPU 和 GPU 各司其职，除了图形运算，GPU 将来可能主要集中在高效率低成本的高性能并行数值计算，帮助 CPU 分担这种类型的计算，提高系统这方面的性能。而当前基于 GPU 的渲染也需要配合一个高效的 CPU，才能保证整体效率。

5.4.5　集群渲染技术

集群渲染指的是一组计算机通过通信协议连接在一起的计算机群，它们能够将工作负载从一个超载的计算机迁移到集群中的其他计算机上。它的目标是使用主流的硬件设备组成网格计算能力，达到甚至超过天价的超级计算机的计算性能。典型的超级计算机生产厂商包括 IBM、SGI 等。

在计算机图形学领域，通常称 Cluster（集群）为“Render Farm（渲染农场）”，其实就是“分布式并行集群计算系统”。它是一种利用现成的 CPU、以太网和操作系统构建的高性能超级计算机，利用连接在网络中的多台渲染节点通过管理服务器和管理软件分发任务来达到批量运算的目的。它使用主流的专业计算机硬件设备达到或接近超级计算机的计算能力，利用多台计算机的集群计算能力来减少渲染时间。集群渲染是实现高效渲染的解决方案，可以在多种操作系统下渲染（如 AE、Digital Fusion、Combustion、Shake 等合成软件场景），主要应用于电影电视、CG 行业的三维场景渲染、三维模型渲染、大数据可视化渲染等需要长时间渲染的图形图像。集群渲染结构图如图 5-7 所示。

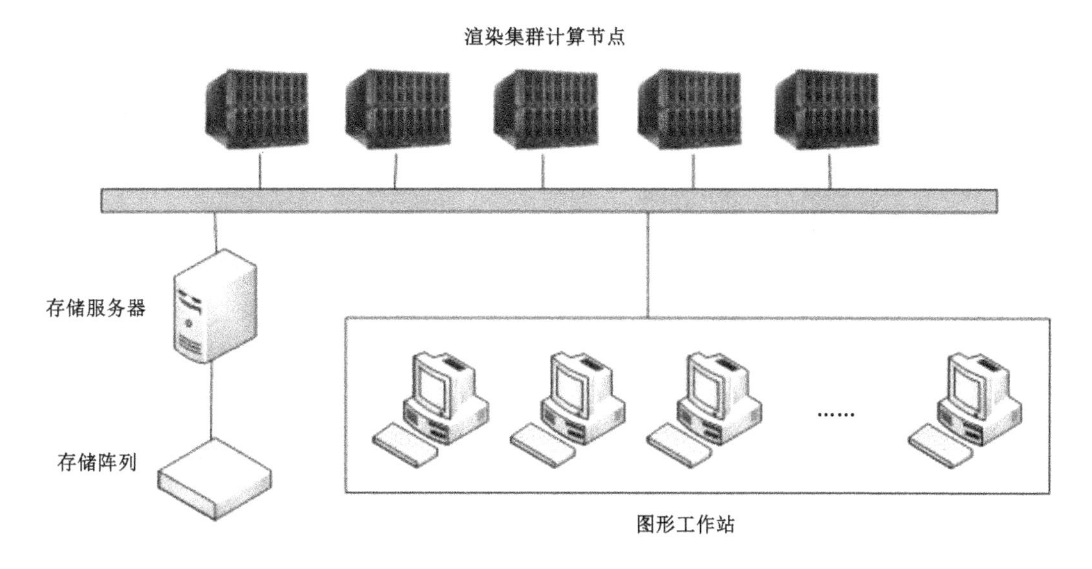

图 5-7　集群渲染结构图

集群计算机通常分为 SMP 和 MPP 两种。

（1）SMP（Symmetric Multi Processing，对称多处理）。计算机的 I/O 总线、多处理器、内存等所有的控制器都运行在一个操作系统中（通常为 UNIX 或 Linux），可以对单位任务进行处理。

（2）MPP（Massively Parallel Processing，大规模并行处理）。每个处理器都有属于自己的操作系统，通过通信协议连接这些操作系统，可以同时处理同一程序的不同部分。MPP 方式一般都使用通用的计算机，具有较高的性价比，但是系统也变得更为复杂。通过协议或者通信接口使 CPU 彼此连接，需要考虑系统资源及任务分配等很多问题，特别是网络性能。

集群渲染技术具有以下优点：

（1）多颗多核处理器的密集式服务器渲染节点将计算能力发挥至极至。

（2）满足高速带宽的任务分发管理中心。

（3）支持多应用，需要复杂运算的场景统一部署。

（4）兼容多操作系统、多软件。

（5）实时监控渲染动态，随时调整任务。

（6）数据共享。

（7）易操作、易管理。

（8）稳定性，安全的数据与足够的网络带宽环境。

（9）单机具备升级空间，系统具备扩容性。

一般来说，集群渲染系统主要硬件和软件两部分构成。硬件包括渲染用户所使用的图形工作站、个人计算机，用来管理集群计算机及处理渲染作业的服务器、工作站等；软件主要包括操作系统、资源管理软件、集群渲染管理软件、渲染引擎与渲染器等。资源管理软件是指管理本地集群或网格计算资源的软件，如 Axceleon EnFuzion、Platform LSF、Sun Grid Engine 等，主要用于管理资源、获取集群计算节点的状态，当接收到批处理作业时进行资源的调度。集群渲染管理软件用来管理渲染集群，实现集群内渲染作业的分发与资源调配。渲染引擎按照一定方式调度硬件，通过渲染器来完成渲染任务，最终得到用户所需的渲染结果；而渲染器的作用是在渲染引擎的协调下对用户提交的渲染作业进行处理，以得到预期的渲染结果。

集群系统是很灵活的，允许不同的服务器、工作站，灵活加入渲染队列。但是不同硬件平台混用容易出现问题，如在渲染同一任务时，AMD 平台和 Intel 平台渲染出来的同一个画片，其色彩亮度和饱和度可能不一致。而且，由于混合渲染的方式，渲染结果都混合在了一起，很难在后期进行整理，出现这样的情况就只能重新渲染。

所以渲染节点的配置一定要注意以下两个方面的问题：

（1）渲染集群设计时，要统一硬件平台，避免关键硬件设备混合不同型号、不同厂家。

（2）如果一定要使用混合平台，就有必要进行分组，一个组渲染一个任务。

集群渲染的基本流程是每个工作站将要进行渲染的文件提交给集群管理节点服务器，由集群管理节点服务器将任务分发给系统中任意数量的计算/渲染节点，渲染作业完成后每个节点再将结果返回给管理节点服务器，最后由集群管理服务器把渲染完成的文件返回给提交渲染作业的工作站中。

北京数字冰雹信息技术有限公司在数据可视化领域经过十几年的探索与积累沉淀，自主研发了一系列行业领先的可视化技术产品模块，包括可视化引擎 AVE 标准版、可视化引擎 AVE 旗舰版、可视化渲染机/集群、地图服务器、电子沙盘。该平台集软硬件一体，为客户提供大数据可视化分析决策一站式服务。

AVC 可视化渲染机专门用于集群工作模式的控制设备。为多台 AVR 协同工作提供调度管理服务，同时自带触控屏幕，支持一站分发式部署、更新可视化系统程序，一键快速启停集群系统。渲染机及其参数如图 5-8 和图 5-9 所示。

北京炫我科技有限公司成立于 2009 年，一直专注于渲染集群管理软件、渲染集群解决方案和云渲染服务。炫我渲染集群管理软件和渲染集群解决方案已经广泛地应用于影视动漫、数据可视化、动漫基地、电视台等行业。方案在大部分的使用环境下，都可以达到线性加速比，所谓线性加速比，是指 N 台服务器的渲染性能是单台渲染服务器性能的 N 倍，尤其是在渲染集群规模较大的情况下。同时支持 V-Ray 分布式渲染，可以用多台服务器渲染同一张图，渲染时间大幅降低。

图 5-8　数字冰雹 AVC 可视化渲染机

GPU参数	GPU核心频率：1050～1178MHz 流处理器：1664个 单精度浮点运算：每秒2.44万亿次 双精度浮点运算：每秒1400亿次 显存带宽：224GB/s
显示性能	二维同时最大1000批移动目标（24帧/s） 三维同时最大2000批移动目标（24帧/s）
输出参数	4路HDMI/DVI视频输出 单窗口最高分辨率3840×2160
结构特征	19英寸4U机架式，双层铝合金面板
操作系统	专用可视化操作系统DVOS
内置软件	AVE5.0标准版
选装软件	AVE5.0旗舰版

图 5-9　AVC 可视化渲染机参数

武汉能胜科技有限公司主要从事服务器、工作站、影视后期合成编辑设备的定制与销售，并根据客户具体应用需求提供相应的完整系统解决方案。系统在设计上采用高可用性技术、NAS 存储技术、交换机集群技术等手段，实现系统长期稳定、不间断运行，最大限度地满足用户长期使用和管理要求。集群系统架构如图 5-10 所示。

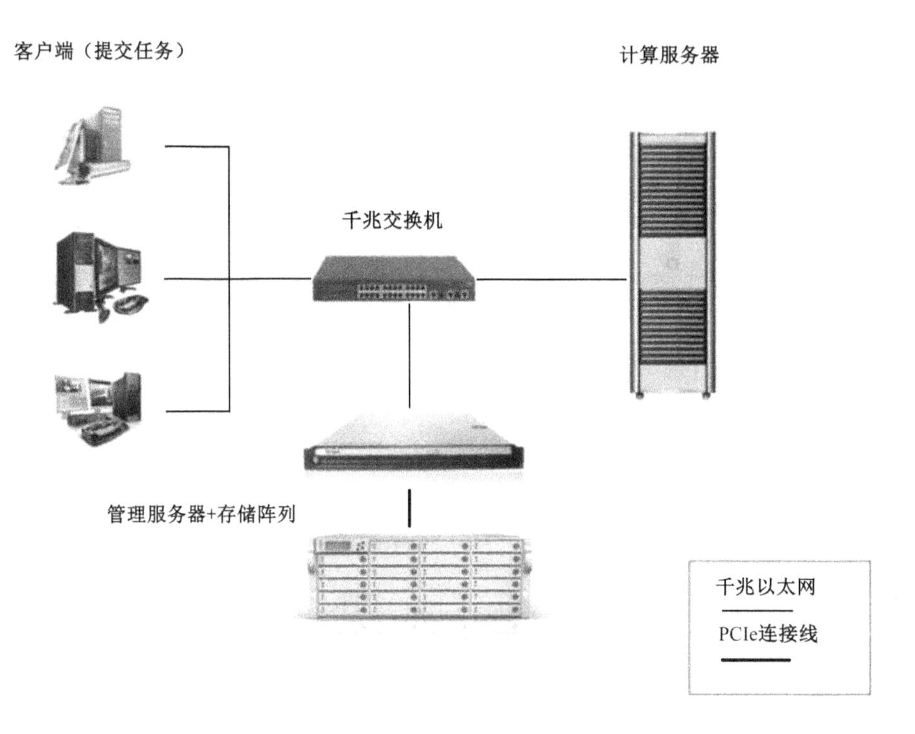

图 5-10 集群系统架构

5.4.6 云渲染

云渲染（Rendering Cloud）的概念源自云计算，是云计算在渲染领域的应用。云渲染是指将由客户端处理的图形渲染转移至服务器端（云端）的技术。云渲染技术的应用，可以使客户端简化，只需要具备显示能力以及网络接入能力，就可以享有顶级的图形处理能力，使同一图形可以呈现在众多终端设备上。对于渲染系统，需要有高性能处理器和高端图形技术，没有顶级图形系统将很难保证渲染的效果。云渲染系统要面对的可能是成千上万用户的渲染请求，对于服务器系统将是巨大的压力，云渲染所需耗用的硬件性能至少要高出云计算数倍至数十倍，这意味着提供云渲染服务的计算系统将非常庞大。同时，对于云渲染系统，用户发出的指令需要及时得到响应，响应速度取决于用户终端与服务器的网络接入性能。对于基础设施好的地区，这样的数据要求可以得以满足。相较于传统的本机渲染，云渲染优势明显，方式灵活。

云渲染系统的组成包括：

（1）图形资源工具。按指定格式输出可视化图形资源的工具，用户可以通过该工具生成可视化图形并提交至渲染云。

（2）渲染云。渲染云由存储服务器、渲染脚本解析服务器、渲染服务器、图形压缩服务器共同组成。用户提交的可视化图形由存储服务器存储，渲染请求经过渲染脚本服务器解析后转换为渲染信息，由渲染服务器获取对应图形进行渲染，产生图像信息提交至图形压缩服务器压缩后，形成最终可视化资源返回给请求者。

（3）终端。终端为渲染请求的提交者和渲染结果的接收者，在需要渲染服务时，终端将向渲染云提交请求，收到可视化渲染结果后，终端将负责最终显示给用户。

阿里云渲染解决方案是基于阿里云超强的计算和海量存储能力，整合视觉行业生态的力量，满足各行业的渲染需求，提供 SAAS、PAAS、IAAS 多层次渲染解决方案，如图 5-11 所示。

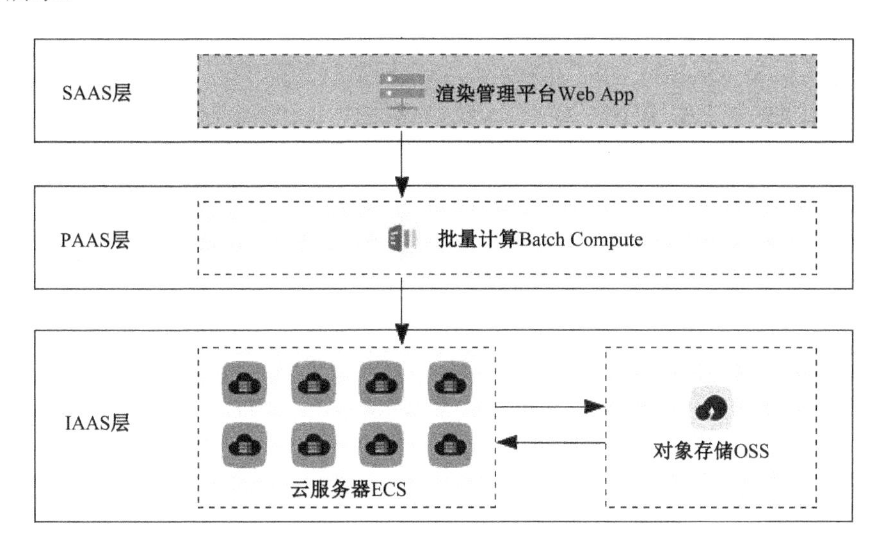

图 5-11 阿里云渲染解决方案

SAAS 层：提供渲染管理 Web 应用，用户将其部署在本地环境或者 ECS 上，就可开始使用，不需要任何程序接入。

PAAS 层：提供批量计算服务 Batch Compute，帮助用户完成海量资源管理，计算任务调度，TB 级数据在大量节点之间共享和并发访问。

IAAS 层：提供基础设施，海量计算资源 ECS 和对象存储 OSS，与用户本地环境类似，方便接入，易于使用。

习题

一、选择题

1. 与大数据密切相关的技术是（ ）。

A. 蓝牙　　B. 云计算　　C. 博弈论　　D.Wifi

2. 大数据应用需依托的新技术有（ ）。

A. 大规模存储与计算　B. 数据分析处理　　C. 智能化　　D. 三个选项都是

3. 将原始数据进行集成、变换、维度规约、数值规约是在（ ）步骤的任务。

A. 频繁模式挖掘　　B. 分类和预测　　C. 数据预处理　　D. 数据流挖掘

4. 某超市研究销售纪录数据后发现，买啤酒的人很大概率也会购买尿布，这种属于数据挖掘的（ ）问题。

A. 关联规则发现　　B. 聚类　　C. 分类　　D. 自然语言处理

5. 当不知道数据所带标签时，可以使用（　　）技术促使带同类标签的数据与带其他标签的数据相分离。

A. 分类　　B. 聚类　　C. 关联分析　　D. 隐马尔可夫链

6. 下面（　　）属于映射数据到新的空间的方法。

A. 傅里叶变换　　B. 特征加权　　C. 渐进抽样　　D. 维归约

7. 下列（　　）不是专门用于可视化时间空间数据的技术。

A. 等高线图　　B. 饼图　　C. 曲面图　　D. 矢量场图

8. 可用作数据挖掘分析中的关联规则算法有（　　）。

A. 决策树、对数回归、关联模式　　B. K 均值法、SOM 神经网络

C. Apriori 算法、FP-Tree 算法　　D. RBF 神经网络、K 均值法、决策树

9. 用于分类与回归应用的主要算法有（　　）。

A. Apriori 算法、HotSpot 算法　　B. RBF 神经网络、K 均值法、决策树

C. K 均值法、SOM 神经网络　　D. 决策树、BP 神经网络、贝叶斯

10. 在基本 K 均值算法里，当邻近度函数采用（　　）时，合适的质心是簇中各点的中位数。

A. 曼哈顿距离　　B. 平方欧几里得距离　　C. 余弦距离　　D. Bregman 散度

二、简答题

1. 描述大数据 3 个内涵特征是什么，简述大数据内涵的数据特征。
2. 简述总体大数据参考架构。
3. 大数据核心技术有哪些，对大数据参考框架，应该重点关注哪两类问题？
4. 大数据可视化关键技术有哪些？
5. 大数据渲染包括哪些内容，大数据渲染主要技术原理有哪些？
6. 大数据渲染关键技术有哪些，大数据渲染与传统渲染相比有何特点？
7. 大数据渲染有哪些方法，举几个大数据渲染的经典案例。
8. 大数据渲染的工作流程如何？
9. 大数据可视化与渲染的关系如何？

参考文献

[1] 全国信息技术标准化技术委员会大数据标准工作组，中国电子技术标准化研究院. 2016 大数据标准化白皮书[R]. 2016.

[2] 朝乐门. 数据科学[M]. 北京：清华大学出版社，2016.

[3] 刘鹏，张燕，张重生，等. 大数据[M]. 北京：电子工业出版社，2017.

第6章　可视化交互

信息开始只是一条粗糙的原始数据。图表的出现是一大进步，是图形化的开始，其目标是让人们更易于理解抽象数据。随着技术的进步、网络的发展，各种复杂的图形不断出现，它们能够呈现更多的信息，有助于帮助人们分析、发现信息中隐含的问题。而实时的、动态的交互式视觉可视化形式，更加增强了人们对信息的分析和处理的能力。人们可以通过交互操作，能够自主地对信息进行过滤、筛选，采用合适的方式来浏览信息，并发现规律，寻找解决问题的方法。其中主要表现在下面几个方面：

（1）数据规模。数据较大时，人和显示设备的局限性导致无法一次性显示所有数据信息。另外，一副静态的图像只能显示数据一部分特征，这就需要一定的交互手段支持选择不同的区域、显示的信息及显示的方式等。交互能让用户更好地参与数据的理解和分析，随着计算机不断的演进发展和呈现的视觉冲击，可视化交互成为可能。

（2）复杂性。数据来自不同领域，不同领域的数据的关键特征需要来自不同学科的定义，一些特征并没有严格的数学定义，例如计算流体力学中的涡、湍流。另外，有些数据特征依赖于专业人士的知识与经验积累，这就需要为用户提供交互手段以反映用户的意图，将人与机器的优势结合在一起。

（3）认知。人对数据的认知问题不容忽视。例如，一般可视化的结果是通过屏幕显示的二维图片，丢失了重要的深度信息，导致用户观察三维数据结构变得不直观，容易产生认知错误。这就需要交互手段支持用户从任意角度观察数据，形成准确的认识，从而进一步分析数据。

可视化利用计算机将数据转换成可交互的图形化表示。就其本质而言，可视化主要包括显示和交互两个部分。为了突出交互的相关技术与可视化的关系，并且与人机交互等相关学科区分开来，通常称为交互式可视化，因与可视分析有着密切的关系，又称之为交互可视分析。交互式可视化是研究人如何与可视化结果进行交互，以及如何使交互过程更加高效的相关技术。

一直以来，可视化交互被广泛认为是科学可视化主要的研究问题之一。随着数值规模的不断增大、交互设备的日新月异、可视化需求的日益增高，交互式可视化技术面临新的挑战，已逐渐成为科学可视化领域研究的热点。

6.1　可视化交互方法分类

可视化交互研究属于可视化与人机交互的交叉领域。先进、自然、友好的交互方法允许使用者更快捷地与可视化系统交换信息和传递指令，更自然地体验可视化的效果。交互方法五花八门，而一个良好的交互方法通常有一个特定的视图设计，这大大提高了可视化显示信息，支持研究和假设验证的能力。

数据可视化系统中的两个核心要素——视觉呈现和交互是密不可分的，其交互性技术的功能是促进用户与系统之间的信息交流，主要分为 5 类：平移+缩放技术、动态过滤技术、概览+细节技术、焦点+上下文技术、多视图关联协调技术。

6.1.1 平移和缩放技术

可缩放用户界面（Zoomable User Interfaces，ZUI）最早源于对 PAD 及 PAD++的研究。Furnas 等又将 ZUI 称为多尺度用户界面（Multi-Scale Interfaces），将尺度（Scale）的层次与信息呈现的内容联系起来，如图 6-1 所示。Bederson 等对可缩放用户界面的定义为：它是一种使用空间和尺度组织信息，将平移（Panning）与缩放（Zooming）作为主要交互技术的图形用户界面。各种信息对象的外观随着尺度的大小进行语义缩放（Semantic Zooming），不仅仅作单纯的几何形状缩放，尺度决定了空间对象的外观所显示内容的详细程度，如图 6-2 所示。ZUI 系统主要包括 PAD++、KidPad、MuSE、图形浏览器、JAZZ、Piccolo 等。

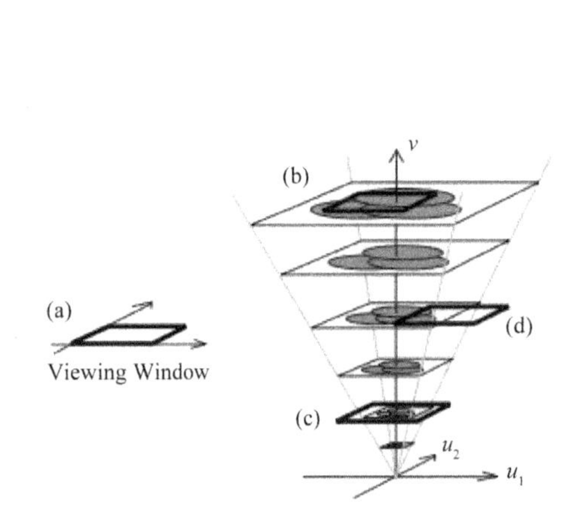

图 6-1　多尺度用户界面

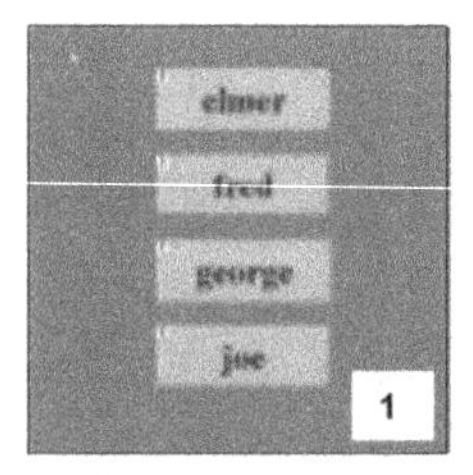

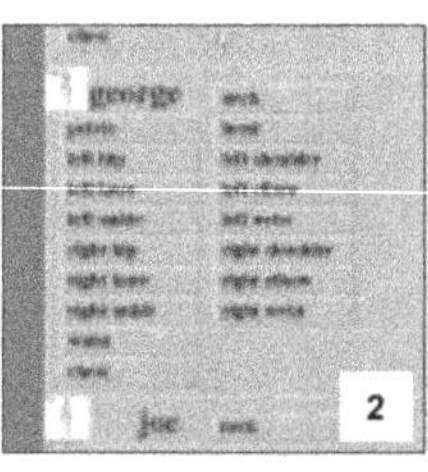

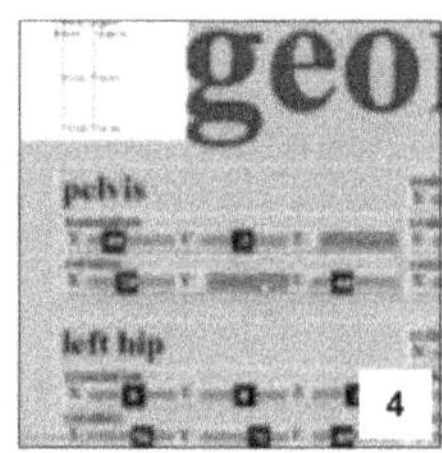

图 6-2　语义缩放

平移与缩放操作由鼠标与键盘作为主要交互设备进行控制，平移用于改变信息空间的位置，缩放用于改变信息空间的比例。鼠标、键盘的输入与平移、缩放与输出的关系分为线性相关与非线性相关两种。非线性平移与缩放技术主要包括以下三种形式。

1．目标导向的缩放

用户可根据任务目标对不同尺度层次对象的信息密度进行预定义，当浏览过程中选择该对象时自动缩放至目标尺寸，并平移至显示区的中央，以提高用户任务完成时间效率。

2．平移与缩放相结合

平移同时自动缩放的技术主要针对大型信息空间的探索。一种方法是平移的同时根据平移的速度自动缩放，平移的速度越快则对象缩放得越小。例如，Igarashi 针对一维大规模信息空间的目标获取问题，提出了基于滚动速度的自动缩放技术。如图 6-3 所示，在浏览一维大规模信息空间如文档时，文档的缩放比例随滚动速度而自动变化，则滚动速度越快，文档缩放得越小，用户对文档滚动的感知速度趋于恒定。另一种方法是使用滚动条平移的同时不断连续放大缩放的比例，当鼠标离开滚动条时尺度随之减小。例如，Appert 针对一维大规模信息空间的目标获取问题，提出了正交缩放滚动条技术，如图 6-4 所示，当用户拖动滚动条时，由滚动条旁标出的刻度可见，缩放的尺度不断连续进行改变，尺度不断放大，显示的内容趋于详细；当用户将鼠标远离滚动条时，尺度随之自动减小。

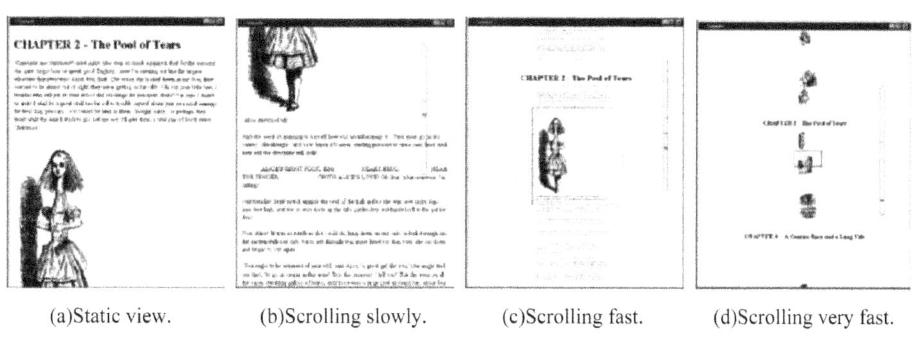

(a)Static view.　(b)Scrolling slowly.　(c)Scrolling fast.　(d)Scrolling very fast.

图 6-3　与速度相关的自动缩放

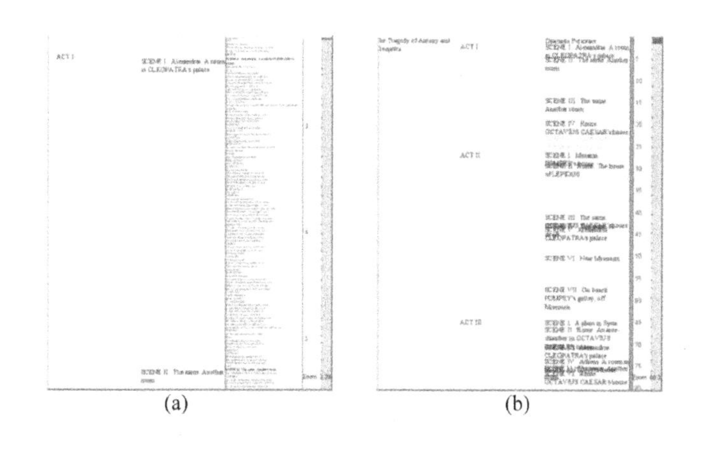

(a)　(b)

图 6-4　使用滚动条进行多尺度导航

3. 自动缩放

在对象上单击一次导致对象自动缩放至该对象的中心。在缩放过程中，通常使用两种改变尺度的方式：一种是离散型缩放，该方式中尺度的改变过程不够平滑；另一种是连续型缩放，该方式中尺度的改变是平滑的。

6.1.2　动态过滤技术

在数据不断量化的时代，人们对数据信息量的检索与查询的需求也日益扩大，但是浏览庞大的数据却是一项巨大的工程。因此，交互过滤技术慢慢走进人们的视线，在筛选数据时可以实现可视化并过滤，以更加直观的方式展示数据。

过滤实际上是一个快速筛选、获取信息的过程，指通过设置约束条件实现信息查询，当然，这也是日常生活中常见的获取信息方法。例如，在搜索引擎中键入关键词查询如时间、位置等，然后，搜索引擎从所有网页中选出相关的页面提供给用户。Shneiderman 对动态过滤的定义是：动态过滤描述了用户对于可视化查询参数的交互控制，通过交互控制对数据库的搜索结果进行快速（每 100ms 刷新）、动态、可视化的显示。使用动态过滤的用户界面称为动态过滤用户界面，通过可视化的信息呈现，并且基于直接操纵原理提供用户动态交互控制，可以更加高效地探索、理解大规模的数据空间。动态过滤依赖于全局可视化视图、强有力的过滤工具、信息的连续可视化显示、以单击代替键入的交互方式，以及快速、增量式、可回溯的查询控制。在用户调整滑动条或选择按钮的同时，查询结果以每 100ms 刷新一次的速度持续更新，使用户能够快速进行模式识别和知识发现。Shneiderman 指出，动态过滤技术之所以相对传统数据库命令行查询技术具有优势，主要由于采用了如下的直接操纵策略：查询组件的可视化；查询结果的可视化；快速、持续增量式、可逆转的交互行为；通过单击来选择，而不是键入命令行；直接和连续的反馈。动态过滤技术主要包括可视滑动条技术、透镜技术、动态直方图技术等。

6.1.3 概览和细节技术

概览+细节（Overview+Detail）的基本思想是在资源有限的条件下同时显示整体与细节。概览是指不需要做任何操作，在一个视图上可以集中显示所有的对象。细节是突出用户需要的重点部分进行展示。概览+细节的用户交互模式指既显示全局概览，又将细节部分在相邻视图上或者本视图的侧面进行展示，其好处在于非常符合用户探索数据的行为方式（见图 6-5 和图 6-6）。概览为用户提供了一个整体印象，使得其对数据的结构等全局信息有大体的判断。这个过程一般在数据探索的开始阶段，不仅可以引导用户深度挖掘的方向，而且用户可以深入获取更多细节。Card 等对概览+细节技术的定义是：它同时使用概览和细节两种视图，概览视图提供整个信息空间的整体视图并且提供细节视图的上下文联系，充当改变细节视图的导航与控制部件；细节视图用于全局视图中选定区域的放大或聚焦以显示其详细的细节信息。Plaisant 等则将其称为 Overview+Detail 界面（Overview+Detail Interfaces），而且研究开发了个人历史信息可视化系统 LifeLines。Overview 窗口中以时间轴上不同颜色和大小的矩形显示了关于医疗、教育等各方面的历史事件信息，右侧 Detail 窗口显示了选中事件的详细信息。Kumar 等将动态过滤与裁剪技术引入大规模多层次树结构信息的浏览与搜索问题，开发了动态过滤可裁剪树浏览器 PDQ Tree。Overview+Detail 技术易于实现与理解，能够提高用户满意度和信息搜索效率。

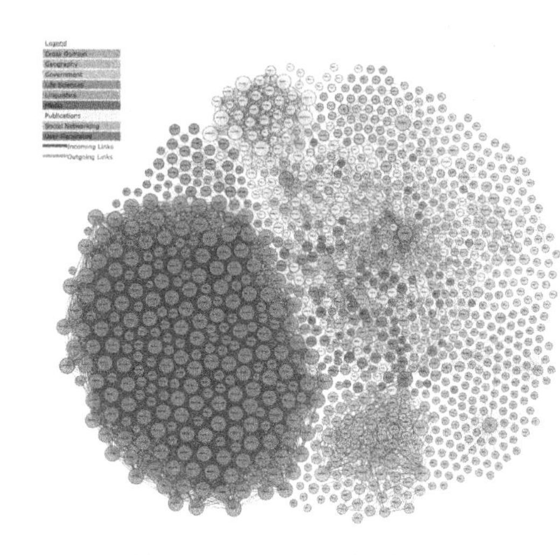

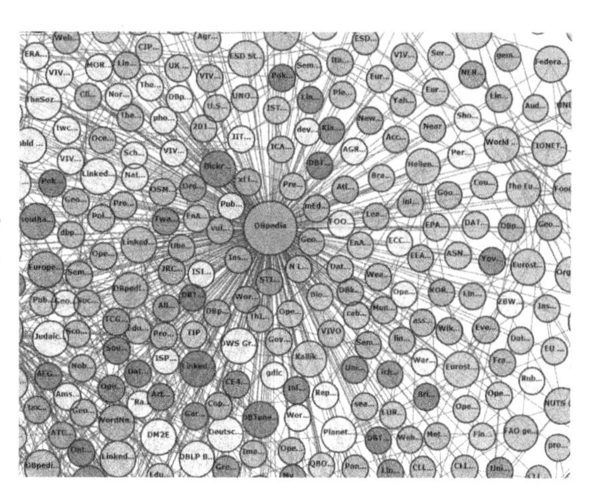

图 6-5　LoD 项目云概览图

图 6-6　LoD 项目云的细节图

6.1.4　焦点和上下文技术

使用平移+缩放技术浏览数据时，由于屏幕空间限制，用户只能看到数据的一部分，容易造成导向的缺失，即用户不知道往何处继续浏览。概览+细节技术为用户提供了数据全局和细节的信息，即附加全局的指导性信息。而在任何时刻一个视图中只能显示一个细节尺度的可视化，用户必须依靠场景的转换或多个视图查看不同尺度下的可视化，不仅浪费时间而且会造成视觉疲劳。因此，另外一种方法应运而生。焦点+上下文技术是在同一视图上提供选中的数据子集的上下文信息，致力于显示用户兴趣焦点部分的细节信息，同时展示焦点与周边的关系关联，即整合了当前聚焦点的细节信息与全局部分的上下文信息。

焦点+上下文技术的一个研究动机源于 Bertin、Larkin 和 Simon 的以下发现：当信息空间被划分为两个显示区域时，在探索信息时用户注意力与工作记忆的频繁切换会导致效率的降低，因此焦点+上下文技术能够有效降低人的认知负担。另一个研究动机源于 Furnas 提出的鱼眼视图的概念，将用户关注的焦点信息（Focus）与概览视图上下文（Context）同时显示在一个显示区内，通过建立关注度函数对信息空间各个对象进行变形处理，将焦点信息放大，焦点周围的上下文信息逐渐缩小。通过用户对关注度的定义，能够有效提高对视图信息搜索的效率。其中变形技术是焦点+上下文的一个大类，这类技术通过对可视化生成图像或对可视化结构进行变形，达到视图局部细节尺度不同的效果。其中广泛使用的两种技术为双焦视图和鱼眼视图。

双焦视图是一种在平面上采用变形或者抽象方式，压缩显示空间以突出关注重点同时保持上下文信息的技术。

鱼眼视图则模仿了摄影中鱼眼的镜头，如图 6-7 所示。鱼眼镜头是一种广角镜头，拍摄效果近似于将图像径向扭曲。

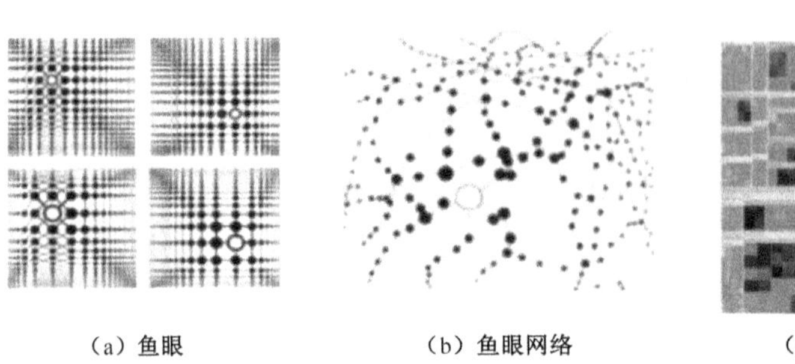

（a）鱼眼　（b）鱼眼网络　（c）多焦点鱼眼Treemaps

图 6-7　鱼眼视图

6.1.5　多视图关联协调技术

Baldonado 等指出，用户在对某一个目标信息概念实体进行可视化分析时，往往需要将该概念实体看作一个信息多面体，将目标信息概念实体分解为具有关联的多个信息侧面（Facet），每个信息侧面表示与目标信息概念实体相关的不同的信息或其不同方面，每个信息侧面通过一种可视化技术呈现于一个视图中，通过多个具有语义关联的视图，为目标概念实体的分析提供具有语义关联的多角度支持，此种技术称为多视图关联协调技术，使用此种技术的用户界面称为关联多视图用户界面，能够改善用户对可视化信息的认知。

Visage 是一个支持多视图关联协调的信息可视化系统，通过将图形元素在视图间直接进行拖放来对视图进行刷新，强调对于用户界面中任何粒度的图形元素所表示信息的直接操纵，如图 6-8（a）所示。DEVise 使用多视图协调技术对关系数据库进行可视化，但是仅支持基于二维轴的可视化技术。Snap-Together 基于关系数据模型提出了支持

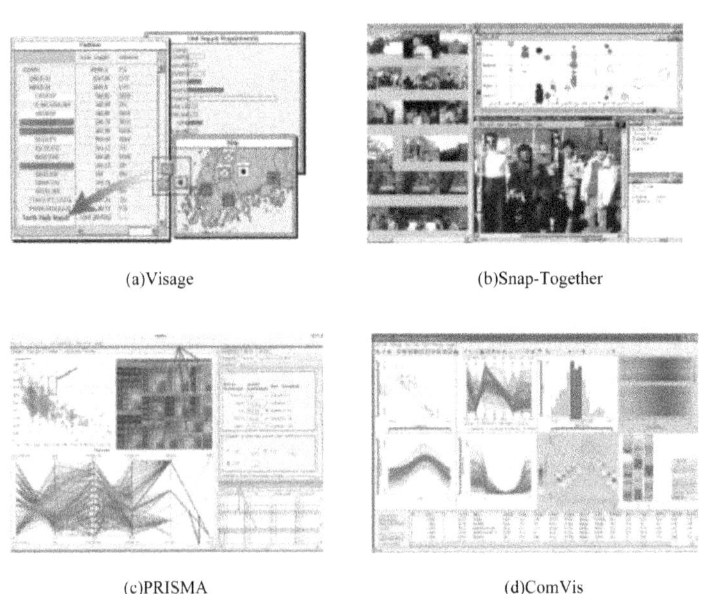

(a)Visage　(b)Snap-Together

(c)PRISMA　(d)ComVis

图 6-8　多视图关联协调技术

多视图协调技术的用户界面模型，建立了关系数据与视图的映射，通过关系数据间的关联对多个视图进行关联刷新，如图 6-8（b）所示。GeoVISTA 使用多视图协调机制主要用于二维地理信息的可视化。PRISMA 围绕着信息可视化任务，基于多视图协调技术主要针对多维信息进行交互分析，提供了对 Treemaps、Scatterplot、Parallel coordinates 等多种可视化图形元素之间的关联，如图 6-8（c）所示。ComVis 是一个支持多视图协调技术的系统，主要面向研究人员，支持原型系统的快速开发。ComVis 通过建立数据模型间的关联，提供了对包含各种可视化技术的多视图之间的交互刷新的支持，如图 6-8（d）所示。

6.2 可视化交互空间

数据与信息可视化中的交互空间用来修改用户看到的和怎么看的内容。

6.2.1 可视化交互空间查询

从信息表达的角度来看，交互可视化空间查询是通过可视化手段，在可视化界面上集中展示空间查询的要素及相互关系。用户通过对界面要素的选取、配置及调整等交互操作，实现空间实体和属性信息的快速检索。可视化交互界面主要查询以下要素。

（1）空间关系：空间实体间的各种关联关系，如拓扑、距离、方位和顺序等关系。

（2）空间分布：空间对象间的位置分布及分布模式等。

（3）空间查询：通过布尔逻辑运算符连接可视化空间查询逻辑表达式，组成结构化查询语句（SQL）或面向空间数据的扩展结构化语言。

（4）空间查询结果：可视化交互查询结果有多种形式，按照查询的方式可分成 3 种（见图 6-9），具体如下：

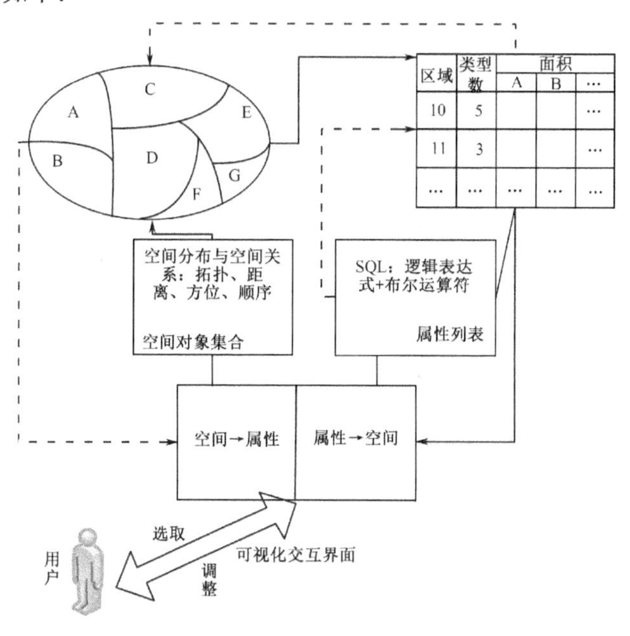

图 6-9　交互可视化空间查询

①空间→属性查询，查询结果为满足查询条件的属性信息，通常以属性列表的形式反馈给用户。

②属性→空间查询，查询结果为满足查询条件的空间对象集合，通常以高亮来显示地理图层中匹配的点、线、弧和多边形实体（矢量结构）集合或像素（栅格结构）集合。

③空间属性联合查询，查询结果既可以是满足条件的属性列表，也可以是图层中满足条件的空间要素集合，或者是上述两者的组合。

在查询过程中，可视化交互界面是用户与系统交互的纽带，也是各种查询要素的载体。该界面由两部分组成，分别承载空间→属性和属性→空间的各种查询要素，由于涉及空间位置和空间关系，可视化交互界面通常以 GIS 视图为基础、以 GIS 的二次开发来实现。

6.2.2 可视化交互空间分析

空间分析是一种基于地理对象位置和形态特征的空间数据分析技术，旨在提取和传输空间信息，是 GIS 的核心功能，主要用于区别一般信息系统的功能特征。可视化交互空间分析是通过可视化交互界面进行人机交互，在进行实体对象选择、转换和分析的过程中，添加用户的判断、推理等智力因素，并通过缩放、过滤、高亮与关联等可视化交互方法实现数据的操纵与信息的表达，有时也可采用焦点变换、色彩调整和动态序列表达等可视化技巧增加表达的直观性和生动性，最后通过界面将空间分析的中间过程和最终结果反馈给用户。图 6-10 给出了一个交互式可视化空间分析框架，具体过程如下：

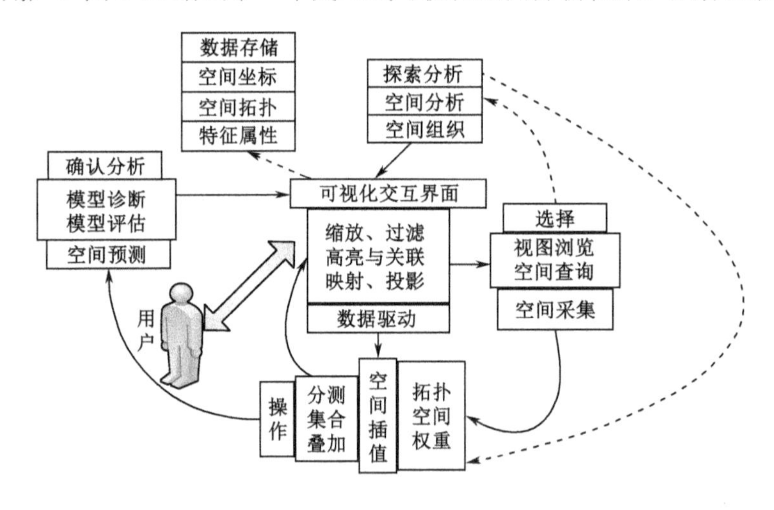

图 6-10　交互可视化空间分析框架

（1）连接数据源。用户通过可视化交互界面进入空间分析系统，采用数据驱动模块交互地配置数据源并进行连接，将空间位置、拓扑关系或属性信息呈现在图层或图形用户接口（GUI）上。

（2）选择空间分析实体。用户通过观察，可以采用多种交互方法进行浏览、查询或采样，选中的实体将作为后续分析的对象。

（3）对对象进行操作。操作是将选中的实体转换为更有意义的形式，以进一步提取隐含的信息，包括分割、聚合、叠加和空间插值等转换操作，如生成一个多边形要素的缓冲区、将两个多边形要素进行合并，操作的过程始终保持空间数据的变换与属性数据同步。变换的结果输出到可视化交互界面以反馈给用户。

（4）对对象进行探索和确认分析。探索分析是一种数据驱动的分析方法，它不预设数据的规律和特征，而是试探性地、一步一步地完成分析过程，逐步理解数据并找到规律。探索分析可以用来描述空间分布、发现空间关联模式、提出可用的空间结构。确认分析是一种模型驱动的分析方法，它用经典的数学模型进行模拟和趋势性预测。操作与确认分析的结果也经可视化交互界面反馈给用户。

6.2.3 交互空间分类

交互操作符有助于在交互过程中澄清参数的作用及在不同空间的语义。交互操作数据是操作员所应用空间的一部分，确定交互操作的结果需要知道在什么空间会发生交互。换句话说，当用户单击屏幕上的位置或位置集时，他/她希望显示的实体很可能包括像素、数据值或映射到位置的记录，甚至在该位置附近的可视化结构（如轴）的组成部分。本节主要介绍几个不同类别相互作用的空间。

1. 屏幕空间（像素）

在屏幕空间中的导航通常包括一些动作，如平移、缩放和旋转。在每一种情况下，均不使用新的数据，过程中包括像素级的操作，如变换、采样和复制。其中，像素级的选择是指在操作结束时每个像素被划分到选定类还是未选定类，选择可以在单个像素、矩形或圆的像素或用户指定的任意形状区域进行，也可以是在连续的或不连续的区域进行。

2. 数据值空间（多元数据值）

数据值空间是进行过滤的最明显的空间。当对非常大的数据集进行可视化时，首先减少数据，将数据限定到数据空间的特定区域。对于空间数据，类似于裁剪掉可视区之外的数据；对于非空间数据，消减掉一些记录或维度。例如，采样可以用来检验一个具有代表性的子集的大型数据仓库的可视化，避免在检索所有有用模式时过于混乱；还可以对维度进行筛选，以允许用户检查具有相似特性的维度的子集或从相关维度中选择有代表性的簇。

3. 数据结构空间（数据组织的组成）

数据可以有多种方式构造，如列表、表格、网格、层次结构和图形。对于每一个结构，可以设计互动机制，以指示哪些部分的结构可以被操作，以及如何展示这种操作。数据结构空间中的导航包括根据结构如何移动视图说明，如显示记录的时序组，或向下/向上移动层次结构（如下钻和上卷操作）。例如，图 6-11 显示了屏幕空间缩放（含像素复制）和数据结构空间缩放（含更详细数据的检索）之间的差异。Resnic 等人提出一种技术，即通过在规则网格结构中指定一个焦点、范围和密度进行数据子集的选择，其中密度可以从焦点的距离计算得到。

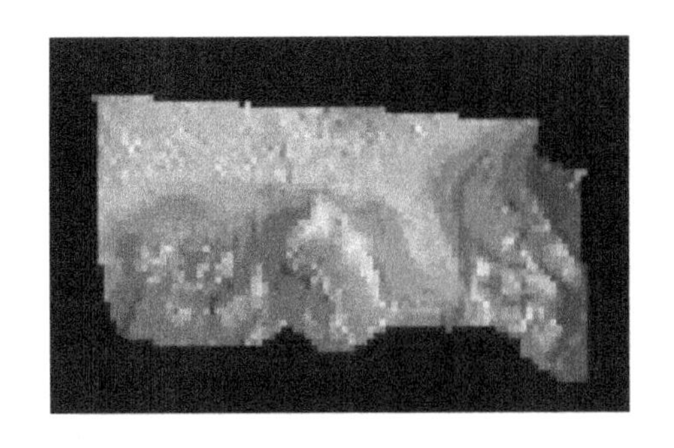

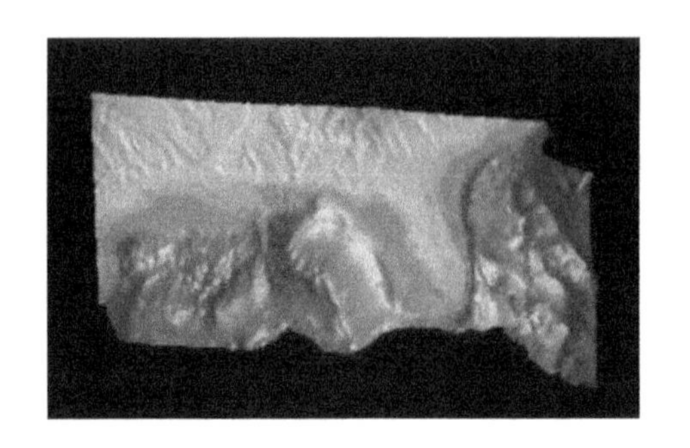

图 6-11　屏幕空间缩放和数据结构空间缩放的对比

4. 属性空间（图形实体组件）

属性空间导航类似于数据值空间。平移涉及转移感兴趣值的范围，而缩放可以通过缩放属性或扩大感兴趣的值的范围来完成。在值驱动的数据选择时，属性空间选择需要用户指明给定的属性感兴趣区域。例如，在一个彩色图的可视化描述中，用户可以选择一个或多个条目来突出显示。同样，如果数据记录具有诸如质量或不确定性之类的属性，则这些属性的可视化表示，允许用户采用适当的交互技术，根据属性过滤或强调其中某些数据。映射通常是在属性空间中完成，可选择不同的属性范围用于数据图形映射，或选择由数据控制不同的属性。例如，在 GlyphMaker 系统中，用户可以从一系列可能的图形属性中选择一个给定的数据维度进行映射。许多可视化工具与特定的应用领域兼容，提供预定义颜色表用于可视化、一些感性设计等。

5. 对象空间（三维曲面）

在这些显示中，数据映射到一个几何对象，该对象（或其投影）可以发生相互作用和转换。对象空间中的导航通常包括移动物体和观察被映射数据的表面。系统一般支持对象空间的全局视图及特写镜头，为了使用户能够更迅速的发现更好的视图，特写镜头可能会受到一些限制。对象空间重映射的一个经典例子就是，由被映射数据组成的变化的对象，如地理数据在平面和球面之间映射的切换。

6. 可视化结构空间

可视化结构空间由相对独立的值、属性和数据结构组成。例如，网格内绘制的散点图矩阵和在许多可视化类型中显示的轴，是每个可视化结构的组件，并可以作为互动的焦点。

6.3　可视化交互模型

信息可视化于 20 世纪 90 年代被提出，主要是对抽象数据进行可视化，如人口统计数据、人体健康数据、多媒体数据等，通过可视化交互界面的使用，对用户与信息进行交互，并描述用户与系统协作完成任务，在互动过程中各自的角色与关系、承担的任务，以及相互之间的消息反馈与影响。信息可视化有很多方向，本节主要讨论两个方向，即多媒体/富媒体数据的可视化交互和数据库及数据仓库的可视化交互。在本节介绍的 5 种模型中，交互式信息可视化的用户界面模型（IIVM）、支持信息多面体可视分析界面模型（IMFA）属于多媒体/富媒体数据的可视化交互模型，交互式可视化的关联规则挖掘模型、基于 Web 的交互式的数据可视化模型、基于交互技术的知识可视化模型属于数据库及数据仓库的可视化交互模型。

6.3.1　交互式信息可视化的用户界面模型

IIVM 是由 Puerta 提出的基于模型的界面开发通用框架中的界面模型，能够有效地描述具有个性化用户界面的交互式信息可视化系统。Puerta 指出在基于界面模型的软件开发方法中，完备的用户界面模型主要描述 6 个组成元素，即任务、用户、领域对象、表征、对话及映射关系。其中任务、用户及领域对象属于界面模型的抽象组成元素，表征、对话属于界面模型的具体组成元素，具体组成元素构成可运行的用户界面，界面模型驱动的软件开发即界面模型中的抽象组成元素与具体组成元素之间的映射问题。如图 6-12 所示，它由一系列模型与映射关系组成，主要包括信息模型（Information Model，IM）、任务模型（Task Model，TM）、用户模型（User Model，UM）、可视化表征模型（Visual Presentation Model，VM）、对话模型（Dialog Model，DM）。IM 对应着上述完备界面模型中的领域对象模型，用于对领域应用中的信息及统一的数据模型进行描述。信息被描述为一系列信息概念实体，每个信息概念实体包含多个信息侧面及关联。每个信息侧面被描述为数据节点和关联的集合，作为层次、网络、多维等数据的统一数据模型。IM 是对信息可视化参考模型中数据表（Data Tables）的扩展。TM 对领域应用中的交互任务进行描述。交互任务被描述为一系列原子任务的序列集合，用于对主要交互任务即总览、缩放、过滤、详细细节、关联等进行描述。UM 对领域应用中具有不同信息需求的用户角色进行描述，作为交互式信息可视化的个性化用户界面的支撑。VM 对界面中 3 种类型的可视化表征元素进行描述，包括对视图容器、可视结构（Visual structure）、交互控件（动态过滤条和视觉属性图例）的描述，VM 是对信息可视化参考模型中可视结构与视图（views）的扩展。DM 对用户在完成任务时与可视化表征之间的交互方式（鼠标拖放、键盘按键等）进行描述。

VM 和 DM 描述的是用户最终可以直接访问的可运行界面，即界面模型的具体组成元素，称为实体模型（Entity Models）。IM、TM 及 UM 描述的是用户通过 VM 和 DM 间接访问的界面，即界面模型的抽象组成元素，称为概念模型（Conceptual Models）。例如，当用户拖动（DM）动态过滤条对 ScatterPlot 图（VM）进行直接地交互操作时，用户是通过 ScatterPlot 图形节点的变化间接访问图形所表征的信息（IM），并且通过动态过滤条的鼠标拖动这一对话方式间接完成过滤任务（TM）。IIVM 所描述的问题即：对于给定用户 u、信息 i 与任务 t，找到对应的界面可视化表征 v 和交互对话方式 d，使用户 u 可以直接通过可视化表征 v 和交互对话方式 d 来完成对信息 i 的任务 t。即概念模型到实体模型的 C-E 映射问题（C-E Mapping）。如图 6-12 所示，为了对 C-E 映射问题进行描述，首先对 UM-IM 映射（U-I Mapping）、IM-TM 映射（I-T Mapping）、IM-VM 映射（I-V Mapping）、TM-VM 映射（T-V Mapping）、TM-DM 映射（T-D Mapping）、VM-DM 映射（V-D Mapping）进行描述。UM-IM 映射用于对领域应用中不同用户角色

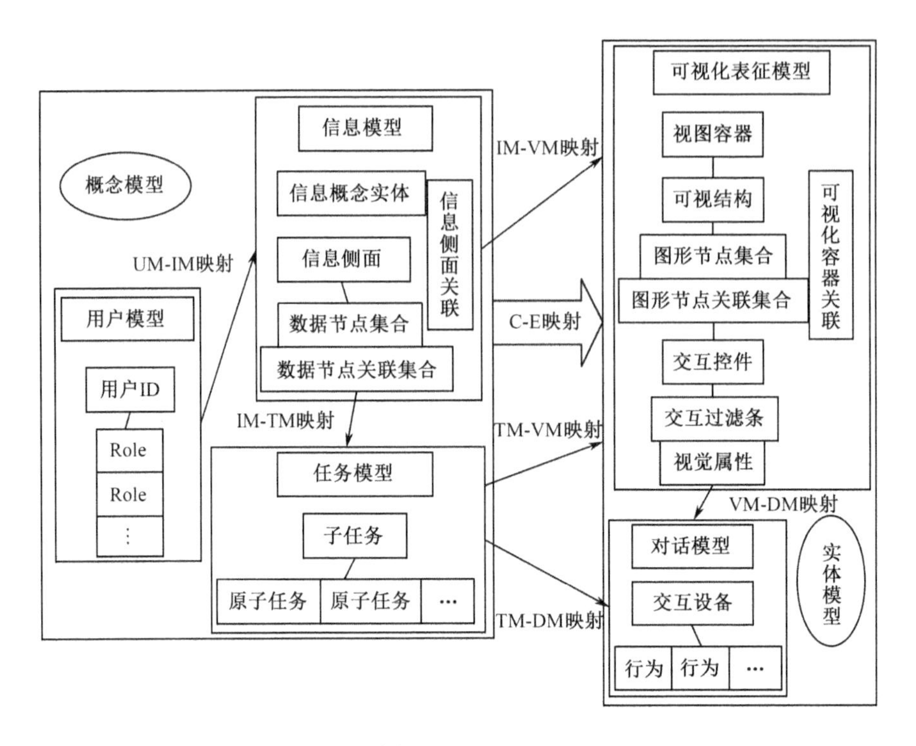

图 6-12　IIVM

可访问的信息进行描述。IM-TM 映射用于描述各个信息侧面需要的交互任务。IM-VM 映射用于描述信息模型与三类可视化表征的映射。TM-VM 映射用于描述交互任务中包含的可视化表征。TM-DM 映射用于描述交互任务对应的物理交互设备对话方式。VM-DM 映射用于对可视化表征可接收的物理交互设备对话方式进行描述。在 C-E 映射中，存在两类映射约束问题。一类是 IM-VM 映射中的布局算法约束，即布局算法类型对空间基映射与图形节点视觉属性映射的约束；另一类是 TM-VM 映射与 TM-DM 映射中的原子任务唯一性约束。

IIVM 组成元素包括领域信息模型、可视化表征模型、任务模型、用户模型、对话模型等，其中：

（1）领域信息模型（IM）由领域信息概念实体集合组成。每个信息概念实体作为一个信息多面体，由具有关联关系的信息侧面组成。每个信息侧面由数据节点集合及数据节点关联集合组成，对层次、网络、多维等数据进行统一描述。

（2）可视化表征模型（VM）对界面中三种类型的可视化表征元素进行描述，主要包括可视结构、视图容器及关联、交互控件，如动态过滤条、视觉属性图例等。将 Card 等定义的可视结构中的图形标记分为图形节点与图形节点关联两种类型，从而可以为信息模型与可视化表征模型之间的映射提供支撑。根据 Bertin 提出的视网膜变量，取常用的形状、颜色、大小、方向、纹理等作为图形节点的视觉属性。

（3）任务模型（TM）对子任务集合、子任务的原子任务组成及序列进行描述，用于对各种信息可视化任务描述。

（4）用户模型（UM）对领域应用中的用户标识及角色分类进行描述。

（5）对话模型（DM）对物理交互设备的交互行为进行描述。

映射关系描述包括 UM-IM 映射、IM-TM 映射、IM-VM 映射、TM-VM 映射、TM-DM 映射、VM-DM 映射等。

（1）UM-IM 映射（见图 6-13）是描述用户模型与信息模型的映射 fUI，是不同用户角色可访问的信息概念实体集合。

（2）IM-TM 映射（见图 6-14）是描述信息模型与任务模型的映射 fIT，是各个信息侧面对应的交互式信息可视化任务集合。

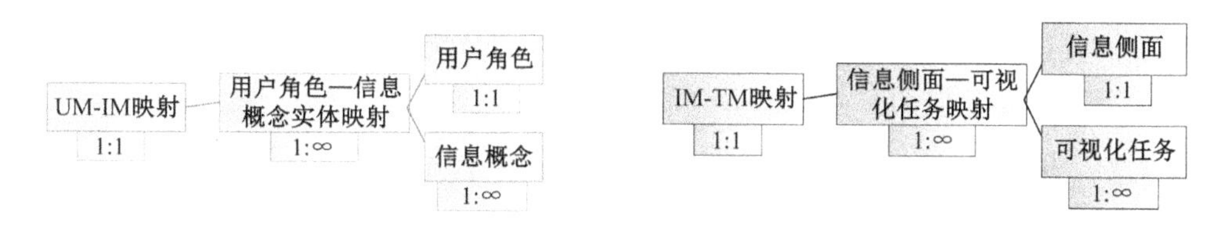

图 6-13 UM-IM 映射的 XML 模式　　图 6-14 IM-TM 映射的 XML 模式

（3）IM-VM 映射是描述信息模型与可视化表征模型的映射，共包括 3 个子映射 fIV1、fIV2 及 fIV3。fIV1 是描述信息概念实体与视图容器及关联集合的映射；fIV2 是描述信息侧面与可视结构的映射，包括信息侧面与可视结构中图形节点的布局映射、空间基映射及图形节点的视觉属性的映射三个子映射；fIV3 是描述数据节点属性与交互控件的映射，包括数据节点属性与动态过滤条及视觉属性图例的映射两个见子映射。

（4）TM-VM 映射（见图 6-15）是描述任务模型与可视化表征模型的映射 fTV，是任务模型中的原子任务与可视化表征模型中的可视化表征元素类型（可视结构图形节点、视图容器、动态过滤条、视觉属性图例等）的映射关系。

（5）TM-DM 映射（见图 6-16）是描述任务模型与对话模型的映射 fTD，是各个原子任务对应的物理交互设备的交互行为。

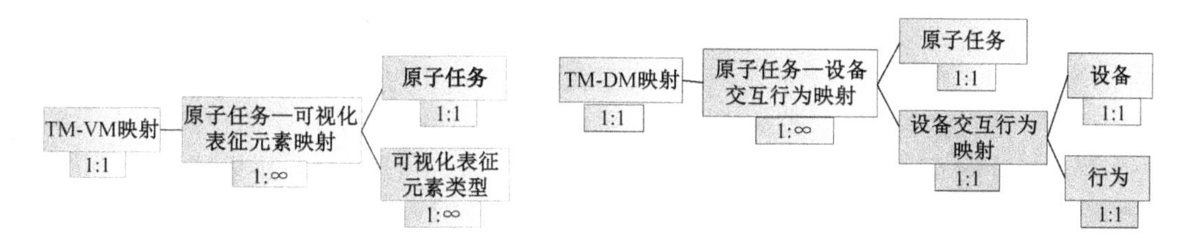

图 6-15 TM-VM 映射的 XML 模式　　图 6-16 TM-DM 映射的 XML 模式

（6）VM-DM 映射（见图 6-17）是描述可视化表征模型与对话模型的映射 fVD，是可视表征中的图形节点、视图容器、动态过滤条、视觉属性图例等可视化表征元素可进行的交互行为。

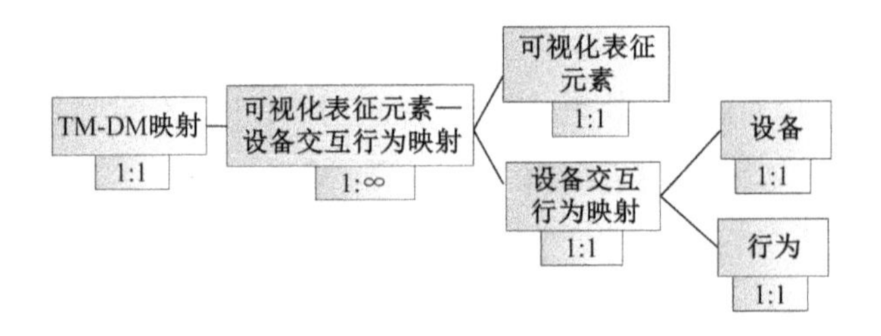

图 6-17　VM-DM 映射的 XML 模式

在概念模型与实体模型间的映射关系中，存在两类映射约束：一类是 IM-VM 映射中 fIV2 产生的布局约束，即布局映射对空间基映射与图形节点视觉属性映射的约束；另一类是 TM-VM 映射 fTV 与 TM-DM 映射 fTD 中的原子任务唯一性约束。

6.3.2　支持信息多面体可视分析界面模型（IMFA）

IMFA 包括多面体数据模型、可视表征模型和交互控制模型 3 个部分。多面体数据模型是信息侧面以及信息侧面间关联的集合。每个信息侧面是数据项集和数据项关联集的集合。数据项中包含各数据项的属性，信息侧面间关联由数据项属性作为桥梁建立内在关系。

模型是视图的集合，包括一组可视结构和视图关联集合。视图定义了视图中的信息侧面和可视结构。

模型包括直接操纵类任务控制集合、间接操纵类任务控制集合，这两类交互控制集合由对应的交互控制组成。

6.3.3　交互式可视化的关联规则挖掘模型

通过可视化的方式将关联规则算法产生的中间结果展示出来，用户采用交互手段及结合自身的领域知识和挖掘目标聚焦下一步的搜索空间，驱动算法前进，直到找到自己感兴趣的关联规则为止，即交互可视化关联规则。

国内的研究人员提出的交互可视化关联规则挖掘大致可分为两种：一类是添加新的参数，改进原有支持度—置信度模型，并添加一些对关联规则的约束，将挖掘过程分为多个阶段，用户在每个阶段的节点可以观察到这些参数和约束，并根据自己的先验知识进行调节，通过这些操作对挖掘方向进行聚焦，使挖掘的结果倾向于用户的期望，如卢炎生等人设计的 ISARS，给出了 3 类约束（个数约束、项目约束、函数约束），利用这些约束反单调的性质，实现了交互式的关联规则挖掘；另一类是对于挖掘出来的规则进行可视化，用户能够以图形的方式看到这些规则，通过一些交互（如放大、缩小、拖曳等）来找到自己想要的规则，如罗建等人设计的 VOCAR 方法，将关联规则用颜色表示在一张方格图上，以颜色的深浅反映该规则的参数，用户可以直观地看到规则的分布，选取自己感兴趣的规则。

国外在这个领域内的研究开展得比较早，提出的方法也显得更加成熟。Julien Blanchard，Fabrice Guillet 等人开发了 ARvis，他们在一个三维的空间中用一个球体和圆锥体组合表示一条关联规则，球的大小表示支持度，圆锥的高度表示置信度，而空间的位置表示新设计的参数，同时他们定义了 8 种关联规则的相邻关系，如特殊化、一般化、相同前后项等，用户在某个空间只需观察一个小规则集，即可通过相邻关系转移到其他的规则集中，这样可以避免规则的重叠，同时又能准确地分析规则在全体中所处的地位，从而评估该规则是不是自己感兴趣的规则。不足之处是该方法是一个后处理（Post-process）的方法，是用传统的算法挖掘出全部的规则之后，在这些规则中二次挖掘出用户感兴趣的规则，用户不能参与规则产生的过程，对规则的形成进行一定的聚焦，有可能导致产生巨量的规则给二次挖掘造成新的挑战。Raoul Medina, Lhouari Nourine, Olivier Raynaud 设计了一个导航树，用户通过这棵导航树引导关联规则的生成，这样的方式对于挖掘系统来讲有明确的目标聚焦，减少了搜索空间，对每个步骤，用户只需分析线性增长的少量规则。该方法的不足之处是并没有将关联规则用一种很好的可视化方法表达出来，在分析关联规则的分布、研究某条规则在整体的地位时都显得不足，不能给用户提供良好的直观形象，用户得到的信息不够丰富。

基于关联规则理想的交互式可视化应至少具备以下两个原则与要求：

（1）挖掘过程的“黑盒”应该被打开，挖掘的中间结果有序的用图形化的方法展示出来，能够给予用户充分的信息支持。

（2）用户结合系统提供的信息、自身的领域知识以及挖掘目标做出判断，可以利用系统提供的交互手段对下一步的挖掘进行聚焦，减少搜索空间，从而使下一步的挖掘结果体现出用户的意图。

在考虑关联规则可视化的问题上，采用了以频繁项集的可视化为基础的多视图联合展示方案。将频繁项集用图形展示出来，再采用 Overview+Detail 的视点控制技术，以频繁项集的展示窗口为 Overview 窗口，每个频繁项集对应的关联规则为 Detail 窗口，通过 Overview 窗口可以交互地控制展示每个项集的 Detail，即由该频繁项集所产生的规则。

如图 6-18 所示，该模型相对于传统的关联规则挖掘模型有如下特点：

（1）关联规则挖掘算法不是一次运行完毕，将算法运行的“黑盒”揭开，用户可以通过可视化的技术对挖掘的中间结果进行观察和分析，发挥自己的领域知识，再通过交互式的技术对算法的过程进行控制、对参数进行调控。这种方式可以加深用户对数据的理解，帮助用户在数据演变的过程中发现感兴趣的模式，有可能不必等待算法运行完毕就能发现对决策有帮助的信息。

（2）为了体现出用户的挖掘意图，用户可以对挖掘的中间结果进行剪枝、标注出自己兴趣比较大的项集及参数的调节，对下一层的挖掘目标进行聚焦。这种方式可以突出的展示用户感兴趣的模式，同时压缩搜索空间，提高系统的效率。

（3）交互可视化模块采用频繁项集和关联规则动态联合可视化的方案，并在图形视图的上添加交互手段。

这种方式的交互可视化有利于用户全面、准确把握系统展示出来的信息，从而提高用户的决策能力，并能发挥人的领域知识，保证人机的紧密结合，提高系统挖掘结果的有效性。

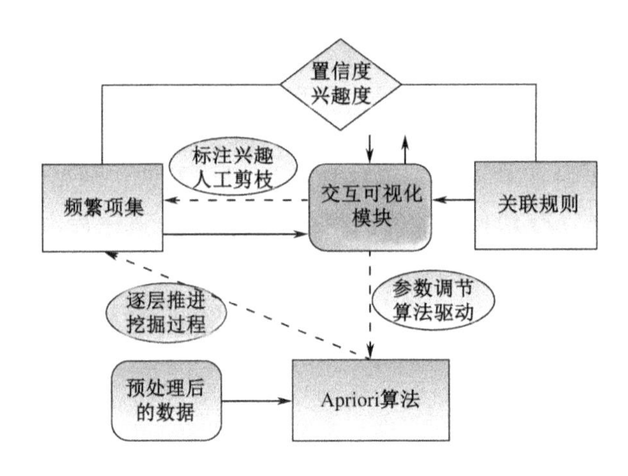

图 6-18　基于频繁项集可视化的交互可视化关联规则挖掘模型

6.3.4　基于 Web 的交互式数据可视化模型

数据可视化技术是将大量的数据集构成数据图像，同时将数据的各个属性值以多维数据的形式表示。由于静态可视化不能展示相同信息的不同侧面，交互性太弱，因此提出了交互式数据可视化。生活中常见的数据为层次化数据，本节主要研究层次数据的可视化交互模型。对于层级布局的分类，其数据可视化可分布局常见为 Tree 布局和 Treemap 布局。与立体空间特征相似，Tree 和 Treemap 布局在个体空间有相异之处。Tree 布局采取链接二维或三维中点、线及球或者其他节点形式突出其个体，该布局作为节点链接图的一种表现形式，通过使用相连直线或者曲线来表现其相链接关系。对于层次关系划分，虽然其逻辑表现结构能清晰表现出个体节点与层次，但点线间产生距离空白，浪费了可操作平面空间，当数据量增大时，其空间距离的混乱和冗余会使人难以从中厘清其逻辑关系。与 Tree 布局相比，Treemap 布局则采用体积空间划分代替个体层次划分，合理使用空间节点面积，使得空间逻辑层次结构清晰，其面积块包涵数据个体及位置关系，并通过位置大小与节点空间划分，量化其属性分布格局。

通过可视化数据模型将 Treemap 矩形元素分布格局和 Tree 圆形元素分布格局结合，使用两种不同元素个体，通过指向性标记来表现多维信息在模型中的分布显示。此外，该模型还有以下交互性设计：

（1）对选中的特定节点位置，凸显节点的颜色数值或更改其透明度属性。

（2）层次下行：显示包含子节点在内的子结构层次。

（3）通过选中目标，覆盖其特定节点并扩大至全局。

（4）对扩大至全局的特定节点进行收缩，至其到原始位置尺寸，并放大显示出的图形结构。

（5）在其标记节点后，通过有向箭头将其余节点相连接，对其颜色等属性值进行凸显，并显示其关联。

该模型在矢量视图的基础上，将 Raphael 与 D3 相结合，使其具备多种功能，如跨站兼容、强交互、大幅度立体缩放等。但在对用户的感官体验上，若能结合结构美学和设计图形学，则可以达到更高的视觉或感官体验效果。模型层次架构（见图 6-19）主要包括以下几个方面。

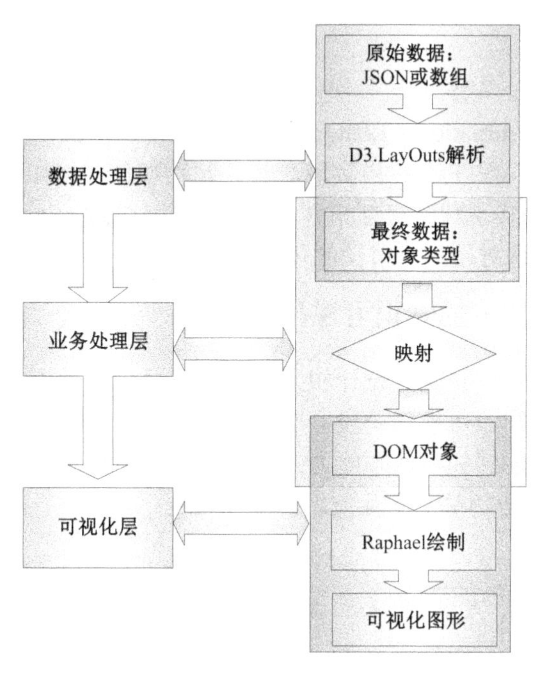

图 6-19　数据可视化模型

1．数据处理层

通过对树图上下层次结构分析，为了符合其依靠数据的特点，模型提供更加直观、简洁的数据，并对外提供统一接口。目前支持的数据格式有 JSON 和数组。对屏幕的布局元素没有直接的处理，是因为数据结构转换成的 Layout 和 D3 布局模块不支持视觉输出。模型重点关注把用户所提供的数据映射或转换为新格式，这对于图形绘制有很有利。常用 D3 布局有 Treemap、Chord、簇聚集等，Layout 布局模块中的 Treemap 方法对数据进行映射的转换处理还包括：

（1）为节点排序。

（2）确定子节点的祖先节点。

（3）为每个节点定位。

（4）确定节点所占面积、宽、高。

在可视化基本模型中，该模块除了对相关的矩形绘制数据进行转换，也可以通过对矩形数据和圆形数据的结合进行计算处理，使得其每个元素都可以在矩形元素范围内找到其归属点，因此该模块是实现其模型最重要、最基础的部分。

2．业务处理层

对各种元素如圆形、矩形和直线等进行最终映射，本模块可以实现其全部的交互性设计，如将上例元素映射到 DOM 对象内。为方便交互，并且对各种交互事件如屏幕内鼠标交互单双击、屏内移动，则需临时存储数据在 DOM 对象属性中。信息的层次和多维化显示，离不开强交互中用户对数据点的增、删、改、查等动态交互。

3. 可视化层

该模块实现了数据在 Web 上的可视化。对 Raphael 的操作可以实现多种图形的动态展示，通过对 Paper、Animation、Element 三种模块接口的操作，完成其内关于直线、矩形及圆形元素的绘制。在 Paper 内实现对其绘制功能使用，如定义画布、直线及元素的绘制；在 Elenment 内实现元素交互事件的动态绑定；在 Animation 内通过平滑动画与渐变缩放等交互技术增进对用户对树图的体验。

6.3.5 基于交互技术的知识可视化模型

通过对知识库中的知识分类，设计相应的交互场景、交互方式、交互类型，选择一定的可视化工具来完成知识可视化阶段，产生知识可视化成果，学习者在自己原有知识的基础之上，利用本身的感知和认知能力来加工可视化成果通过意义建构成为自己的新知识。图 6-20 所示为创建的基于交互技术的知识可视化模型。

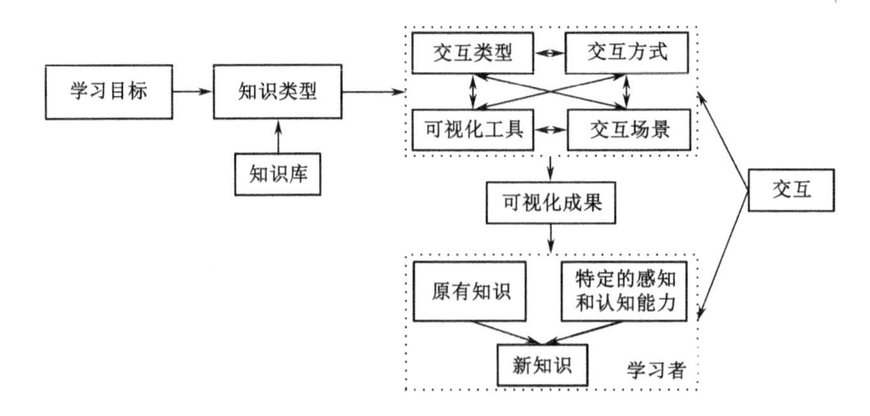

图 6-20 基于交互技术的知识可视化模型

1. 学习目标

E-Learning 环境可以为学习者提供一种全新的学习模式和知识建构策略，这种环境下的知识可视化过程，是为了提高学习者与网络课程之间所产生的有效交互操作的质量，以促进学习者顺利完成学习任务达到学习的目标。因此，学习目标蕴含着重要的信息，在知识可视化过程中起着导向性的作用，一切设计要以学习目标为准绳。相较于传统学习环境，在 E-learning 环境中学生可以不受时间和空间的限制，随时、随地的进行交互式学习，突破时空限制的共享各种学习资源。

2. 知识库

在 E-learning 环境下学习的知识不再是书本，而是有关的专业知识库。来自各个领域的知识纷繁复杂，对于专业知识匮乏的学习者，模型中所表示的知识库存储了关于特定应用和复杂的可视化技术的专家知识，并利用这些知识和规则推理的结合成为可视化过程自动化部分，弥补了用户某种特定领域知识的缺乏。可在不同的用户之间分享主要领域的知识，并且减小用户获得复杂的可视化技术知识的负担，也能够让知识可视化群体去学会和规范实践中的知识。

3. 知识类型

在知识可视化模型研究中，第一个环节都是数据信息。知识类型指的是知识本身固有的特性。在教育心理学中，知识的类型一般分为感性知识相对于理性知识、具体知识相对于抽象知识、陈述性知识相对于程序性知识；而在知识可视化的框架研究中，通常区别 5 种知识类型：描述知识、经验知识、程序知识、个体知识以及定位知识。John B. Biggs 和 Kevin F. Collis 的分类评价理论可用来识别学习者已有的认知反应水平及教学的目标反应水平，理解这些水平分类之后就可以将课程目标进行分类。将之引用到知识可视化过程中，SOLO 的学习成果分类可以作为知识可视化过程中的知识分类。为了达到更优的可视化的效果，依据 SOLO 目标，可将知识分为 4 种类型：直觉知识、理论知识、陈述性知识和隐性知识。不同类型的知识要求不同的知识可视化方式来转换，并被用户所接受，达到不同的学习结果，以期完成最初制定的学习目标。

4. 交互场景

场景不同于设备，是基于设备和知识类型来考虑选择什么样的场景来传递表现知识。根据知识类型，可以将交互场景分类。如“化学实验的做法”这种隐性知识类型，因为这类知识大多数不能用言语来描述，但是可以用示范的方式来表现，可以选择视频播放化学实验案例、学习者通过虚拟实验来进行自己动手试验学习的交互场景。直觉知识和陈述性知识有些可以用图像来显示，理论知识可以用文本信息来表达。

5. 交互方式

交互方式，即确定采用什么样的交互设备和先进技术，由交互软件把它们串联起来，如鼠标交互、键盘交互、触屏交互、语音识别、姿势交互及视线跟踪等多种交互方式。此外，随着 AI 技术的发展，计算机能够模拟人类的“五感”，即视觉、听觉、触觉、嗅觉和味觉，由此产生一些新型的交互方式，比如相机、触压传感器、麦克风、气味传感器、味道传感器。计算机系统可以通过输入设备接收指令（点击选择、拖拽）、测量人们的人体体征（血压）等。参照前人文献，可将各种姿势输入技术分为非感知输入和感知输入。非感知输入也称直接输入。根据电子类的装置是否与用户身体接触，直接输入时有身体接触，感知输入时无身体接触。

6. 交互类型

按照 Robert Spence 的交互类型分类方法，将交互类型分为 4 类：连续式交互、渐进式交互、被动式交互和混合式交互。

（1）连续式交互。由于限制条件的变化能在该系统中得到直接的反应，一般情况下连续的数学关系或者用户可以在空间内进行连续移动都属于连续式交互。如物理课上教师想给学生演示，电路中某个部件和整个电路性能之间的功能性关系的探查展示了连续式交互模式。

（2）渐进式交互。通过类似“单击”的交互动作在离散信息空间内的页面之间来回移动。在每个页面中用户都会进行分析和决策，“单击”等操作的来回跳转是随机的，整个过程可以称为渐进式交互。

（3）被动式交互。被动式交互也称为“视觉交互”或“感官交互”，用来形容人们观察事物时产生的非常复杂的视觉和认知行为。被动式交互有两个特点：一是在使用典型的可视化工具时，用户将绝大部分时间用于大量的眼球活动和高阶认知处理；二是它不是静止的数据描述，它会受很多因素决定，很可能是极速可变的，用户可以通过观察这些描述而受益。

（4）混合式交互。很多可视化工具将连续式交互、渐进式交互和被动式交互结合在一起，这种方式称为混合式交互。在实际应用中，单一的交互模式往往不能满足用户的需求，这时候多种模式的组合（混合型交互）就成为较为合适的选择。

7. 可视化工具

可视化方式不只局限于知识可视化的表示方式，而是灵活运用科学计算可视化、数据可视化和信息可视化的主要技术方式，在不同的交互场景下，可采用不同的交互方式、不同的交互类型，选择合适的可视化工具，综合表现整个可视化过程。知识可视化的思维导图、思维地图、认知地图、语义网络、概念图等这些技术已经是最初的可视化工具，随着技术的发展，现在的高科技技术已经可以表现可视化过程，如虚拟现实、增强现实、三维仿真技术等，并在这些技术基础上开发可视化软件。另外，还有一些新型的可视化技术，如 VisualEyes，可以将学习内容直接用 XML 语言进行在线编辑，转化为优秀的可视化成果，减轻了创建者的负担，能够观察到随时间轴变化的事物发展状况，给研究分析带来了极大便利。

8. 可视化成果

可视化过程的最终的目的是将知识可视化，以便学习者更好地学习和传播知识，也就意味着可视化成果是学习者接触知识的来源，形成新知识的重要因素。

9. 学习者

学习者是可视化成果的最终对象，是检验可视化成果的唯一用户。学习者自身有原有的知识，有自己特定的认知和感知能力，在学习目标的刺激下，进行知识可视化学习。

学习者通过对可视化成果的学习，以及自身的认知和感知能力，将原有知识与可视化成果相结合，构建新的知识结构，并对可视化过程进行反馈。在此过程中，通过与可视化过程的交互，人们的知识得到了渐进式增长，现在的知识是现有的知识水平和通过可视化技术获取的知识的总和。

可视化过程中另一个重要元素就是学习者的认知过程，通过可视化可以展示学习者的学习路径、学习进度、人际关系，形象地观察到学习者的学习过程。

10. 交互

整个可视化过程都有交互的参与，其中包括人与资源的交互、人与人的交互及人与媒体的交互。通过交互，用户可以基于现在的知识水平，不断地改变可视化技术，获取更多的知识。

交互可以分为两个阶段：一是在学习过程中与界面的交互；二是在学习一个阶段之后对可视化过程的反馈。在这个可视化过程中，学习者与设备始终保持着密切的交互，如输入交互、输出交互。

未来的交互应该从“万能辅助”的角度出发，让多模式交互遍布各个领域，用户可以把声音、双手甚至全身作为输入设备，并娴熟、协调地与系统进行交互，享受最为透明的交互体验，同时，各种潜在用户都能与系统交互。在最新的一些研究中，脑电波也被用作交互手段之一，并已实现对直升机模型及轮椅进行控制，这将为人机交互打开一片更新颖、更广阔的领域。

未来的交互也应当与情感设计相结合，观察人的细微变化，例如，人的面部表情可以表露出心情，语调、语速能够表现态度与情感，动作的力度和速度能够体现生理和心理的状态，如果把这些状态参数都作为“输入信息”，那么计算机系统就能“察言观色”，了解用户的习惯喜好与当前状态，进而提供一种更加自然、贴心和个性化的交互体验。

6.4　交互硬件与软件

6.4.1　交互硬件

知识可视化在生活中无处不在，包括学生平板电脑、交互式电子白板、鼠标、触摸屏、键盘、三维交互设备、立体眼镜等多媒体输入显示设备以及在特定领域里的一些交互硬件设备。

（1）交互式电子白板。与传统媒体相比，多媒体交互是在其的基础上增加了交互这一功能，交互式电子白板实际上是交互式多媒体的一种。交互式电子白板是由电子感应白板及相应的应用软件组成的具有人机交互功能的基于个人计算机的一类输入设备，作为特殊的教学辅助工具，在教室中供教师和学生使用。在触摸面板上进行操作控制相连的计算机主机实现书写、存储、绘图、输入文字，调用文件、音频、视频和动画，具有删除、复制和打印等很多功能，由此形成了一种具有丰富活动的交互方式。

（2）学生平板电脑。随着移动互联网技术的飞速发展和 E-learning 教育的进步，学生平板电脑应运而生，包含丰富的学习资源，利用开放 Android 平台、流畅的通话和完美的交互吸引了学生的目光和教育工作者的追捧。作为交互主体的学生和作为客体的平板界面之间通过一连串的意图动作来完成交互，以实现学生学习目标。学生平板电脑采用了触屏交互的技术，和 PC 端的操作不同，它是通过触摸屏幕、单击、长按、拖拽、输入等交互方式实现交互，并且可以兼顾水平和竖直两个方向，按照不同的学习内容和不同应用的需求，考虑不同的默认方向，使用方便、高效。在任何环境下，学生都可以同步学习本地的学习资源，在 WiFi 环境下，可以进行在线互动交流学习。

（3）用于 SBV 系统的硬件交互设备。如鼠标、触摸屏、触摸笔、三维鼠标、三维力反馈设备。其中最为广泛的二维鼠标交互常用于在图像空间输入二维线条，一般需要将这些线条映射到三维空间。使用普遍的触屏设备也是如此，但是它比二维鼠标更适用于 SBV，因为用户可以直接用手或笔在屏幕上交互。三维交互设备有三维鼠标和力反馈设备，前者可以实现直接的三维交互，用户自己在空间中操作，但是常常需要特定的显示设备及学习过程；后者的主要特点是提供了一种力反馈机制，用户可以通过手部感觉数据场中的特定信息，如风的方向和大小。

（4）一些其他交互设备（见图 6-21、图 6-22）。如画板直接触摸交互的三维可视化空间、跳跃运动、谷歌玻璃、肌腕带、Oculus Rift 头戴式虚拟现实设备、G-Speak 手套、NVIDIA GeForce 3D VISION 立体眼镜。三维交互设备采用 Novint Falcon、立体投影采用双路 M-Vision Cine 3D 投影机。

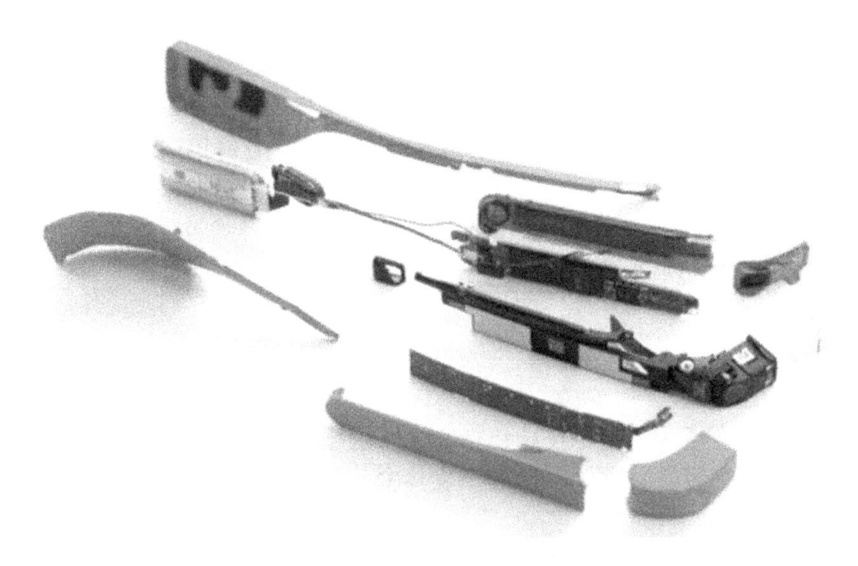

图 6-21　谷歌玻璃（https://www.zhihu.com/question/20276179）

图 6-22　G-Speak 手套《少数派报告》剧照

6.4.2 交互软件

在信息化的时代，硬件如同一个人的身躯，身体没了再好的创意与思想都无法得到最大限度的发挥，可视化交互也是如此。本节将介绍可视化交互系统的核心部分——软件，VisIt 与 ParaView 作为基于 VTK 开发的通用可视化和交互软件平台，具有开源、跨平台、良好的并行处理能力和可扩展性等特点。

1. VisIt

VisIt 既是一个开源型交互式并行可视化工具，也是图形分析工具，可以查看科学数据，也可以将二维几何模型及三维空间结构化和非结构化网格中定义的标量场与矢量场可视化展示。VisIt 具有两个特点：一是处理规模庞大、以太字节计算的数据集；二是处理千字节范围以内的小型数据集。VisIt 支持各种运算符可视化三维数据中的数据，如映射在同一平面切片因温度不同颜色发生变化的标准图（见图 6-23）、一个盒子里的空气流平面切片的矢量图（见图 6-24）。

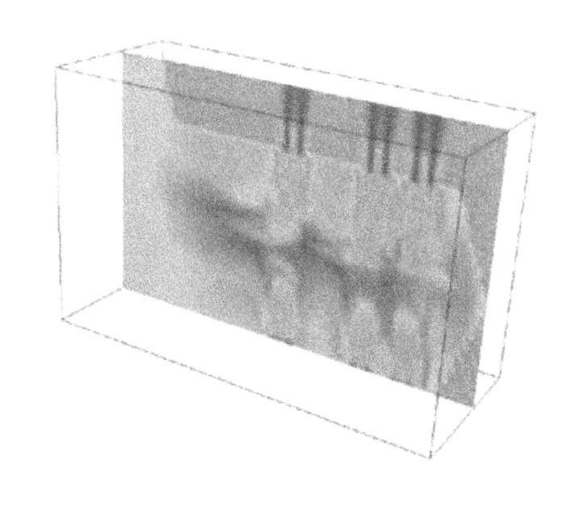

图 6-23 等高线图

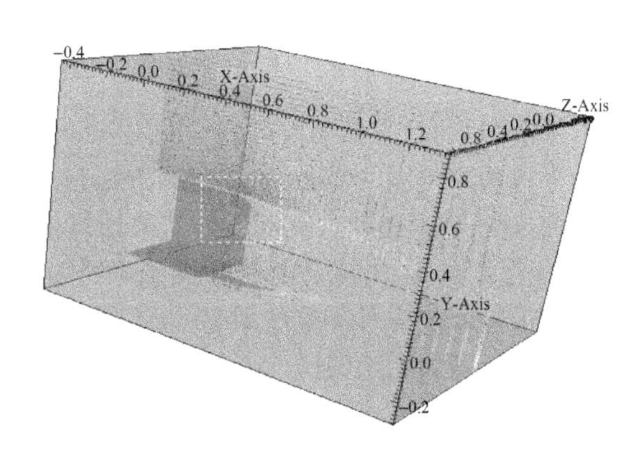

图 6-24 矢量图

2. ParaView

ParaView 是对二维和三维数据进行可视化的一种 turnkey 应用，既可运行于单独理器的工作站，也可运行分布式存储器的大型计算机。因此，ParaView 既可以运行单处理应用程序，又可以通过把数据分布于多个处理器而处理大型数据。ParaView 工程的目的包括：开发一个资源开放、多平台的可视化应用程序；支持分布式计算模型以处理大型数据；创造一个开放的、可行的，并且是直观的用户接口；开发一个基于开放标准的可扩展的结构。

ParaView 用 VTK 作为数据处理和绘制引擎，由 Tcl/Tk 和 C++混合写成用户接口，使得 ParaView 成为一种功能非常强且可行的可视化工具。VTK 数据源和数据处理过滤器存在立即访问与简单构造文件添加两种形式，这两种形式使得 ParaView 用户可以使用成百上千的数据处理和可视化算法。而且，通过使用 Tcl 脚本语言，用户和开发人员可以更改 ParaView 的处理引擎和用户接口适应个人需求。

3. VTK

VTK（Visualization Toolkit）既是一个面向对象系统也是一个目标库，采用流水线的机制，基本上可以对任何类型的数据进行处理，而且提供了对各种类型的数据进行转换处理的类。从功能上，VTK 可分为三维计算机图形显示、图像处理和可视化处理。从继承关系上，VTK 可分为图形模型对象（Graphics Models）和可视化模型对象（Visualization Models）。其中，前者结合了三维图形系统的特点与 GUI 的方法，图形模型的主要对象包括 7 种：渲染器和渲染窗口、灯光、相机、角色、映射、特征、变换。后者使用数据流程模型连接网络中各个模块，利用模块对数据进行一系列操作。这种模型适用于不同的数据类型和算法，具有较高的灵活性。

当然，VTK 作为目标库，可以很容易嵌入应用程序中并在此基础上开发自己的库函数，从而建立独立的大型应用系统。数据流方法就是将原始信息转换成图像数据，在这个方法中有数据对象和流程对象两个基本对象。数据对象表示各种类型的数据；流程对象常指滤波器，当数据在网络中流动时对数据产生操作，生成新的数据对象。VTK 在可视化中的应用包括建立合适的目标图形来演示数据、建立数据流水线来处理数据，换句话就是把源对象（Source）、过滤器对象（Filter）、映射对象（Mapper）连接起来。

4. 命令行用户界面

命令行用户界面（Command-Line Interface，CLI），也称为控制台用户界面和字符的用户界面（GUI），是具有交互的方法的计算机程序，用户（或客户机）可采用连续文本行（命令行）的形式向应用程序发出命令。处理接口的程序称为命令语言解释器或 shell。该接口通常使用命令行 shell 来实现，该命令行 shell 是一个接受命令作为文本输入并将命令转换为适当的操作系统函数的程序。

6.4.3 交互系统

目前，很多公司自主发研发的产品，一般都是硬件与软件相结合的，应用于某些具体的领域。

1. 大规模数据并行可视化环境 CPVE

1）硬件环境系统结构

中国的天河 1A 是地球上运行最快的超级计算机，而 CPVE 就是基于其完成的，CFD 数值模拟也是在其计算节点完成的，而后将其计算结果保存在存储节点。客户端通过千兆互联网与并行可视化服务器相连，并通过 I/O 服务节点访问存储节点的数据，实现客户端对并行可视化服务器的交互控制。显然，不论是客户端还是大屏幕，立体显示系统均可展示可视化结果。

并行可视化服务器节点的详细结构包括 24 个节点，服务节点型号为 ESC 4000，每个节点包括双路六核 CPU（Intel X5675，3.07GHz），96GB DDR3 内存，双路 M2050/Quadro 5000/6000 显卡，操作系统为 Win7 和 RHEL5.5。互连通信网络采用 Mellanox InfiniBand IB QDR /10GigE、可视化服务器节点。桌面客户端采用 NVIDIA Quadro FX 4600 显卡，NVIDIA GeForce 3D VISION 立体眼镜，优派 ViewSonic 显示

器，三维交互设备采用 Novint Falcon。立体投影采用双路 M-Vision Cine 3D 投影机，屏幕为 120° 环幕。

2）软件环境系统结构

Francois Conti 等人创建了一个开源平台，用于立体交互设备工具开发，该平台隶属于斯坦福大学，并为 Falcon 研发新的立体交互提供参考，命名为 Chai3D 技术。CPVE 在底层环境中通过多 GPU 硬件架构，从可视化服务器多 CPU 特点出发，与 Falcon 一系列的立体交互工具相联系，并使用 C++等软件工具建立。在 CPVE 环境中，结合 CFD 专业特点，利用 Chai3D 技术开发立体交互模块架构，利用 VTK 等研究的 ParaView 技术构建并行处理、可视化交互分析、多维可视化、插件组管理及立体显示模块。CPVE 的并行处理模块具备划分数据，管理调度数据等功能，可视化交互分析具备重计算、筛查数据等分析可视数据功能，多维可视化分二维及三维可视化，二维可视化模块具有对平面、曲线数据统计的功能，三维可视化模块对等值面、流线、立体绘制等具有可视分析功能，插件管理模块对自定义的动态管理提供支持，立体显示模块具有立体显示功能，支持被动及主动的立体显示。CPVE 软件环境为服务器及设备提供公用交互接口，CPVE 常在并行模式中以客户端/服务器（C/S）架构进行数据处理工作。对其服务器在软件环境中的功用，可分为绘制及数据服务器，服务器端口的运行可以在相异接口处运行，也可以在同一节点使用。虽然 CPVE 是基于 ParaView 研发实现的，但某些处理功用则需深入数据构建或处理模块。例如预处理数据时，构建 ParaView 中的数据读入功能，涉及 VisIt 中的相关模块。这就需要在处理 VisIt 数据时深入构件载体；在构件并行处理及可视化分析模块中，则需介入 ICE-T 及其 VTK 内。而对于立体交互模块的开发，需深入到更底层模块中，并且以 Chai3D 基于 Falcon 等设备的硬件接口为参考，实现其模块功能。

2．基于地图的交互式可视化系统

1）ERCIM

ERCIM（European Research Consortium for Informatics and Mathematics）开发的 Descartes 和 Kepler 空间数据挖掘系统，该系统把交互式智能制图工具 Descartes 和 Kepler 数据挖掘系统连接起来，实现了地图与数据之间的双向可视化访问和探索。

2）FhG

SPIN!系统是德国 FhG（Fraunhofer Institute for Autonomous Intelligent Systems）牵头开发的，是将数据挖掘中经典算法汇总，再以插件的方式将其集成到 GIS 平台，通过大量计算后，将计算结果用可视化模型（平行坐标、散点）展示，以便用户可以快速、清晰地理解，达到高效的交互效果，当然，它还处于探索阶段，尚未成功应用。

3）GeoMiner

加拿大 Simon Fraser 大学的著名实验室——计算机学院数据库研究实验室开发了很多项目，GeoMiner 就是其中之一。该系统由用户界面与 SDM 查询工具两部分组成，前者是以 MapInfo 为基础建立的，用户可以动态地操作和观察数据挖掘的结果（包括图形、图表、地图等表现形式），而后者则是用 GMQL（GeoMining Query Language）查询语言作为工具。GeoMiner 的主要优点是可以生成概念层次结构，以便支撑灵活、不同层次和细节的数据挖掘过程。另外，它还具有自己的模块结构，包括空间数据立方体（Spatial data cube）模块、空间在线分析模块（Spatial on-line analytical processing，OLAP）、SDM 模块等。其中 SDM 模块是由多个子模块构成的，可以参与多种 SDM 任务，如提取特征、分类、聚类、发现关联规则、比较规则、预测等。但是，作为早期的 SDM 模型，它只能提供基本的图形化界面和一定的交互手段，易受到开发者背景的限制，不能充分认识到富有空间表现力的可视化工具的重要性，这将会影响用户对数据的理解与 SDM 的效果。

4）Apoala project

Apoala 曾经是 EPA 的一个资助项目，受资助的项目研发团队发现了一种新的分析处理方法，可以将空间知识发现同地理可视化技术结合起来，通过这种技术手段将其方法用于复杂的多维数据分析。该项目团队是来自美国宾夕法尼亚州立大学的地理系，之后把其命名为 Apoala project。MacEachen 等认为地理知识的发现应与可视化相结合并服从 3 种层次划分：概念层次（conceptual level）、操作层次（operational level）和实现层次（implementation level）。其理论水平的提高有助于 SDM 与可视化的相互结合，以及研发团队在地理可视化水平领域的资深研究背景，将多维时空知识发现所使用到的数据分析工具与相同系列的可视化技术相结合。这种系统原型为用户提供了一种新型可视化工具，由于它具有较高的交互能力，从而可以使其在引导数据挖掘过程及可视化手段中提供一种富有深度的解释。

3. 面向 CFD 的三维流场交互式可视化软件系统

该系统能够对数据进行有效的交互式处理，实现流场的良好交互，并将现有的前沿交互式可视化方法集成到该框架之中，该系统具有良好的交互功能，能够帮助 CFD 研究工作者更加深入地分析流场规律。作为一个高效的 CFD 数据分析可视化平台，该系统首先考虑的是系统的效率和稳定性。根据面向对象的方法对接口进行编程，从而隐藏具体实现细节的基本原理及平台的设计目的，系统需要紧致无冗余的模块化结构，各模块之间保持高协作性，模块内部保持高内聚性，通过设计良好的公共接口才能进行访问，保证了平台的可扩展性。

可视化交互是可视化领域中的核心技术，具有广泛的应用前景。虽然最近十几年对可视化交互问题的研究进展明显，但是高效、实用的交互式可视化技术仍然是一项具有挑战性的课题。可视化交互的困难来自于人认知特点、人视觉与记忆等的局限性、数据规模的不断增加、数据复杂性的不断提高等众多因素的影响。然而，交互式可视化融合了可视化、人机交互、认知学和机器学习等领域的知识，是一个充满活力的研究领域，其贡献主要体现在如下几个方面：

（1）更加注重各相关要素的组织和整合。设计者在设计的过程中不是将孤立的模块进行简单的叠加，而是将模块中的相关要素进行组织整合，形成一个进行研究与设计的有机整体。

（2）更加注重有效情景的创建。学习者可以根据情景的线索进行记忆性知识搜索、信息抽取，并与当前环境相连接，完成相应的认知及行为操作。

（3）更加注重虚拟交互情景的创建。在线的情景旨在模拟和再现现实世界的相关场景，在虚拟情景中，学习者将身临其境，真实体验学习者、教员等各参与者间的交互，使得学习者能够更加深刻地理解和应用所学知识。设计者根据现实依据模拟得到虚拟情景，其主要任务是考虑如何将各组成要素进行有效整合，得到高效的交互情景。

习题

一、选择题

1．下列（　　）不是可视化交互方法。

A．概览+细节技术　　B．焦点+上下文技术

C．概览+缩放技术　　D．平移+缩放技术

2．鱼眼视图属于（　　）可视化交互方法。

A．概览+细节技术　　B．焦点+上下文技术

C．平移+缩放技术　　D．概览+缩放技术

3．多尺度导航属于（　　）可视化交互方法。

A．概览+细节技术　　B．焦点+上下文技术

C．平移+缩放技术　　D．概览+缩放技术

4．下列（　　）属于可视化交互设备。

A．平板电脑　　B．触摸屏　　C．立体眼镜　　D．以上都是

5．按照 Robert Spence 的交互类型分类方法，下列（　　）不属于交互类型。

A．连续式交互　　B．主动式交互　　C．渐进式交互

D．混合式交互　　E．被动式交互

二、简答题

1．结合自己的专业知识，你认为人机交互与数据交互是一回事吗？若不是，真正的区别是什么？

2．选择一个你熟悉的可视化工具，检查它支持的交互类型。列出交互运算符和操作数，以及用户可以控制的交互参数。

3．鱼眼镜头算法可以有效地应用于可视化空间交互吗，为什么？

4．给出人口普查数据集，描述在可视化之前可以顺序执行的三种或多种方法，并说明每种方法的优缺点。

5．本章介绍了几种可视化交互模型，尝试找出一种在某种性能上优于它们的模型。

6．假设你正在绘制 20 个不同国家的汇率。请至少列出三种对国家名称排序的方法，并描述为什么每个方法都有用。

7．选择几个本章中介绍的可视化交互技术，对于每一种至少找出三种方法来改善他们。

8. 下载、安装和测试本章描述中至少一个可视化系统，尝试自己将已有数据集导入系统。

参考文献

[1] 朝乐门. 数据科学[M]. 北京：清华大学出版社，2016.
[2] 刘燕. 基于交互技术的 E-learning 知识可视化模型研究[D]. 北京：北京邮电大学，2014.
[3] Alan Cooper, Robert Teimann. 软件观念革命——交互设计精髓[M]. 詹剑峰，张知非，等译. 北京：电子工业出版社，2005.
[4] 艾伦·库伯，罗伯特·瑞宁，大伟·克洛林. About Face3 交互设计精髓[M]. 刘松涛，等译. 北京：电子工业出版社，2007.
[5] 任磊. 信息可视化中的交互技术研究[D]. 北京：中国科学院软件研究所，2009.
[6] 朱亚琼. 可视化驱动的交互式数据挖掘方法研究[J]. 电脑知识与技术，2016，12(36)：4-6.
[7] 杜一，任磊. DaisyVA:支持信息多面体可视分析的智能交互式可视化平台[J]. 计算机辅助设计与图形学学报, 2013, 25(8)：1177-1182.
[8] 杨亲瑶. 交互可视化关联规则挖掘的研究与发现[D]. 广州：华南理工大学, 2010.
[9] 张辰. B/S 模式下的数据可视化技术研究及其应用[D]. 北京：北京邮电大学，2014.
[10] 杨彦波，刘滨，祁明月. 信息可视化研究综述[J]. 河北科技大学学报，2014, 35(1)：91-102.
[11] 樊明辉，陈崇成. 基于地图的交互式可视化技术[J]. 华南理工大学学报（自然科学版），2008，36(5)：48-52.
[12] 董建明，傅利民，饶培伦. 人机交互：以用户为中心的设计和评估[M]. 4 版. 北京：清华大学出版社，2013.
[13] 沈恩亚，王攀，李思坤，等. 大规模数据并行可视化与交互环境[C]. 2012 全国高性能计算学术年会，2012.
[14] Ayachit U. The Para View Guide: A Parallel Visualization Application[M]. Kitware, Inc. 2015.
[15] Gennady L Andrienko, Natalia V Andrienko. Interactive Maps for Visual Data Exploration[J]. International Journal of Geographical Information Science, 1999, 13(4):355-374.
[16] Ward M, Grinstein G, Keim D. Interactive Data Visualization: Foundations, Techniques, and Applications[M]. A. K. Peters, Ltd. 2010.
[17] 陈为，沈则潜，陶煜波，等. 数据可视化[M]. 北京：电子工业出版社，2013.

第7章　大数据可视化工具

大数据可视化工具有很多种，本章从使用者的角度介绍一些常见的、便于使用的数据可视化工具，如 Excel、Processing、NodeXL、ECharts、Tableau 等，供读者参考和学习。

7.1　Excel

众所周知，Excel 是 Microsoft Office 中的一款电子表格处理软件。该软件通过工作簿（电子表格集合）来存储数据和分析数据。Excel 可生成规划、财务等数据分析模型，并支持编写公式来处理数据和通过各类图表来显示数据。Excel 2016 后的版本，增加了内置 Power Query 插件、管理数据模型、预测工作表、Power Privot、Power View 和 Power Map 等数据查询分析工具。本节仅以 Power Map 软件为例进行简要介绍。

7.1.1　Power Map 简介

Excel 是典型的入门级数据可视化工具，同时它也支持三维的可视化展示。微软发布了一款名为 GeoFlow 的插件，它是结合 Excel 和 Bing 地图所开发出来的三维数据可视化工具。GeoFlow 的概念最早提出于 2011 年 6 月，据悉可以支持的数据行规模最高可达 100 万行，并可以直接通过 Bing 地图引擎生成可视化三维地图。曾经引起广泛讨论的 Power Map（原名为 GeoFlow）进行了更新，三维视觉可视化插件如今已经成为 Microsoft Power BI in Excel 核心商业智能功能。新版本 Power Map 提供 Bing 地图自动数据采集，并可生成更为人性化的细节分类。Power Map 已经开放 Create Video 功能，可以将三维画面演示过程记录下来。

7.1.2　Power Map 的使用

Power Map 已集成在 Excel 2016 中。启动 Excel 后，可在插入菜单的“演示”功能区中，选择“三维地图”功能，启动 Power Map 窗口。该窗口是一个含有三维世界地图的空白区域。若使用该地图，则需要加载所要显示的数据。与以往 Excel 的图表绘制风格类似，数据来自 Excel 的表格或区域。

1．窗口组成

Power Map 窗口包括以下 5 个主要部分：

（1）地图可视化区域。这是 Power Map 的核心功能，在这里可以展现和分析带有地理图形的数据。

（2）任务面板。在这个区域中，将设定地理数据和用以展现的各类数据。

（3）演示编辑区。这个部分可以将多个场景制作成幻灯片、电影或者视频。

（4）Power Map 功能区。主要提供地图显示的各类选项，加入各类元素来增强效果。该部分包括演示、场景、图层、地图、插入、时间、视图等功能模块。其中，演示包括播放演示、创建视频和捕获屏幕功能；场景包括新场景、主题和场景选项功能；图层包括刷新数据和形成功能；地图包括地图标签、平面地图、查找位置和自定义区域功能；插入包括二维图表、文本框和图例功能；时间包括日程表、日期和时间功能；视图包括演示编辑器、图层窗格和字段列表功能。

（5）Power Map 信息条。主要提供地图表示过程中的时间进度、计算情况等状态。

2. 数据加载

数据由 Excel 加载到 Power Map 的步骤如下：

（1）在打开 Power Map 的窗口后，在 Excel 的 Sheet 中选择所要进行可视化的数据。

（2）单击“三维地图”下方的“将选定数据添加到三维地图”功能项，将数据加载到地图区域中。这时，在三维地图中的字段列表中，就可以看到所要可视化的字段。

（3）将地理位置字段拖动到“任务面板”的“位置”框内，或者在“位置”框内点击添加字段，选择所要添加的地区。并在地区后的位置下拉列表中，选择经度、纬度、x 坐标、y 坐标、城市、国家/地区、县市、省/市/自治区、街道等某一选项。若是经度和纬度等多项地理位置坐标，可继续添加字段。

（4）在任务面板的“高度”框内，选择所要可视化的数值字段。

（5）若所要表达的数据中有“类别”和“时间”信息，可在任务面板的“类别”和“时间”框内，继续添加字段。

当然，出于数据筛选的需要，可以在任务面板中对某一个字段添加筛选器。由于 Power Map 采用图层方式管理和展现数据，因此可以根据数据的实际情况添加图层，同时，可以设置所在图层的大小、不透明度、颜色、显示值等属性。

3. 数据显示

Power Map 提供了 5 种类型的图表来显示数据，包括堆积柱形图、簇状柱形图、气泡图、热度地图和区域图等。

（1）堆积柱形图。通过一个三维柱形的高度来表示多个数据值之和，一般数据值越大，高度越高。

（2）簇状柱形图。通过多个三维柱形的高度来对比表示数据值，一般数据值越大，高度越高。

（3）气泡图。通过简单的圆形来表达数据值，数据值越大，圆的半径越大。

（4）热度地图。通过气泡的颜色强度和阴影来表达数据值。

（5）区域图。按照地区或区域显示数据，通过颜色来表达数据值的大小。

4. 动态显示

若 Power Map 所获取的数据字段中有日期、时间类型的数据，可以将这些数据拖动到“时间”框中，就可以在地图可视化区域内形成一个时间进度条。单击“播放”按钮，则可按照时间将数据的变化情况逐一显示出来。

5．地图可视化区域控制

在该区域中，可以利用鼠标单击箭头实现三维地球的转动，也可以利用+和-按钮，实现三维地球的放大和缩小。另外，通过地图功能模块中的“平面地图”功能，可将三维球状模式的地图改为平面模式的地图，以便数据的观察。

7.1.3　数据可视化示例

在此，以 2002—2013 年的中国几个省的人口数量为例，简要说明 Power Map 的使用过程。

（1）下载数据，并在 Excel 中整理为“地区”“人口数”“日期”3 个字段，存储数据，如图 7-1 所示。

（2）打开三维地图，并单击“三维地图”下方的“将选定数据添加到三维地图”功能项，将所有数据加载到地图区域中。

（3）选择区域图显示数据，添加地区字段到“位置”框内，添加人口数字段到“值”框内，添加日期到“时间”框内，如图 7-2 所示。

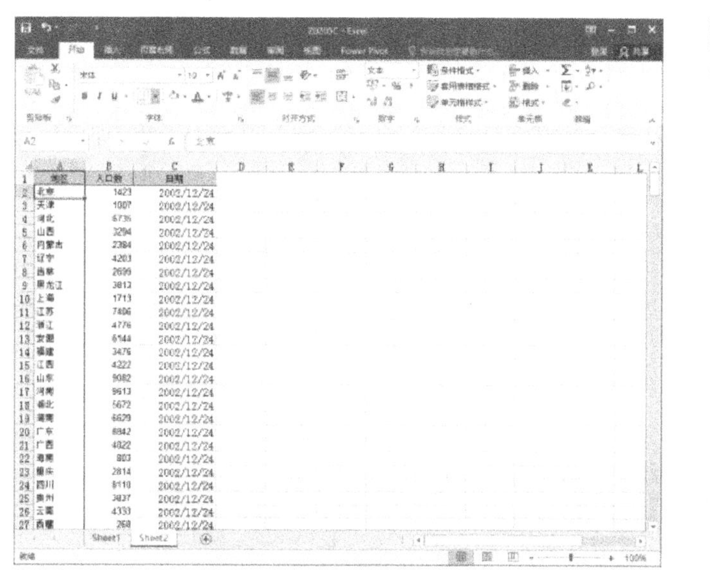

图 7-1　Excel 的原始数据

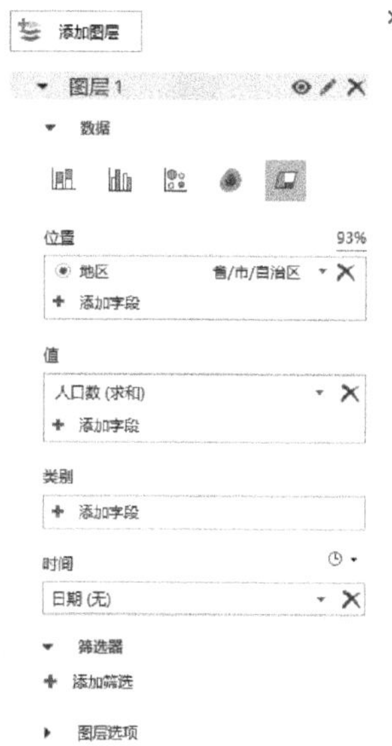

图 7-2　相关设置

（4）在地图可视化区域内设置为平面地图模式，通过单击箭头和拖动鼠标来调节角度，以区域显示数据值。

（5）单击时间轴，可以沿时间观察数据值的变化情况。

7.2　Processing

Processing 起源于麻省理工学院 Media Lab 的 Design By Numbers 项目，最初的目标是形象地教授计算机科学的基础知识，之后逐渐演变成可用于创建图形可视化项目的一种环境，实现对各类数据的可视化。

7.2.1 Processing 开发环境简介

Processing 开发环境（Processing Development Environment，PDE）包括一个简单的文本编辑器、一个消息区、一个文本控制台、管理文件的标签、工具栏按钮和菜单，如图 7-3 所示。使用者可以在文本编辑器中编写自己的代码，这些程序称为草图（Sketch），可以单击工具栏中“运行”按钮运行程序。在 Processing 中，程序设计默认采用 Java 模式，也可以采用其他的模式，如 Android、p5.js、Python 和 REPL 等。在数据可视化方面，Processing 不仅可以绘制二维图形，还可以绘制三维图形，默认是绘制二维图形。在三维图形绘制时，Processing 可以设置相机、光照和材质等特性，以达到较好的显示效果。除此之外，为了扩展其核心功能，Processing 还包含许多库和工具。这些库大多来自 Processing 社区，包括播放声音、计算机视觉、三维几何造型等。

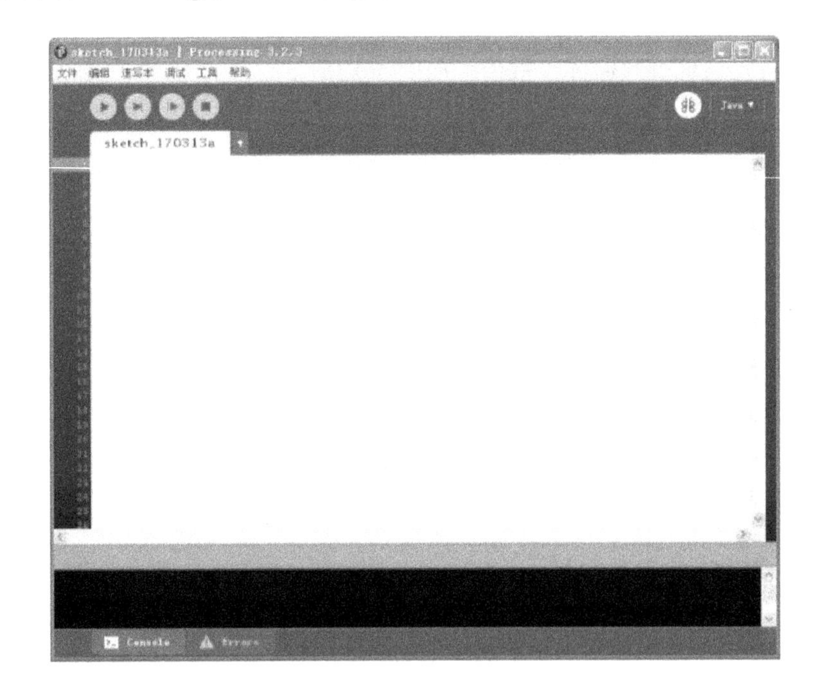

图 7-3 Processing 开发环境

7.2.2 Processing 绘制功能

Processing 绘制功能涉及 PDE 窗口和显示窗口。当运行 PDE 草图时，显示窗口将自动弹出并显示程序所绘制的各种图形数据（线、点、图片等）。

1. 坐标系

对于绘制二维图形，Processing 的坐标系使用直角坐标系，原点在左上角，x 轴正方向指向右，y 轴正方向指向下，如图 7-4（a）所示。对于绘制三维图形，Processing 的坐标系的原点仍在左上角，x 轴正方向指向右，y 轴正方向指向下，z 轴负方向指向屏幕内，如图 7-4（b）所示。

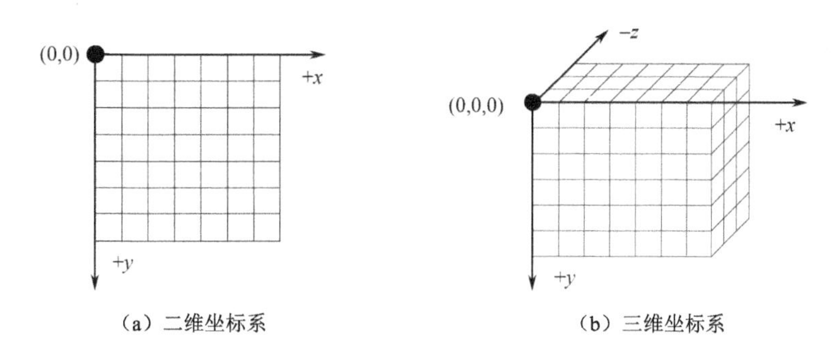

（a）二维坐标系　　（b）三维坐标系

图 7-4　Processing 坐标系

2. 显示窗口相关函数

（1）尺寸设置：Processing 应用程序通过 size 函数，以像素为单位定义显示窗口的大小，格式如 size(100,100)。函数 size 还接受可选的第三个参数 mode。参数 mode 用来定义要使用的呈现引擎，如 FX2D、P2D、P3D 等，格式如 size(100,100,FX2D)。

（2）背景颜色设置：Processing 应用程序通过 background 关键字来设置显示窗口的颜色。Processing 采用一个灰度值或 Red-Green-Blue(RGB) 来描述颜色，格式如 background(0,128,0)。

（3）像素点操作：包括绘制像素点和读取像素点两个基本操作。绘制像素点操作使用 set 函数绘制单个像素点。该函数包括显示窗口内的 x 坐标、y 坐标和颜色等三个参数，如 set(10,10,newcolor)。Processing 提供一个通过 RGB 方式来描述颜色的方法，如 newcolor =color(0,255,0)。读取像素点操作则使用 get 函数来完成一个给定像素点颜色的读取操作，如 get(10,10)。

3. 简单形状绘制

Processing 提供了点、线、矩形、圆（椭圆）等 4 种简单形状绘制函数。

（1）绘制点：point(x,y)函数，x、y 分别表示点的 x 坐标和 y 坐标。

（2）绘制线：line（x_1,y_1,x_2,y_2）函数，x_1、y_1 表示第一点 P_1 的 x 坐标和 y 坐标，x_2、y_2 表示第二点 P_2 的 x 坐标和 y 坐标，line 函数代表的是 P_1 和 P_2 间绘制线条。

（3）绘制矩形：rect(x,y,width,height)函数可接受 4 个参数绘制矩形。该函数可配合 rectMode()函数使用。默认情况下，x、y 表示矩形的左上点 x 坐标和 y 坐标，width,height 分别定义矩形的宽度和高度。当 rectMode(CORNERS)时，原函数变为 rect(x_1,y_1,x_2,y_2)。当 rectMode(CENTER)时，x_1、y_1 表示矩形左上的第一点 P_1 的 x 坐标和 y 坐标，x_2、y_2 表示矩形右下的第二点 P_2 的 x 坐标和 y 坐标。

（4）绘制圆（椭圆）：与绘制矩形类似，ellipse()函数配合 ellipseMode()函数绘制椭圆。默认情况下，ellipse 函数为 ellipseMode(CENTER)模式，ellipse(x,y,width,height)函数中的 4 个参数，分别定义椭圆中心的位置、宽和高度，当宽和高相等时，就是一个圆形。当 ellipseMode(CORNER)时，ellipse(x,y,width,height)函数中，x,y 代表包围椭圆的矩

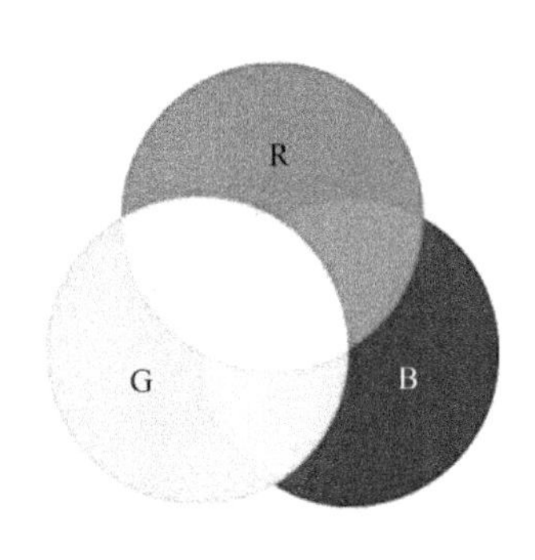

图 7-5 RGB 颜色描述

形左上角点的 x 坐标和 y 坐标；当 ellipseMode(CORNERS)时，ellipse(x_1,y_1,x_2,y_2)函数中，x_1、y_1 表示包围椭圆的矩形左上角的第一点 P_1 的 x 坐标和 y 坐标，x_2、y_2 表示矩形右下的第二点 P_2 的 x 坐标和 y 坐标。

4．颜色

在 Processing 中，采用 RGB 描述颜色，R 指红色（red）、G 指绿色（green）、B 指蓝色（blue）。通过三原色混合可得出其他各种颜色，如图 7-5 所示。除了 RGB 三原色外，色彩透明度也是色彩的一个重要组成部分，用 alpha 表示。alpha 取值为 0～255，0 表示完全透明，255 表示完全不透明。

5．绘制曲线

Processing 提供了绘制圆弧、绘制样条曲线、绘制 Bézier 曲线 3 个曲线绘制函数。

（1）绘制圆弧：Arcs(x,y,width,height,start,stop)函数，前 4 个参数和 ellipse()函数一致，start 和 stop 是曲线的开始角度和结束角度。

（2）绘制样条曲线：curve(cpx$_1$,cpy$_1$,x_1,y_1,x_2,y_2,cpx$_2$,cpy$_2$)函数，x_1、y_1 表示开始点 P_1 的 x 坐标和 y 坐标，x_2、y_2 表示结束点 P_2 的 x 坐标和 y 坐标，cpx$_1$,cpy$_1$，cpx$_2$,cpy$_2$ 代表两个控制点的坐标。

（3）绘制 Bézier 曲线：bezier(x_1,y_1,cpx$_1$,cpy$_1$,cpx$_2$,cpy$_2$,x_2,y_2)函数绘制 Bézier 曲线。x_1、y_1 表示开始点的 x 坐标和 y 坐标，x_2、y_2 表示结束点的 x 坐标和 y 坐标，cpx$_1$,cpy$_1$，cpx$_2$,cpy$_2$ 代表的是两个控制点的坐标。

6．其他绘制图形方法

Processing 还提供了绘制四边形、多边形等图形函数。

（1）绘制四边形：quad(x_1,y_1,x_2,y_2,x_3,y_3,x_4,y_4)函数接受 8 个参数，代表的是这个四边形 4 个顶点的坐标。

（2）绘制多边形：在 beginShape()和 endShape()函数之间，加入若干顶点 vertex(x,y)，可绘制任意多边形。

7．其他功能

除基本绘制功能外，Processing 还可支持文本处理、面向对象编程、声音处理、图像过滤、像素处理、三维图形绘制等功能，为数据的可视化奠定了良好的程序设计环境。

7.2.3 Processing 应用程序的结构

Processing 应用程序有着自身的特点，其中 setup()和 draw()两个函数最为重要。

1．setup()函数

该函数用于初始化，只在程序启动时执行一次。通常，setup()函数主要完成程序变量的初始化、窗口的设置等功能。

2．draw()函数

该函数用于绘制窗口，被 Processing 循环调用。每次 draw()函数结束后，就会在显示窗口绘制一个新的画面，默认绘制速度为每秒 60 个画面。

7.2.4　数据可视化示例

本节以一个较为常见的例子来展现 Processing 的数据可视化功能。通过 Processing 软件构建一个森林火灾模型的二维元胞自动机，以展示树的生长及由雷击导致的大火的蔓延。这个模拟包含的简单规则定义如下：

（1）在一个空场地（灰色），一棵树以 pGrowth 的概率成长。

（2）如果其相邻树中有至少有一棵树正在燃烧，那么这棵树也会成为一棵燃烧树（红色）。

（3）一棵燃烧树（红色）成为一个空场地（灰色）。

（4）如果周围没有任何燃烧树，那么这棵树成为燃烧树的可能性为 pBurn。例如，由雷击导致的燃烧就是其中的一种可能。

setup()函数初始化窗口，draw()函数更新窗口绘制内容。当然，在更新绘制内容前，先调用 update()函数，根据定义的规则产生新的模型，完成状态的转换。模型构建的代码如下：

```
int[][][] pix = new int[2][400][400];
int toDraw = 0;
int tree = 0;
int burningTree = 1;
int emptySite = 2;
int x_limit = 400;
int y_limit = 400;
color brown = color(80, 50, 10); // brown
color red     = color(255, 0, 0); // red;
color green = color(0, 255, 0); // green
float pGrowth = 0.01;
float pBurn = 0.00006;
boolean prob( float p )
{
  if (random(0, 1) < p) return true;
  else return false;
}
void setup()
{
```

```
  size(400, 400);
  frameRate(60);
  /* Initialize to all empty sites */
  for (int x = 0 ; x < x_limit ; x++) {
    for (int y = 0 ; y < y_limit ; y++) {
      pix[toDraw][x][y] = emptySite;
    }
  }
}
void draw()
{
  update();
  for (int x = 0 ; x < x_limit ; x++) {
    for (int y = 0 ; y < y_limit ; y++) {
      if        (pix[toDraw][x][y] == tree) {
        stroke( green );
      } else if (pix[toDraw][x][y] == burningTree) {
        stroke( red );
      } else stroke( brown );
      point( x, y );
    }
  }
  toDraw = (toDraw == 0) ? 1 : 0;
}
void update()
{
  int x, y, dx, dy, cell, chg, burningTreeCount;
  int toCompute = (toDraw == 0) ? 1 : 0;
  for (x = 1 ; x < x_limit-1 ; x++) {
    for (y = 1 ; y < y_limit-1 ; y++) {
      cell = pix[toDraw][x][y];
      // Survey area for burning trees
      burningTreeCount = 0;
      for (dx = -1 ; dx < 2 ; dx++) {
        for (dy = -1 ; dy < 2 ; dy++) {
          if ((dx == 0) && (dy == 0)) continue;
          else if (pix[toDraw][x+dx][y+dy] == burningTree) burningTreeCount++;
```

```
            }
        }
        // Determine next state
        if          (cell == burningTree) chg = emptySite;
        else if ((cell == emptySite) && (prob(pGrowth))) chg = tree;
        else if ((cell == tree) && (prob(pBurn))) chg = burningTree;
        else if ((cell == tree) && (burningTreeCount > 0)) chg = burningTree;
        else chg = cell;
        pix[toCompute][x][y] = chg;
      }
    }
  }
```

图 7-6 显示了这个元胞自动机森林火灾模型的迭代，跳跃恰当，很好地显示了所设规则的效果。当 time=0 时，包含的只有树木在其中生长的空间，只有褐色；在 time=20 时，树木不断在生长，有越来越多绿色出现；当 time=40 时，开始看到大火零星出现，在绿色区域内有红色区域出现；当 time=60 时，大火在继续，红色区域更多；大约 time=80 时，大火基本占据整个空间；在大约 time=100 时，树木在原大火熄灭的区域开始生长。此过程一直循环下去。

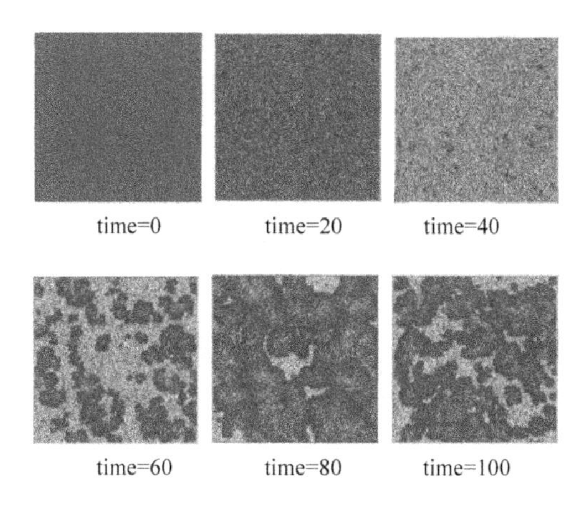

图 7-6　基于 Processing 绘制的森林火灾模型

7.3　NodeXL

NodeXL 是一款开源的网络分析可视化工具，其开发者主要来自微软研究院、马里兰大学、斯坦福大学等机构。NodeXL 是在微软 Excel（2007/2010 版本）的基础上进行数据分析和可视化表达的工具。

7.3.1 NodeXL 简介

目前，NodeXL 软件包括 Basic 版本和 Pro 版本。其中，NodeXL Basic 版本为免费版，可自由下载使用，但其功能较少。NodeXL Pro 版本除涵盖 NodeXL Basic 版本的基础功能外，还包括 GraphML 的导出和导入、高级网络计算，内容分析和动画等功能。NodeXL 以 Excel2006/2010 模板的形式使用，加载该模板后，使用者可以在 Excel 工作表中对基础数据、属性数据进行添加和编辑，并选用一定的表现形式构造视图。为了体现其基本使用功能，本书以 NodeXL Basic 版本为例进行介绍，有兴趣的读者可在 http://nodexl.codeplex.com 网站查阅更多资料。

7.3.2 系统界面

在下载并安装 NodeXL Basic 版本后，可以在开始菜单中单击“NodeXL Excel Template”，在 Excel2007 中打开 NodeXL。打开 NodeXL 后，其界面在 Excel 2007 中以选项卡的形式出现，如图 7-7 所示。

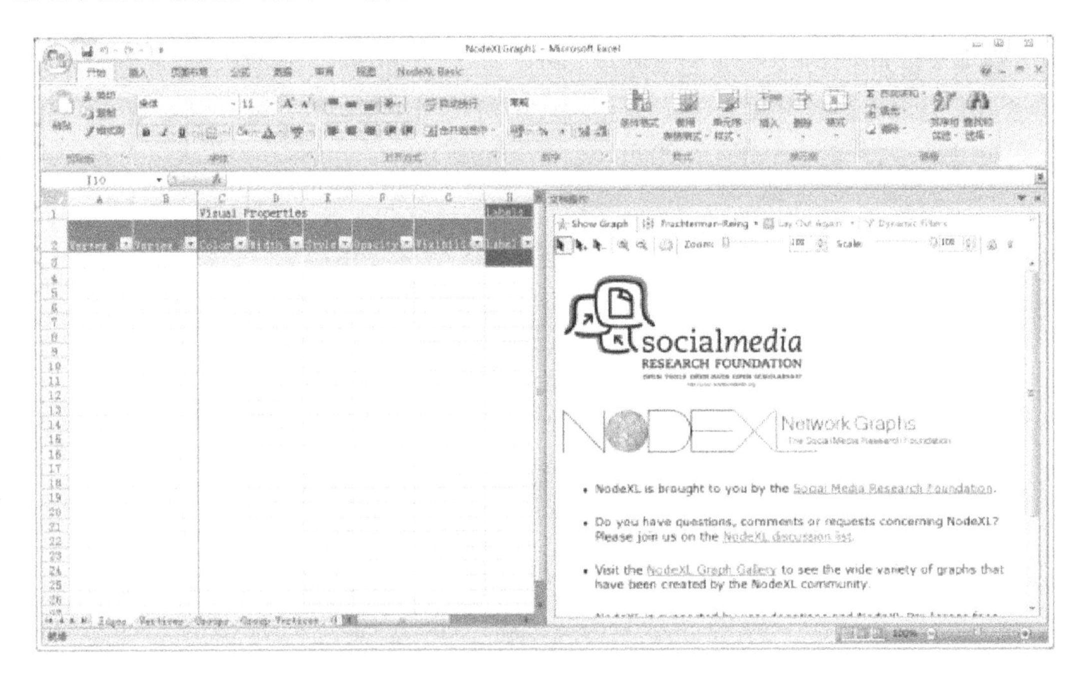

图 7-7 NodeXL 的主界面

在切换至 NodeXL Basic 功能卡后，如图 7-8 所示。界面从左向右包含数据、图形、可视化属性、分析、选项、显实/隐藏和帮助等 7 个标签组。而原有的 Excel 2007 的主界面分成了两个部分，左侧是数据界面，右侧是文档操作界面。在左侧的数据界面中，包含边（Edges）、节点（Vertices）、群组（Groups）、群组节点（Group Vertices）和整体度量（Overall Metrics）等 5 个工作表。右侧的文档操作界面主要显示网络数据的可视化结果，包括图形的刷新、布局的更改、动态过滤器、视图的放大缩小等功能。

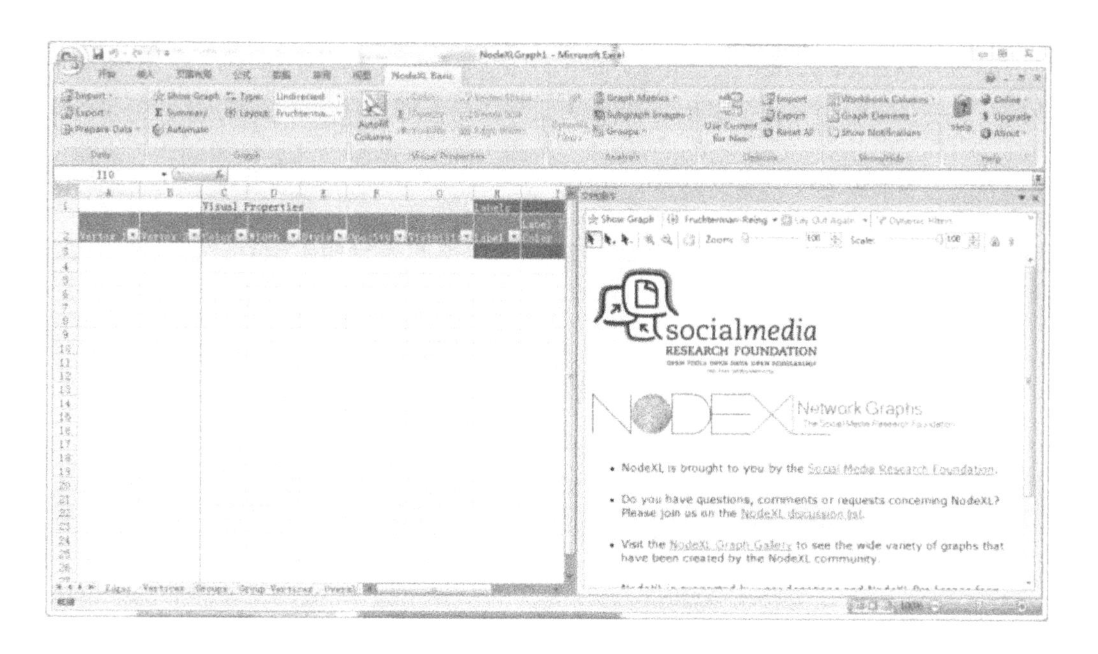

图 7-8　NodeXL 的功能卡界面

7.3.3　数据获取与编辑

1．数据导入

NodeXL Pro 版可以直接导入多种网络分析工具（如 UCINET、GraphML、Pajek 等）生成的文件、图形数据文件等。同时，NodeXL 还可以通过 E-mail 和社会网络媒体来导入数据，如 Twitter、Flickr、Facebook 和 YouTube 等。但在 NodeXL Basic 版中，这些功能的大部分被限制使用。由于 NodeXL 集成于 Excel 中，因此 NodeXL 可方便地借助 Excel 的数据编辑、计算、排序、筛选等功能，完成各类数据的转换、处理和获取。

2．数据录入

对于 NodeXL 的所有版本，均可在左侧的数据界面中直接录入网络的基础数据。这些数据包括边（Edges）、节点（Vertices）、群组（Groups）、群组节点（Group Vertices）等。

（1）Edges 工作表：该表主要是录入网络图中的边信息，包括边的节点信息、边可视化属性信息、边的标签信息。

（2）Vertices 工作表：该表主要是录入网络图中的节点信息，包括节点的可视化属性信息和节点的标签信息。

（3）Groups 工作表：该表主要是录入网络图中的分组信息，包括群组信息、组群的可视化属性信息和群组的标签信息。

（4）Group Vertices 工作表：该表主要是录入网络图中的群组节点信息，包括群组信息、群组节点信息。

7.3.4 数据可视化

在 Edges 工作表中输入一条边的两个节点数据后，Vertices 工作表的数据将随之更新。这时，只需要单击右侧文档操作中的“刷新图形”按钮（或者单击图形标签组中的“刷新图形”按钮）就可以生成网络图形，如图 7-9 所示。为了能更突出显示各项信息，可以对各节点进一步录入可视化属性的数据、标签数据及分组数据，让其呈现出较好的网络结构图，如图 7-10 所示。

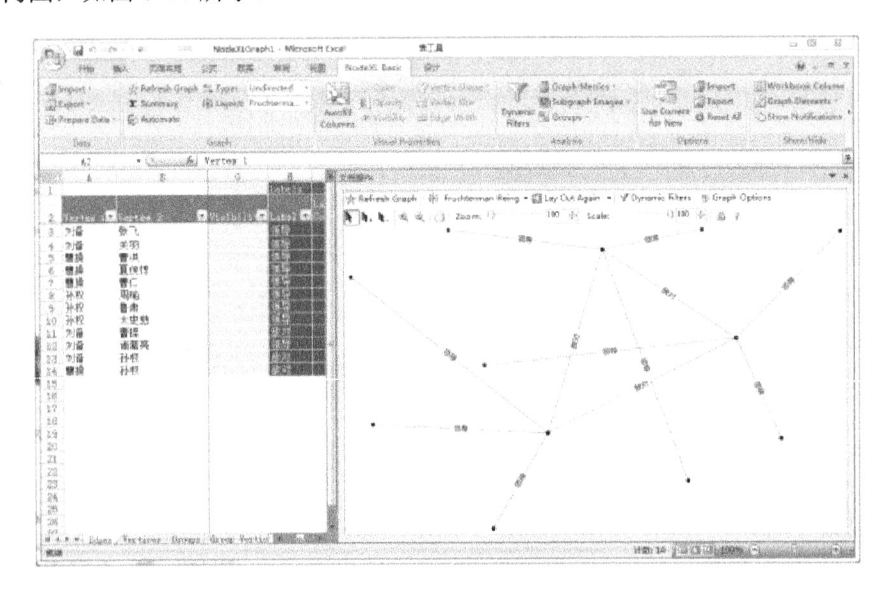

图 7-9 基本数据录入绘制效果

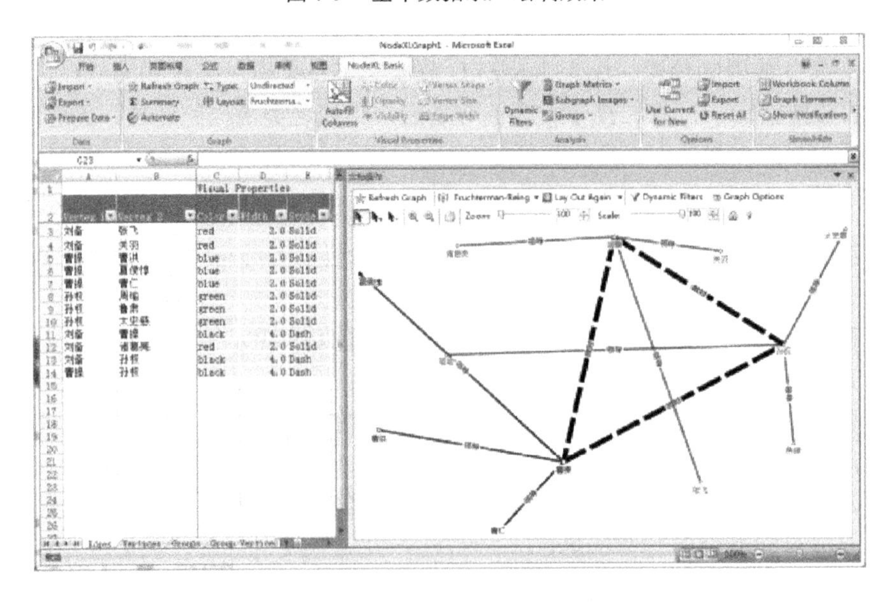

图 7-10 属性设置后网络绘制效果

在“图形”标签组和图形界面中，有“布局”选项，可以由系统对图形的布局做出调整。布局包括环状、网格状等多种样式，在选择后，单击“刷新图形”即可显示效果。仅由系统布局做出的网络图形具有一定的随机性，通常不能满足要求，如图 7-11 所示。这时可在右侧文档操作区域内选择任意节点后拖拽以达到满意效果。对于网络图的边而言，NodeXL 既可以支持无向图的描述，也可支持有向图的描述，只需要在“图形”标签组中对边的类型进行设定即可。另外，NodeXL 支持群组方式，可以在 Groups 工作表和 Group Vertices 工作表中编辑数据、可视化属性等，为群组设置相应的节点颜色、形状、是否可见、是否折叠等信息，使得群组信息更为突出，如图 7-12 所示。

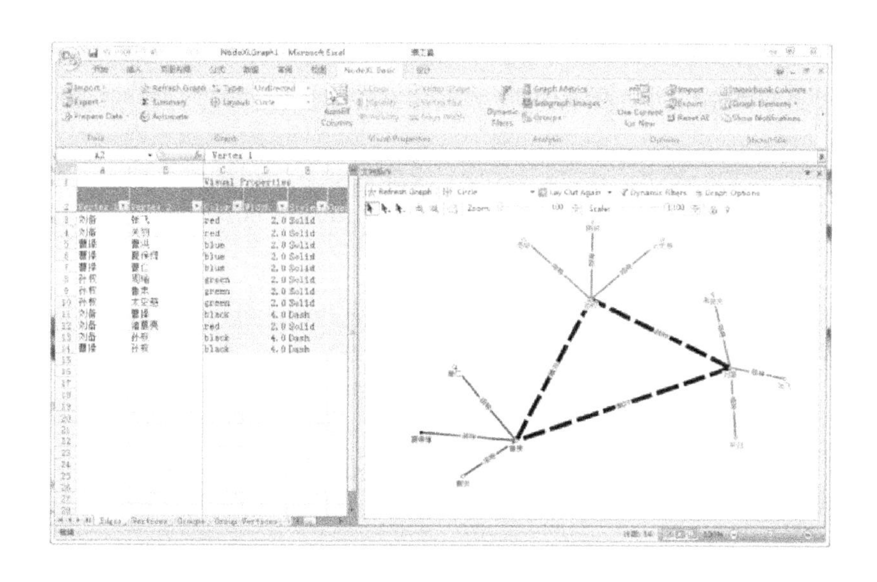

图 7-11　拖拽后网络绘制效果

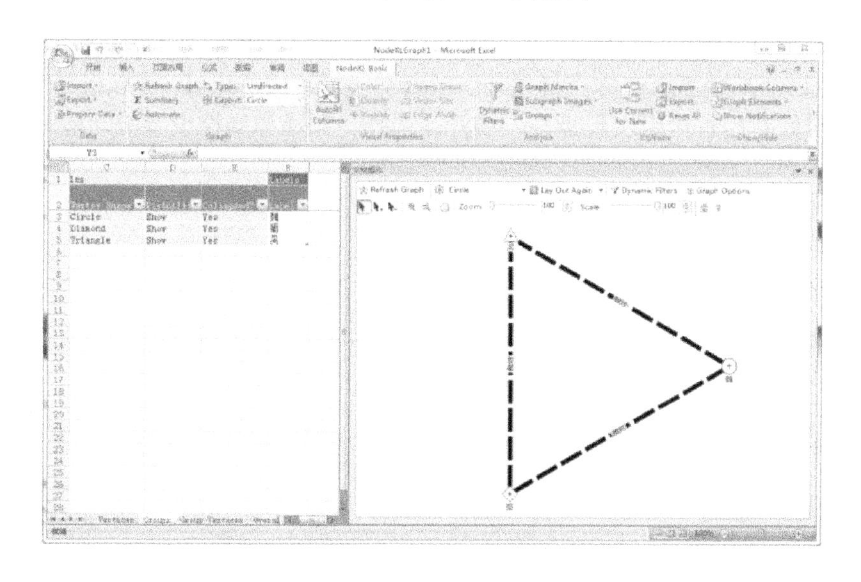

图 7-12　组群设置后网络绘制效果

当然，如果图形过于复杂，可以通过“可视化属性”中的“自动填充栏目”（Autofill Columns）功能自动填充节点、边和群组中的颜色、形状和大小等属性。

7.3.5　图形分析与数据过滤

NodeXL 不仅提供了复杂网络数据的绘制功能，还提供了图形分析和数据过滤功能。其中，图形分析功能可以实现出度、入度、相邻性、中心性、聚类等常见网络计算。在输入边、节点相关信息后，单击 NodeXL 的“分析”（Analysis）标签组中的“图形度量”（Graph Metrics）功能，就可以计算出这些值并填充到 Overall Metrics 数据表中，如图 7-13 所示。通过“分析”（Analysis）标签组中的“动态过滤器”（Dynamic Filters）功能，NodeXL 可以用多种参数（边宽度、节点坐标、度等）对网络图形进行过滤，呈现符合特定条件的节点和边，如图 7-14 所示。

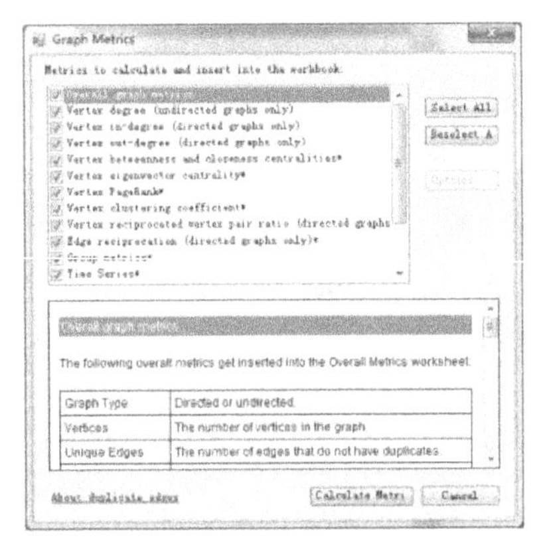

图 7-13　图形度量功能界面

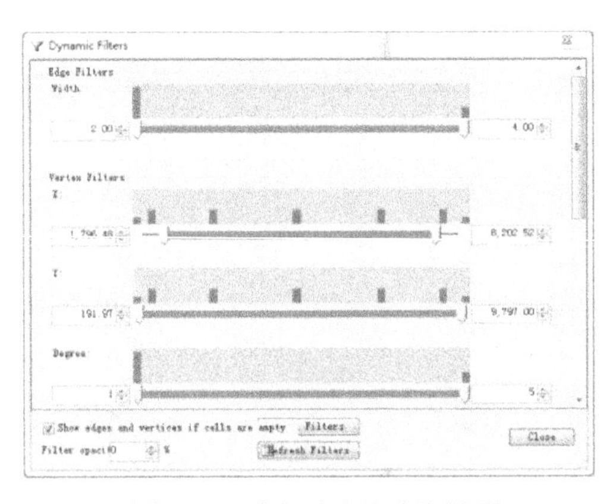

图 7-14　动态过滤器功能界面

另外，通过“分析”（Analysis）标签组中的“子图图像”（Subgraph Images）功能，NodeXL 可以用相邻节点的层数对网络所形成的子图图形进行创建和保存。通过“分析”（Analysis）标签组中的“群组”（Groups）功能，NodeXL 可以根据节点属性创建群组，并可针对已有群组实现折叠、展开、选择、删除和属性设置等功能。

7.4　ECharts

商业级数据图表（Enterprise Charts，ECharts）是一个纯 Javascript 的图表库，目前最高版本为 ECharts 3。ECharts 软件通过在 Web 页面中引入该库，可在 PC 和移动设备的浏览器中以表、图等方式绘制数据。

7.4.1　ECharts 架构及特点

1．ECharts 架构

该库底层依赖于轻量级的 ZRender（Zlevel Render）类库，通过其内部 MVC（Stroage（M）、Painter（V）、Handler（C））封装，实现图形显示、视图渲染、动画扩展和交互控制等，从而为用户提供直观、生动、可交互、可高度个性化定制的数据可视化图表。在图形的表示中，ECharts 支持柱状图（条状图）、折线图（区域图）、散点图（气泡图）、K 线图、饼图（环形图）、雷达图（填充雷达图）、和弦图、力导向布局图、地图、仪表盘、漏斗图、孤岛图等 12 类图表，同时提供标题、详情气泡、图例、值域、数据区域、时间轴、工具箱等 7 个可交互组件，支持多图表、组件的联动和组合展现。其基本架构如图 7-15 所示。

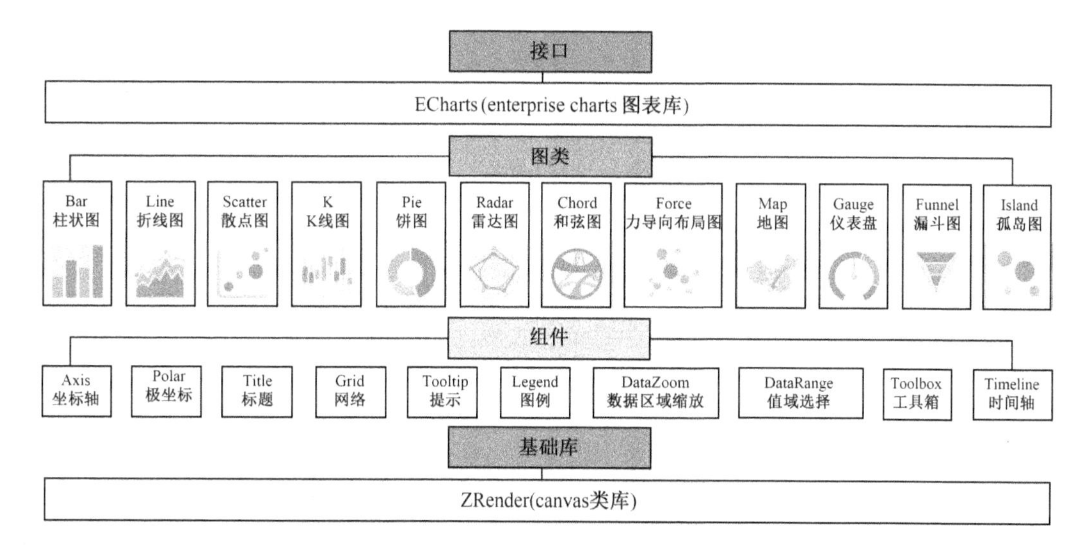

图 7-15　ECharts 基本架构

2. ECharts 特点

ECharts 具体有以下特点：

（1）可支持直角坐标系、极坐标系、地理坐标系等多种坐标系的独立使用和组合使用。

（2）对图表库进行简化，实现按需打包，并对移动端交互进行优化。

（3）提供了 legend、visualMap、dataZoom、tooltip 等组件，增加图表附带的漫游、选取等操作，提供了数据筛选、视图缩放、展示细节等功能。

（4）借助 canvas 的功能，支持大规模数据显示。

（5）配合视觉映射组件，以颜色、大小、透明度、明暗度等不同的视觉通道方式支持多维数据的显示。

（6）以数据为驱动，通过图表的动画方式展现动态数据。

7.4.2　基本组成

在 ECharts 中，一个完整的图表称为 chart，它包括坐标轴、极坐标、标题、网格、提示、图例、数据区域缩放、值域选择、工具箱、时间轴等多种基本组件，见表 7-1。所支持的图形类型见表 7-2。

表 7-1　基本组件

组件名称	描述
chart	指一个完整的图表，如折线图、饼图等“基本”图表类型或由基本图表组合而成的“混搭”图表，可能包括坐标轴、图例等
axis	直角坐标系中的一个坐标轴，坐标轴可分为类目型、数值型或时间型
xAxis	直角坐标系中的横轴，通常默认为类目型
yAxis	直角坐标系中的纵轴，通常默认为数值型
grid	直角坐标系中除坐标轴外的绘图网格，用于定义直角系整体布局
legend	图例，表述数据和图形的关联
dataRange	值域选择，常用于展现地域数据时选择值域范围
dataZoom	数据区域缩放，常用于展现大量数据时选择可视范围
roamController	缩放漫游组件，搭配地图使用
toolbox	辅助工具箱，辅助功能，如添加标线、框选缩放等
tooltip	气泡提示框，常用于展现更详细的数据
timeline	时间轴，常用于展现同一系列数据在时间维度上的多份数据
series	数据系列，一个图表可能包含多个系列，每一个系列可能包含多个数据

表 7-2　单图表类型

图表类型	描　　述
line	包括折线图、堆积折线图、区域图、堆积区域图
bar	包括柱形图（纵向）、堆积柱形图、条形图（横向）、堆积条形图
scatter	包括散点图、气泡图。当多维数据加入时，散点数据可以映射为颜色或大小；当映射到大小时，则为气泡图
k	包括 K 线图、蜡烛图，常用于展现股票交易数据
pie	包括饼图、圆环图、南丁格尔玫瑰图
radar	包括雷达图、填充雷达图。高维度数据展现的常用图表
chord	和弦图。常用于展现关系数据，外层为圆环图，可体现数据占比关系，内层为各个扇形间相互连接的弦，可体现关系数据
force	力导布局图。常用于展现复杂关系网络聚类布局
map	地图。内置世界地图数据，并可通过标准 GeoJson 扩展地图类型。支持 svg 扩展类地图应用，如室内地图、运动场、物件构造等
heatmap	热力图。用于展现密度分布信息，支持与地图、百度地图插件联合使用
gauge	仪表盘。用于展现关键指标数据，常见于 BI 类系统
funnel	漏斗图。用于展现数据经过筛选、过滤等流程处理后发生的数据变化，常见于 BI 类系统
eventRiver	事件河流图。常用于展示具有时间属性的多个事件，以及事件随时间的演化
treemap	矩形式树状结构图，简称矩形树图。用于展示树形数据结构，优势是能最大限度地展示节点的尺寸特征
venn	韦恩图。用于展示集合以及它们的交集
tree	树图。用于展示树形数据结构各节点的层级关系
wordCloud	词云。词云是关键词的视觉化描述，用于汇总用户生成的标签或一个网站的文字内容

7.4.3　引入 ECharts

在实际的使用过程中，ECharts 2 提供了多种接口供使用者调用，包括模块化包引入、模块化单文件引入、标签式单文件引入等。而 ECharts 3 不再强制使用 AMD 方式按需引入，而是采用 script 标签引入。ECharts 3 的 script 标签引入方法示例如下：

```
<!DOCTYPE html>
<html>
<head>
    <meta charset="utf-8">
    <!-- 引入 ECharts 文件 -->
    <script src="echarts.min.js"></script>
</head>
</html>
```

7.4.4　图表绘制

1．图表绘制方法

根据绘制图表的需要，在网页的指定位置上开辟一个具有大小（宽高）的 DOM 容器，代码如下：

```
<body>
    <!-- 为 ECharts 准备一个具备大小（宽高）的 DOM -->
    <div id="main" style="width: 600px;height:400px;"></div>
</body>
```

在随后的 script 中，首先通过 echarts.init()方法初始化一个 echarts 实例；其次，设定图表的绘制类型、坐标、内容等参数；最后，通过 setOption()方法绘制图表。生成柱状图的部分代码如下：

```
        var option = {
            title: { text: '柱状图示例 1'},
            tooltip: {},
            legend: {data:['分数']},
            xAxis: {
                data: ["数学","英语","语文","政治","体育","音乐"]
            },
            yAxis: {},
            series: [{
                name: '分数',
                type: 'bar',
                data: [60, 80, 76, 90, 100, 65]
            }]
        };
        myChart.setOption(option);
```

上述代码的运行结果如图 7-16 所示。

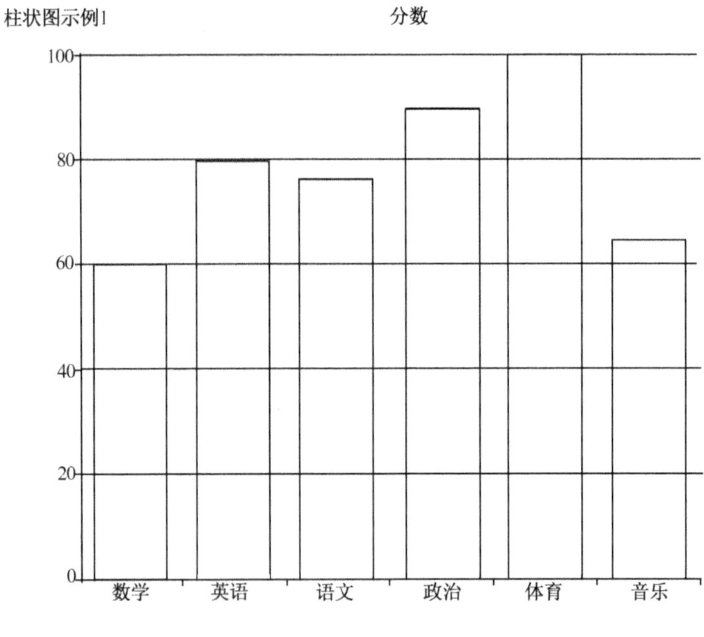

图 7-16　柱状图示例

2. 异步数据加载

ECharts 可以非常容易地完成异步数据的更新。只要在图表初始化后，通过 setOption 将获取的异步更新数据填入即可。利用 jQuery 方式完成异步更新数据的代码如下：

```
var myChart = echarts.init(document.getElementById('main'));
$.get('data.json').done(function (data) {
    myChart.setOption({
        title: { text: '柱状图示例 2' },
        tooltip: {},
        legend: {data:['分数']
        },
        xAxis: {
            data: ["数学","英语","语文","政治","体育","音乐"]
        },
        yAxis: {},
        series: [{
            name: '分数',
            type: 'bar',
            data: [60, 80, 76, 90, 100, 65]
        }]
    });
});
```

考虑到有些数据的加载时间较长，ECharts 提供了一个 loading 的动画来提示用户。该动画只需要调用 showLoading()方法显示。当数据加载完成后，再调用 hideLoading()方法隐藏加载动画。其代码如下：

```
myChart.showLoading();
$.get('data.json').done(function (data) {
    myChart.hideLoading();
    myChart.setOption(...);
});
```

3．加入交互组件

ECharts 提供了很多交互组件，如图例组件（legend）、标题组件（title）、视觉映射组件（visualMap）、数据区域缩放组件（dataZoom）、时间线组件（timeline）等。下面以数据区域缩放组件（dataZoom）为例介绍如何在绘制图表过程中加入这类组件。dataZoom 组件是 ECharts 提供给使用者通过鼠标方式实现沿数轴（axis）缩放、平移等操作的交互式组件之一。dataZoom 组件是通过数据过滤来达到数据窗口缩放、平移等效果的。目前，dataZoom 组件的数据窗口范围的设置支持百分比形式和绝对数值形式两种。dataZoom 组件支持 3 种子组件：

（1）内置型数据区域缩放组件（dataZoomInside）：内置于坐标系中。

（2）滑动条型数据区域缩放组件（dataZoomSlider）：有单独的滑动条操作。

（3）框选型数据区域缩放组件（dataZoomSelect）：全屏的选框进行数据区域缩放。

以下代码以散点图为例说明该组件的使用，绘制结果如图 7-17 所示。

```
option = {
    xAxis: {
        type: 'value'
    },
    yAxis: {
        type: 'value'
    },
    dataZoom: [
        {   // 这个 dataZoom 组件默认控制 x 轴
            type: 'slider', // 这个 dataZoom 组件是 slider 型 dataZoom 组件
            start: 10,
            end: 35
        }
    ],
    series: [
        {
            type: 'scatter',
            itemStyle: {
```

```
                    normal: {
                        opacity: 0.7
                    }
                },
                symbolSize: function (val) {
                    return val[2] * 80;
                },
                data:
[["14","7.","0.8"],["3","5","0.9"],["2.","8","0.6"],["9","9.","0.1"],["14","4","0.5"],["12","1","0.9"],["4","8","0.1
"],["0","4","0.7"],["7","2","0.6"],["14","5","0.3"]]
            }
        ]
    }
```

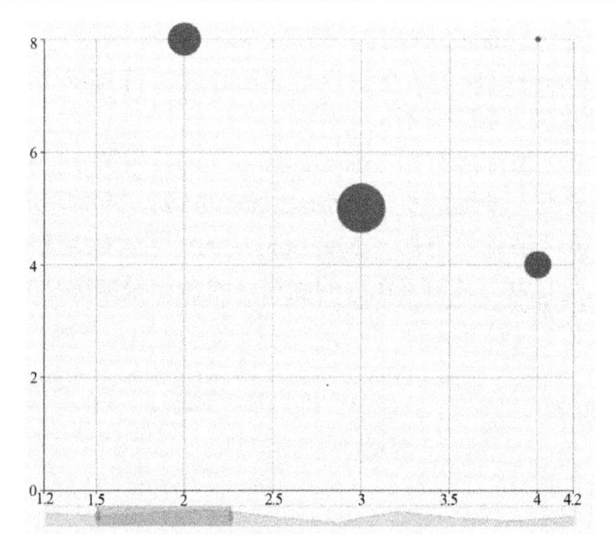

图 7-17　dataZoom 组件示例

4．数据的视觉映射

ECharts 提供了 visualMap 组件来解决从数据到视觉元素的映射问题。visualMap 组件中可以使用的视觉元素有图形类别（symbol）、图形大小（symbolSize）、颜色（color）、透明度（opacity）、颜色透明度（colorAlpha）、颜色明暗度（colorLightness）、颜色饱和度（colorSaturation）、色调（colorHue）等。visualMap 组件包括连续型视觉映射组件（visualMapContinuous）和分段型视觉映射组件（visualMapPiecewise）两种类型。

1）连续型视觉映射组件

以下代码以热力图为例，说明连续型视觉映射组件的用法，绘制结果如图 7-18 所示。

```
option = {
```

```
    tooltip: {},
    grid: {
        right: 10,
        left: 140
    },
    xAxis: {
        type: 'category',
        data: xData
    },
    yAxis: {
        type: 'category',
        data: yData
    },
    visualMap: {
        min: 0, //范围的最小值
        max: 1, //范围的最大值
        type: 'continuous',//类型
        calculable: true,
        orient: 'horizontal',
        left: 'center',
        color: ['orangered','yellow','lightskyblue'] //范围的颜色设置
    },
    series: [{
        name: 'Gaussian',
        type: 'heatmap',
        data: data,
        itemStyle: {
            emphasis: {
                borderColor: '#333',
                borderWidth: 1
            }
        },
        progressive: 1000,
        animation: false
    }]
```

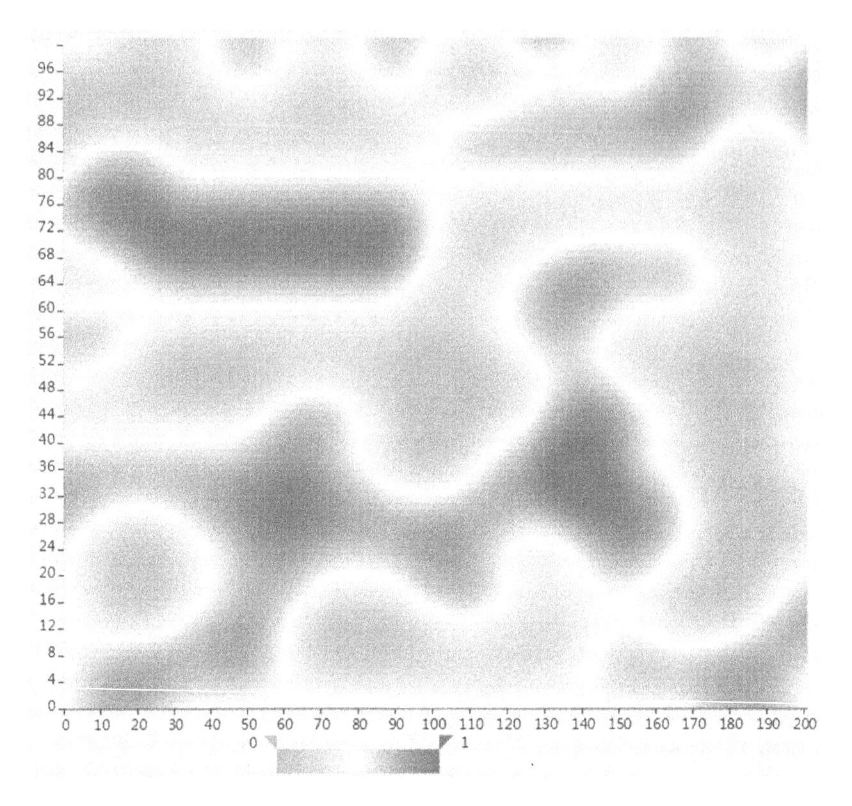

图 7-18　连续型视觉映射组件示例

2）分段型视觉映射组件

分段型视觉映射组件包括以下 3 种模式。

（1）连续型数据平均分段：依据 visualMap-piecewise.splitNumber 设置数值将数值区域自动平均分割成若干块。

（2）连续型数据自定义分段：依据 visualMap-piecewise.pieces 设置数值来定义每块范围。

（3）离散数据（类别性数据）：依据 visualMap-piecewise.categories 设置的类别定义每块范围。

以下代码以访问来源统计情况为例，说明分段型视觉映射组件的用法，绘制结果如图 7-19 所示。

```
option = {
    backgroundColor: '#2c343c',
    title: {
        text: '访问来源统计',
        left: 'center',
        top: 20,
        textStyle: {
            color: '#ccc'
        }
    },
```

```
        tooltip : {
            trigger: 'item'
        },
        visualMap: {
            show: false,
            min: 250,//范围的最小值
            max: 450,//范围的最大值
            type: 'piecewise',//类型
            splitNumber: 10,//分段
            color: ['red', 'yellow', 'green' ,'blue']//多种颜色
        },
        series : [
            {
                name:'访问来源',
                type:'pie',//图形类型
                radius : '55%',
                center: ['50%', '50%'],
                data:[
                    {value:335, name:'直接访问'},
                    {value:310, name:'邮件营销'},
                    {value:274, name:'联盟广告'},
                    {value:335, name:'视频广告'},
                    {value:440, name:'搜索引擎'}
                ].sort(function (a, b) { return a.value - b.value; }),//排序
                roseType: 'radius',
                label: {
                    normal: {
                        textStyle: {
                            color: 'rgba(255, 255, 255, 0.3)'
                        }
                    }
                },
                labelLine: {
                    normal: {
                        lineStyle: {
                            color: 'rgba(255, 255, 255, 0.3)'
                        },
                        smooth: 0.2,
                        length: 10,
                        length2: 20
                    }
                }
          }
        ]
    };
```

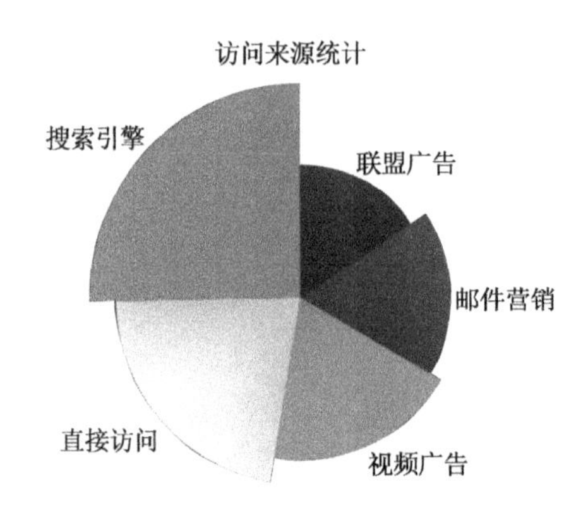

图 7-19 分段型视觉映射组件示例

当然，ECharts 除了提供上述功能外，还支持鼠标选择、拖拽等动作交互、移动终端自适应显示等许多功能。

7.5 Tableau

Tableau 是新一代商业智能工具软件，它将数据连接、运算、分析与图表结合在一起。通过拖放方式创建各种图表，Tableau 使业务领域中各种数据更加容易操控，理解更加透彻。

7.5.1 Tableau 简介

Tableau 产品包括 Tableau Desktop、Tableau Server、Tableau Public、Tableau Online 和 Tableau Reader 等多种。其中，Tableau Desktop、Tableau Server、Tableau Reader 使用最多。

1. Tableau Desktop

Tableau Desktop 是一款基于斯坦福大学突破性技术的桌面软件应用程序，分为个人版和专业版。Tableau Desktop 能连接到许多数据源，如 Access、Excel、文本文件、DB2、MS SQL Server、Sybase 等。在获取数据源中的各类结构化数据后，Tableau Desktop 可以通过拖放式界面快速地生成各种美观的图表、坐标图、仪表盘与报告，并允许用户以自定义的方式设置视图、布局、形状、颜色等，从而通过各种视角来展现业务领域数据及其内在关系。

2. Tableau Server

Tableau Server 是一款企业智能化应用软件，该软件基于浏览器提供数据的分析和图表的生成。通过 Web 浏览器的发布方式，Tableau Server 将 Tableau Desktop 中最新的交互式数据转换为可视化内容，仪表盘、报告与工作簿的共享变得迅速简便。这使得使用者可以将 Tableau 视图嵌入其他 Web 应用程序中，灵活、方便地生成各类报告。同时，利用 Web 发布技术，Tableau Server 也支持 iPad 或 Andriod 移动应用端的数据交互、过滤、排序与自定义视图等功能。

3. Tableau Reader

Tableau Reader 是一款免费的应用软件，用来打开 Tableau Desktop 所创建的报表、视图、仪表盘文件等。在分享 Tableau Desktop 数据分析结果的同时，Tableau Reader 可以进一步对工作簿中的数据进行过滤、筛选和检测。

7.5.2 Tableau 的使用

1. 数据获取

Tableau 作为一种数据可视化软件，首要解决的就是各类数据获取问题。在 Tableau 中，提供了良好的接口，可以使用户快速地连接到各种常见的数据源以获取数据。按照类型不同，数据源可分为文件数据和存储在服务器上的数据库文件两类。下面简要介绍 Tableau 的数据源连接过程。

1）文件数据的获取

在此，以工作中最常见的 Microsoft Excel 文件获取为例进行介绍。其他文件类型的数据获取方式类似。

（1）在 Tableau Desktop 软件打开后，在主界面（见图 7-20）中单击“连接到文件”，选择 Microsoft Excel 数据源类型，打开 Excel 工作簿连接窗口，如图 7-21 所示。在该窗口中，选择所要分析数据的 Excel 文件和数据表。

图 7-20　Tableau Desktop 软件主界面

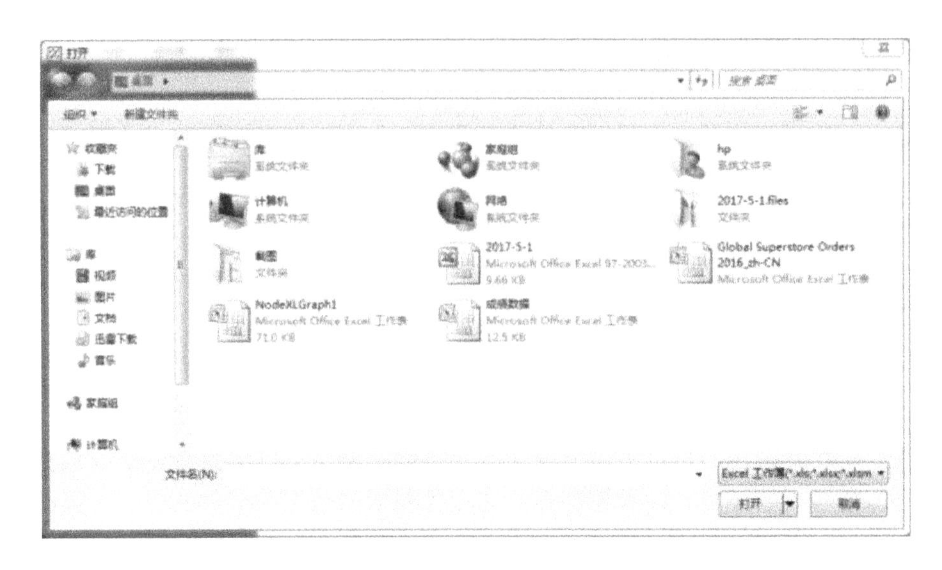

图 7-21　Excel 工作簿连接窗口

（2）在单击“确定”后，出现工作簿 1 的窗口，如图 7-22 所示。拖动工作表到相应区域，就可以将数据显示在下方列表处，如图 7-23 所示。数据连接包括实时和数据提取两种方式。在数据量不大的情况下，可选择“实时”；在数据量很大的情况下，可以根据实际需要，将数据导入 Tableau 数据引擎，从而加快数据分析和处理的速度。在分析海量数据时，由于导入数据引擎有所限制，也可采用实时连接方式。

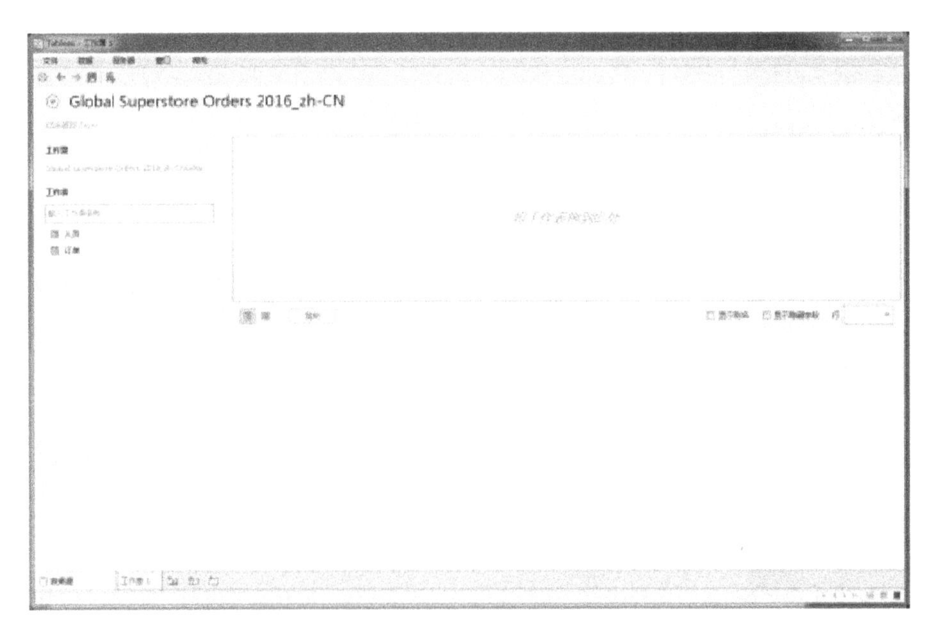

图 7-22　工作簿 1 窗口

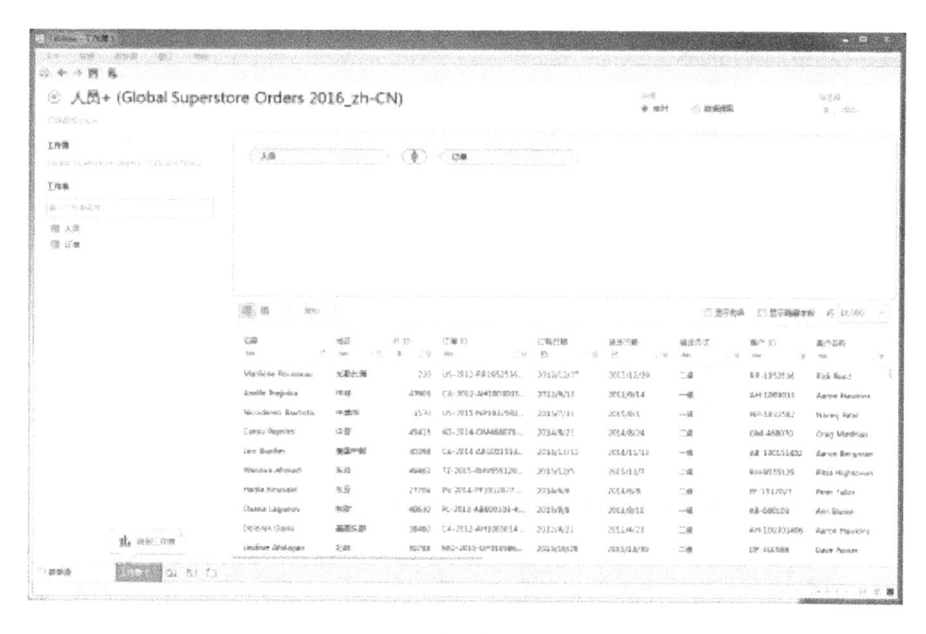

图 7-23　数据加载后界面

（3）以“实时连接”方式连接 Excel 数据文件，单击下方的“工作表 1”区域，打开数据分析的主界面，如图 7-24 所示。在该界面中，左侧有一个“纬度”列表框和一个“度量”列表框。“纬度”列表框中，一般是定性的数据，而“度量”列表框中是定量数据。这些数据都是 Excel 数据文件中的字段，由 Tableau 自动分析后归类得来。若不符合实际情况，Tableau 支持以手动拖拽方式进行分类。界面的右侧则是主分析区域，主要完成数据的筛选、分析和显示功能。

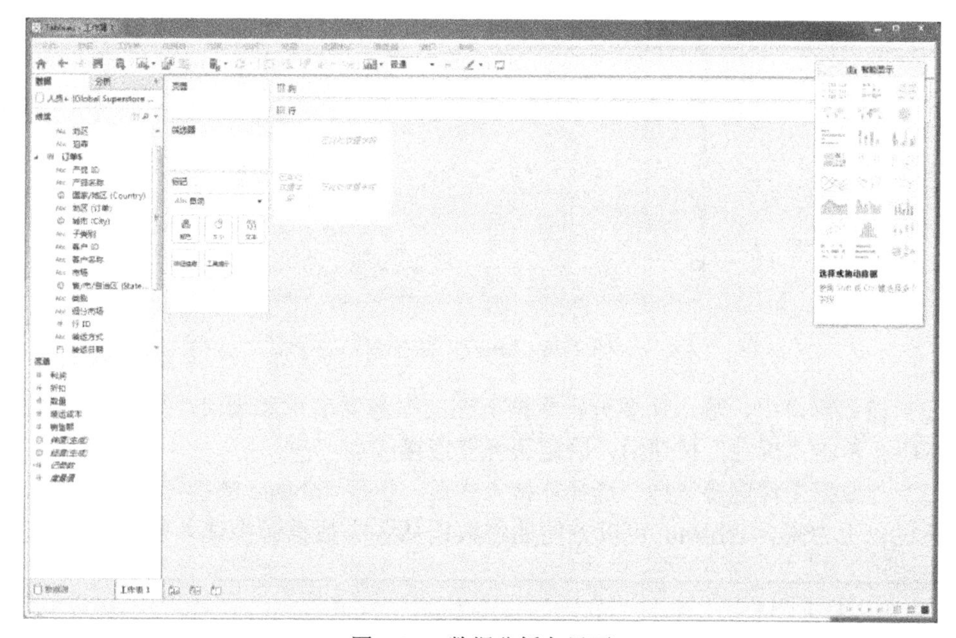

图 7-24　数据分析主界面

2）数据库数据的获取

下面以网络中常见的 MySQL 数据库为例介绍数据的获取。

（1）与文件类型的数据获取方式类似，在 Tableau Desktop 软件的主界面中单击“连接到服务器”中的“更多服务器”，如图 7-25 所示。在其中选择 MySQL 数据源类型，打开 MySQL 连接窗口，如图 7-26 所示。

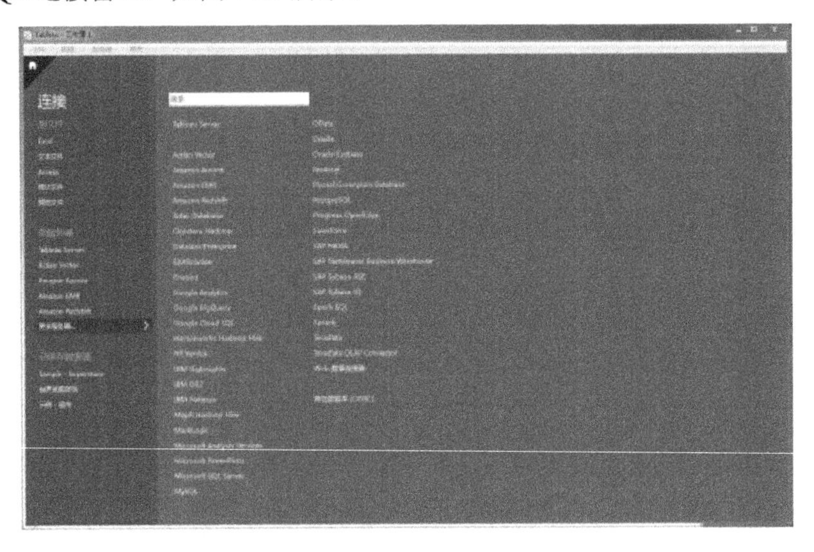

图 7-25　连接更多服务器

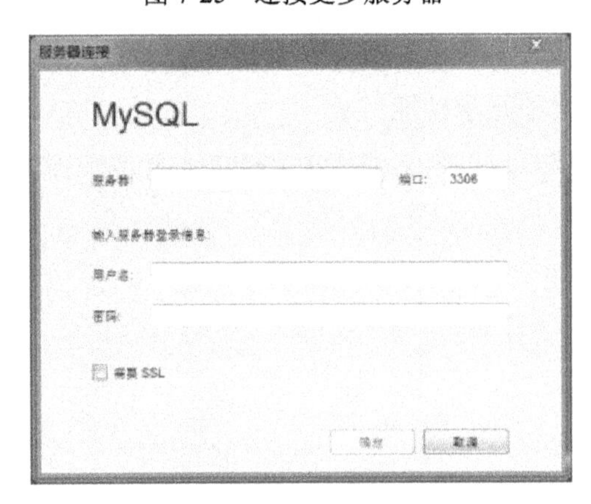

图 7-26　MySQL 连接窗口

（2）在该窗口中，输入所要分析数据所在的服务器名称和端口，登录服务器的用户名和密码。单击“确定”按钮后，确定服务器连接成功。

（3）与数据文件连接一样，选择连接方式后，出现 Tableau 的主工作区。

通过以上方式，Tableau 可以方便地将数据从各类数据源中读入软件系统，供下一步分析所用。

2．数据显示

在 Tableau 的右侧工作区内，可以通过拖拽形成图表来显示数据。具体地说，把左侧“纬度”列表框和“度量”列表框内的字段项拖拽到右侧视图区内的行、列变量框内（横轴变量框、纵轴变量框），即可形成一个对应的图表，默认是条形图。Tableau 包括表、条形图、折线图、散点图、区域图、饼图、热图、地图、气泡图、甘特图、文字云等 22 种不同类型的图形。在默认情况下，系统会根据数据字段自动选择合适的图形作为展示。同时，也可以选择某种图形进行数据可视化。下面对其中几种图形进行简要介绍。

（1）地图。当数据中有“地理位置数据”时，Tableau 可以用地图来展示业务数据。在数据源中，选择地理位置数据作为“行”，所要可视化的数据作为“列”，系统就可在视图区自动生成一张地图，并将用户数据以圆圈的形式显示在地图上。当然，也可以通过修改标记、详细级别、颜色等属性设置，进一步优化数据显示效果。

（2）条形图。条形图是最常用的可视化统计图表之一，包括水平放置和竖直放置两类，通过数据源中的数据拖放到行、列轴上，就可以显示条形图。

（3）线形图。可以将独立的数据点连接起来，通过线形图中的大量连续点描述数据变化趋势，通常用来展示随时间变化的数据。线形图包括曲线图和折线图两类。

（4）饼图。一般用来显示相对比例或占总体的百分比情况。通过设置饼图的标签、颜色、角度、大小等属性来显示数据。

（5）复合图。当一种图形不能满足需求时，Tableau 提供了可以在一张图里组合多种图来显示数据的图表——复合图。

（6）散点图。散点图多用来分析不同字段间的关系，可以有效地发现数据的某种趋势、集中度及异常值。

（7）热图。当需要区分和对比两组或多组分类数据时，Tableau 中的热图可以通过不同颜色、大小来直观显示数据之间的差异。

（8）甘特图。当用来分析项目进度和管理项目日期时，系统中的甘特图可以方便地显示日期和数据的关系。

（9）直方图。又称质量分布图、柱状图。系统通过一系列高度不等的纵向条纹或线段表示数据分布情况。

除了以上各种图，系统还提供了用于可视化的其他图，读者可参考系统的使用说明，在此不再详述。另外，很多情况下，单张图表不能满足分析的需要，需要维护图表之间的交互。Tableau 中提供仪表板来进行交互的设计和图形的展现。

3. 数据操作

（1）排序。在分析数据时，Tableau 提供了多种排序方式，包括升序、降序、直接拖动、按字母列表、手动设置等。

（2）分组。在分析某些特定数据时，为了避免数值很小的数据项对显示和分析的干扰，Tableau 可以通过创建数集的方式，将这些小的值合并在一个组中显示。

（3）分层。系统可对一些纬度自动创建分层结构，利用多个层次的归并和数值汇总，以便在做分析时快速得到结果。

4．主要功能函数

Tableau 系统提供了大量的功能函数，通过这些函数可以快速地构造出新的字段，并利用这些新字段发现更多的信息。

（1）聚合函数：包括求和用的 SUM 函数、统计个数的 COUNT 函数。

（2）日期函数：包括表达日期之差的 DATEDIFF 函数、DATEADD 函数、DATENAME 函数、YEAR 函数、DAY 函数等。

（3）逻辑函数：逻辑判断的 IF 函数等。

除此之外，还有一些其他函数可供用户使用。

7.5.3 Tableau 数据可视化示例

本节通过 Tableau 软件来实现 Excel 中数据的基本可视化，以供大家参考。

1．数据连接

通过文件数据源把数据源“成绩数据.xlsx”导入 Tableau 中，如图 7-27 所示。在该数据源中，只有一张工作簿，里面含有序号、学号、性别、行政班级、网络应用开发成绩、防火墙技术成绩、网络测试成绩等字段。单击“工作表 1”，在左侧的纬度及度量区可以看到所有指标，如图 7-28 所示。

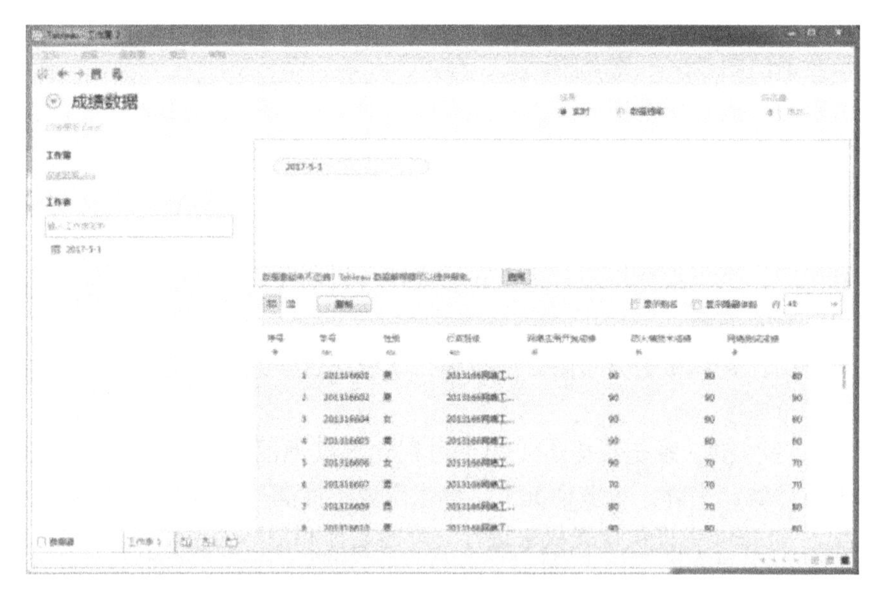

图 7-27　数据导入到 Tableau 界面

2．制作图表

（1）将“网络应用开发成绩”“学号”分别拖到行和列中，系统可自动形成条形图，如图 7-29 所示。在该图中，反映了所有学生选修该门课的成绩。为了突出显示，可以在“标记”面板中设置颜色、大小、标签等，设置后如图 7-30 所示。当然，也可以根据需要设置标记类型，如选择“线”，则结果如图 7-31 所示。

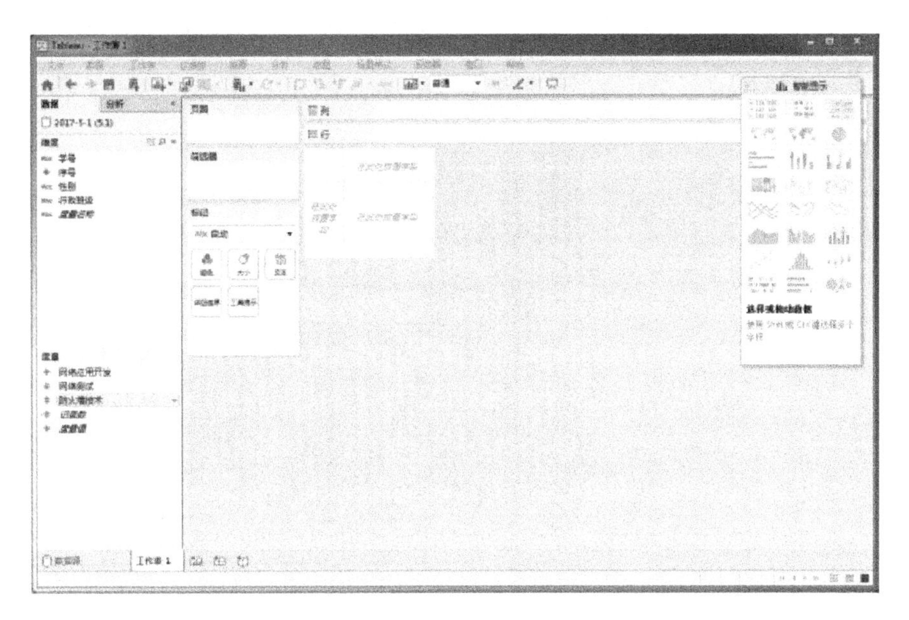

图 7-28　工作表 1 的工作界面

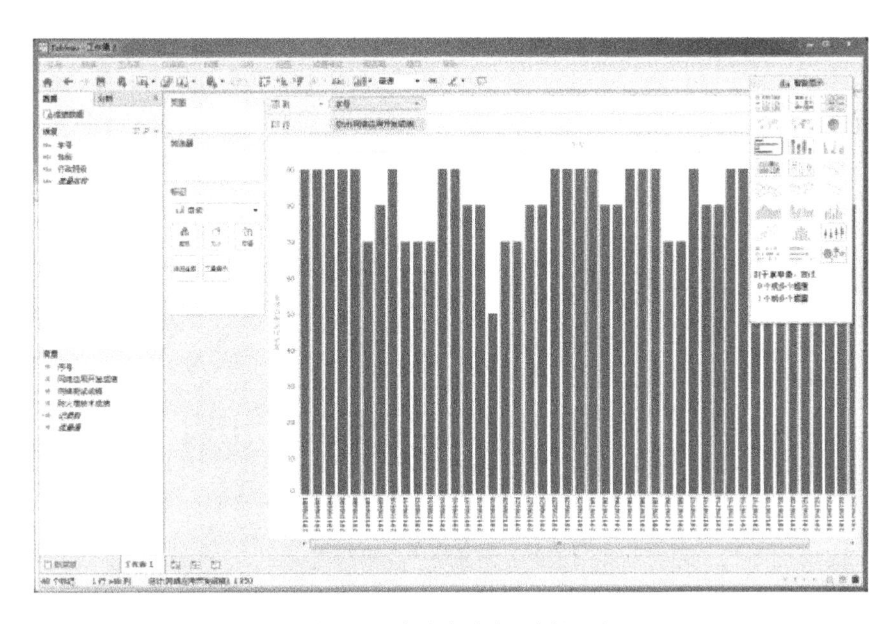

图 7-29　自动生成条形图界面

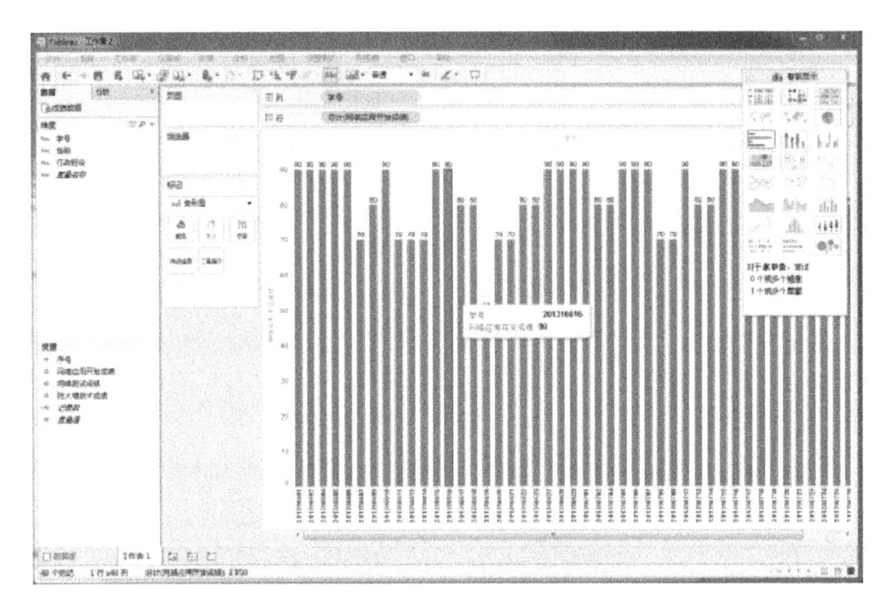

图 7-30　设置颜色、标签后的效果

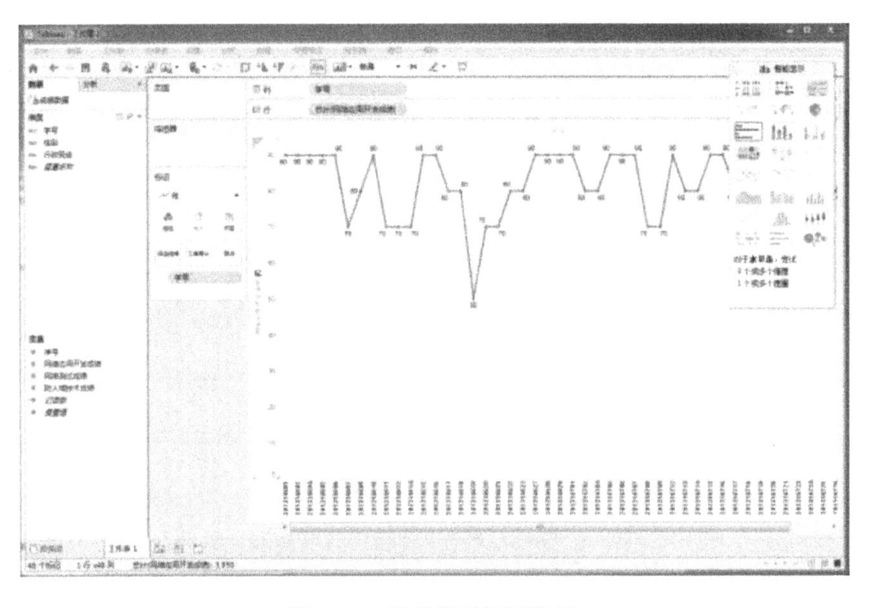

图 7-31　设置线形标记效果

（2）若条形图无法满足需求，可以在“智能显示”中选择相应的图表进行绘制，例如，选择“突出显示表”，就可以看到成绩和颜色相对应的变化情况，让人一目了然，如图 7-32 所示。在此，可以通过“编辑颜色”窗口改变颜色及数据的对应关系，如图 7-33 所示。确定后，显示结果如图 7-34 所示。

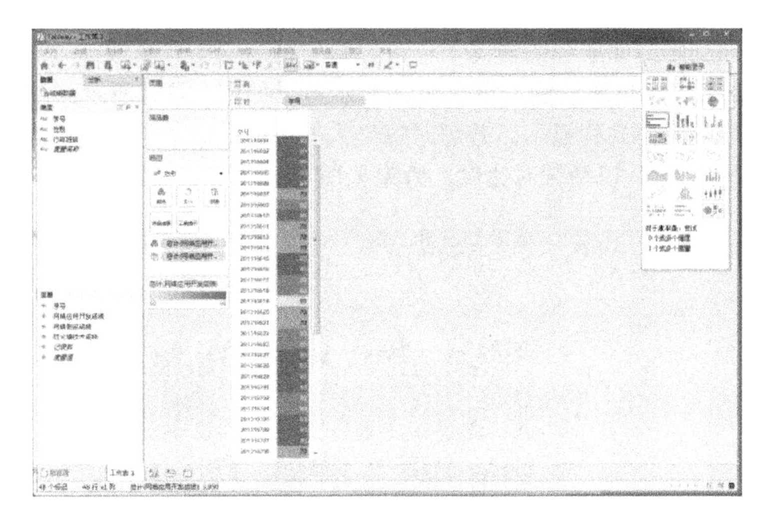

图 7-32　以突出显示表显示数据界面

图 7-33　“编辑颜色”窗口

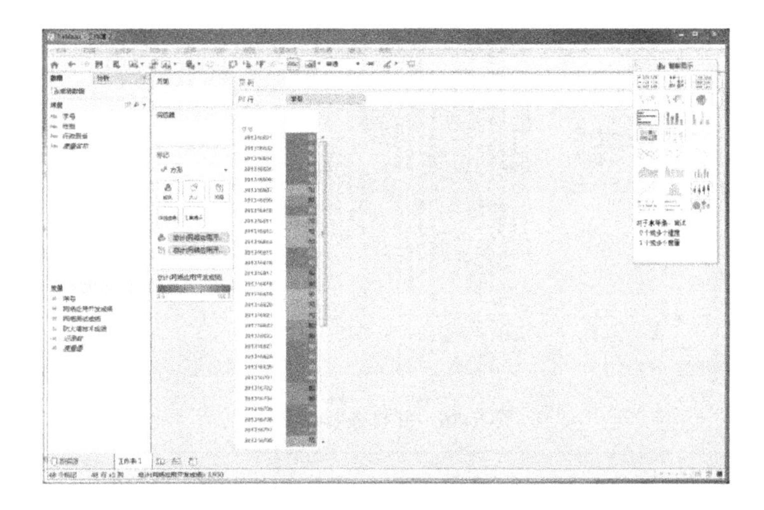

图 7-34　设置颜色后显示效果

（3）在考虑到多门课成绩的情况下，可以将“网络应用开发成绩”“网络测试成绩”“防火墙技术成绩”一起拖动到“行”中，显示效果如图 7-35 所示。这时，对应于学号，将每门课成绩纵向排列显示。若想对每个人的三门成绩进行比较，则可在“智能显示”中选择“并排条”，以增强对比度，效果如图 7-36 所示。

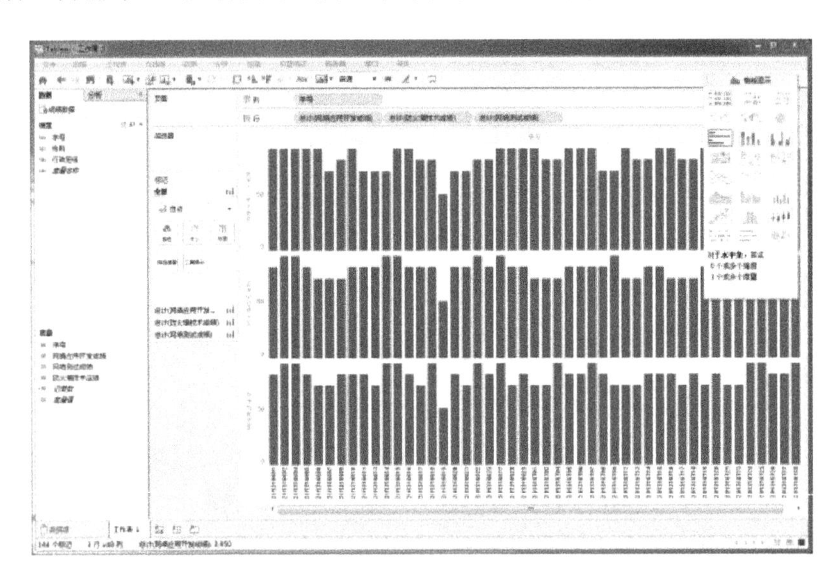

图 7-35　多门课程数据显示效果

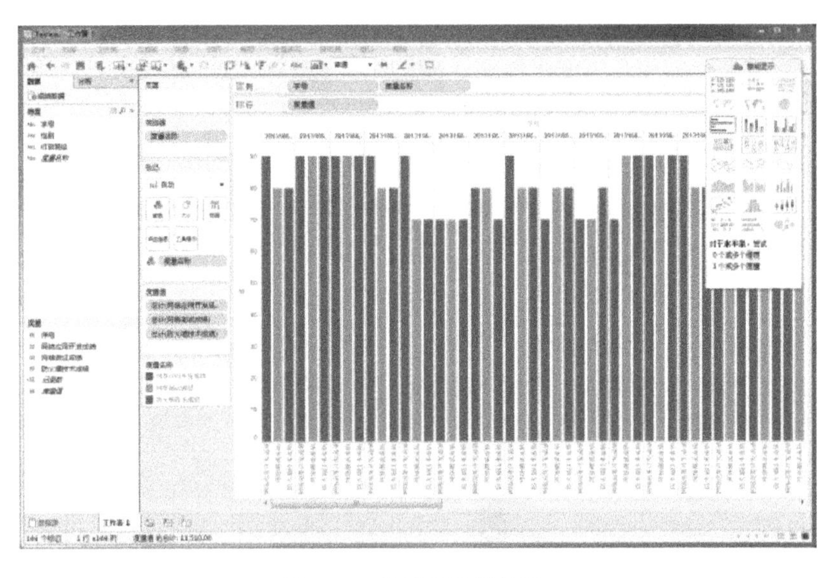

图 7-36　并排条显示效果

（4）若需要对成绩按班级进行统计分析，可以简单地将“行政班级”拖动到列中，此时，系统将按照班级统计三门课程的成绩，并进行对比分析，如图 7-37 所示。

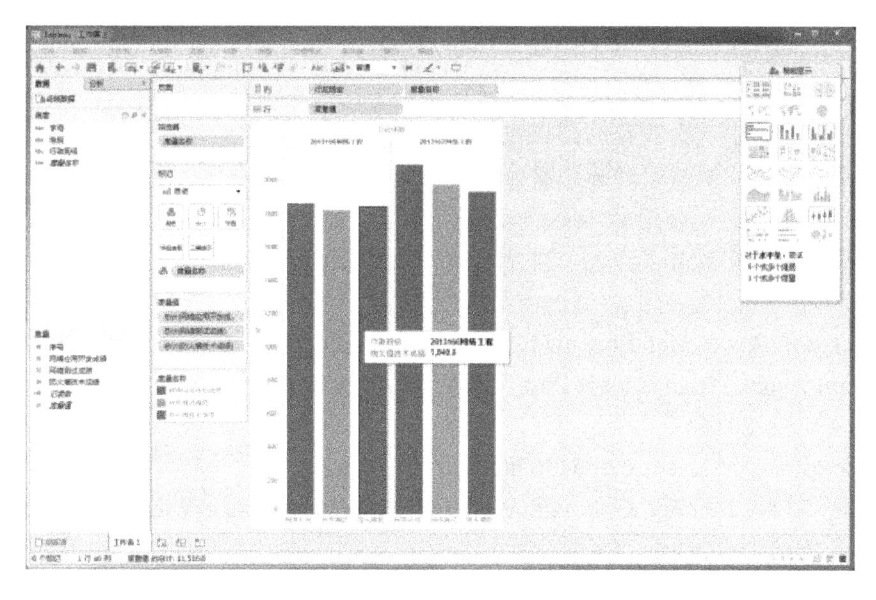

图 7-37　数据按班级统计显示效果

当然，Tableau 还有很多功能，如利用筛选器筛选数据、生成动态仪表板来增加用户交互效果、生成故事以进行演示、共享数据等。在 Tableau 官方网站的学习栏目（https://www.tableau.com/zh-cn/learn）中，提供了大量免费视频，可供用户学习和参考。

习题

一、选择题

1．Power Map 窗口主要部分有（　　）。

A. 地图可视化区域　　B. 任务面板　　C. 演示编辑区

D. Power Map 功能区　　E. Power Map 信息条

2．Processing 提供的绘制圆弧函数为（　　）。

A. curve 函数　　B. line 函数　　C. Arcs 函数　　D. rect 函数

3．NodeXL 的数据界面可直接录入的基础数据包括（　　）。

A. Edges　　B. Line　　C. Groups

D. Group Vertices　　E. Vertices

4．ECharts 提供了（　　）组件来解决从数据到视觉元素的映射问题。

A. dataZoom　　B. legend　　C. visualMap

D. title　　E. timeline

5．在 Tableau 中，其数据连接包括（　　）方式。

A. 数据提取　　B. 异步　　C. 实时　　D. 分布式

二、简答题

1．Power Map 提供哪些图表来显示数据？

2．Processing 应用程序的结构主要包括哪两个部分？

3．NodeXL 的基础数据包括哪些？

4．ECharts 中一个完整的图表包括哪些基本组件？

5．Tableau 如何从数据源获取数据？

参考文献

[1] Microsoft Power Map Preview for Excel Getting Started. https://support.office.com/.

[2] Adam Aspin , High Impact Data Visualization with Power View, Power Map, and Power BI, Apress, 2014.

[3] http://office.jb51.net/excel/5496.html.

[4] Casey Reas , Ben Fry .Getting Started with Processing, Maker Media, Inc,2010.

[5] https://processing.org/.

[6] 孙洪涛. 开源工具支持下的社会网络分析——NodeXL 介绍与案例研究[J]. 中国远程教育，2013（2）：14-20.

[7] Derek Hansen，Ben Shneiderman，Marc A Smith . Analyzing Social Media Networks with NodeXL, Morgan Kaufmann, 2010.

[8] http://nodexl.codeplex.com/.

[9] http://echarts.baidu.com/.

[10] ［美］佩克. Tableau 8 权威指南[M]. 包明明，译. 北京：人民邮电出版社，2014.

[11] https://www.tableau.com/.

[12] https://www.tableau.com/zh-cn/learn.

第 8 章　大数据可视化系统——魔镜

商务智能（Business Intelligence，BI）是指将储存于各种商业信息系统中的数据转换成有用信息的技术，涉及领域非常广，是集收集、合并、分析和提供信息存取功能于一体的解决方案。

目前，各个行业都面对着激烈的竞争，及时、准确的决策已成为企业生存与发展的生命线。随着信息技术在企业中的普遍应用，企业产生了大量富有价值的电子数据。但这些数据大都存储于不同的系统中，数据的定义和格式也不统一，BI 系统能从不同的数据源收集的数据中提取（E）有用的数据，并对这些数据进行清洗，以确保数据的正确性，然后对数据进行转换（T）、重构等操作后，将其存入（L）数据仓库或数据集市；再运用适合的查询工具、分析工具、数据挖掘工具、OLAP 工具等管理分析工具进行处理，使信息变为辅助决策（DSS）的知识，并将知识以适当的方式展示在决策者面前，供决策者运筹帷幄。

8.1　魔镜简介

通过大数据魔镜，企业积累的各种来自内部和外部的数据，如网站数据、销售数据、ERP 数据、财务数据、大数据、社会化数据、各种数据库等，都可进行整合、探索、挖掘、分享和控制，以实现数据价值到商业价值的完美蜕变。大数据魔镜简单易用，无技术壁垒，无论是领导还是普通业务人员都可迅速使用，实现企业的数据民主，轻松构建企业数据价值挖掘体系。大数据魔镜拥有全国最大的数据可视化效果库和数据源连接库，1000 多种数据挖掘算法、行业模型和海量数据的实时计算，帮助企业变数据为黄金。大数据魔镜为企业提供从数据清洗处理、数据仓库、数据分析挖掘到数据可视化展示的全套解决方案，同时针对企业的特定需求，提供定制化的大数据解决方案，从而推动企业实现数据智能化管理，增强核心竞争力，获取最大化利润。

大数据魔镜功能强大，行业覆盖广泛，现主要应用于电商、制造业、金融、医疗、银行、保险、电信等多个行业。

大数据魔镜拥有包括仪表盘、多酷炫图表类型支持、数据源支持、数据安全、部门管理、全景分析、权限管理、数据共享、数据源接入库、最大可视化效果库、自动构建数据挖掘模型、路径规划、智能分析、大数据魔镜移动 BI 平台、动态酷炫图表、跨表分析和多源图表、海量大数据处理、数据仓库、多平台数据源支持、增值和定制化模块等功能，可充分满足客户的需求。

8.2 系统架构与技术流程

魔镜包含底层数据接入平台、数据开发平台、数据应用平台，可有针对性地解决大数据分析所有环节的问题，这些平台让用户从数据接入、数据处理、数据分析到可视化展示的全部流程，最大化地发挥数据的价值。

产品技术架构如图 8-1 所示。

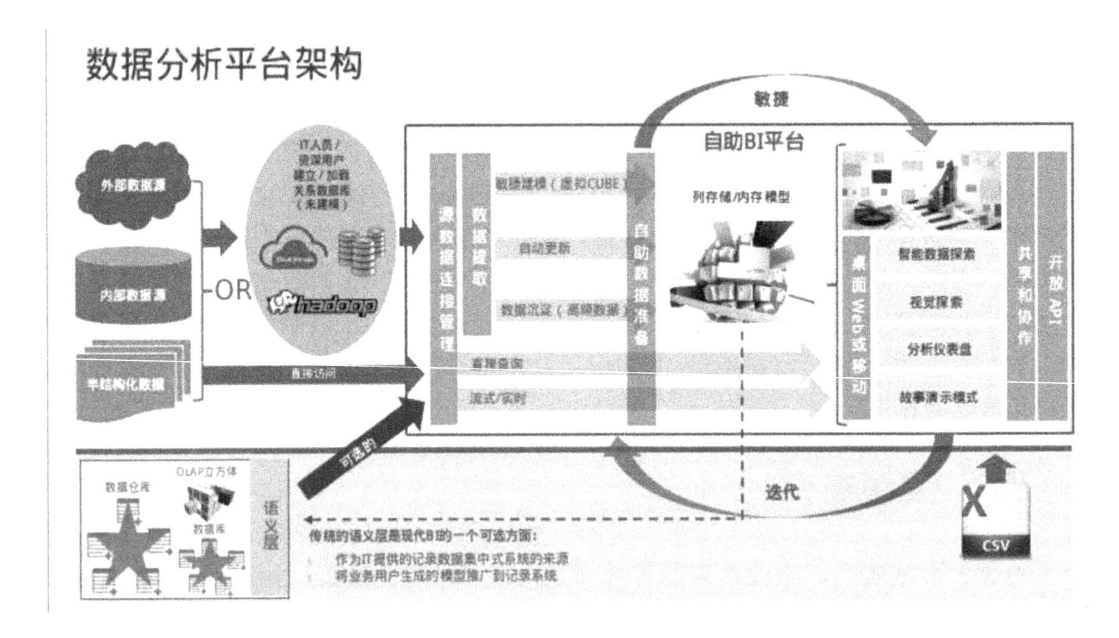

图 8-1 产品技术架构

图 8-1 中左侧部分为数据的整合部分，包含内外部数据源的接入，结构化与半结构化数据的解析，支持传统数据仓库构建的 OLAP 立方体模型。

图 8-1 中间部分架构把数据与业务分离，在魔镜平台构建用户数据分析的立方体模型，实现大数据量实时分析。魔镜平台支持对热门分析数据进行缓存，更好地达到亿级数据秒级响应的效果。针对缓存的数据，魔镜提供自动数据更新服务，避免数据的滞后和不一致。

图 8-1 右侧部分为数据的分析与展示模块，提供了数据的智能探索交互式功能，给予用户深入的可视化分析及可视化展示，并以共享协作的方式让团队共同参与数据分析，实现数据价值的最大化发现。

魔镜提供数据一体化解决方案，涵盖数据集成、存储计算、数据管理、数据分析挖掘、数据可视化展示模块，可使数据最大化发挥其价值。

魔镜把数据产生和数据使用分开，数据的产生还通过 ETL 完成，并且是由少量的技术人员完成；数据的使用则使用业务视图对外提供服务，供大量的业务人员使用，确保对业务有最深入的分析。

魔镜把数据使用的核心功能与其他系统集成部分独立，具有很强的扩展能力和系统集成能力，从数据接入到数据计算都可以使用一个连接器或执行器轻松地实现。产品技术流程如图 8-2 所示。

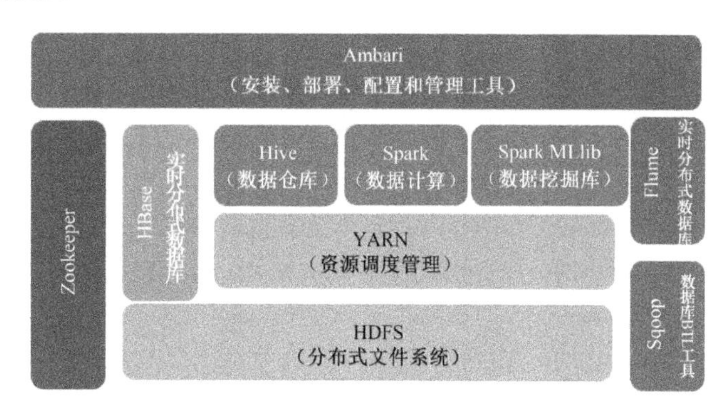

图 8-2　产品技术流程

8.3　数据处理与分析

1. 数据源

现代业务系统越来越复杂，一个企业会涉及多个不同的业务系统，因此数据会分布于不同的平台，平台之间数据不通。要想针对企业做数据分析，面临的第一个问题就是多数据源的接入与数据整合。大数据魔镜支持接入数据库类型、文件类型、大数据集群、开放 API、数据市场类型的数据，如图 8-3 所示。

图 8-3　数据源

2. 数据开发

大数据魔镜数据开发功能模块包括脚本开发和函数开发功能，脚本功能可以使用户通过 SQL 脚本的形式，对跨数据源数据进行复杂的 ETL 操作，满足具体用户个性化的数据处理需求。函数功能可以让用户具备自定义个性化的函数的能力，用户创建的新函数，可以与系统中提供的默认函数联合使用，满足自定义的分析挖掘需求，如图 8-4 所示。

图 8-4　数据开发

3. 业务建模

大数据魔镜系统可以把各式各样的数据通过一个统一的业务视图整理和呈现给用户，用户不需要知道数据之间复杂的关系，只需要识别出数据的含义即可。配合大数据魔镜的路径查找与优化引擎，可以自动生成快速、高效的查询语句，完成数据的计算，如图 8-5 所示。

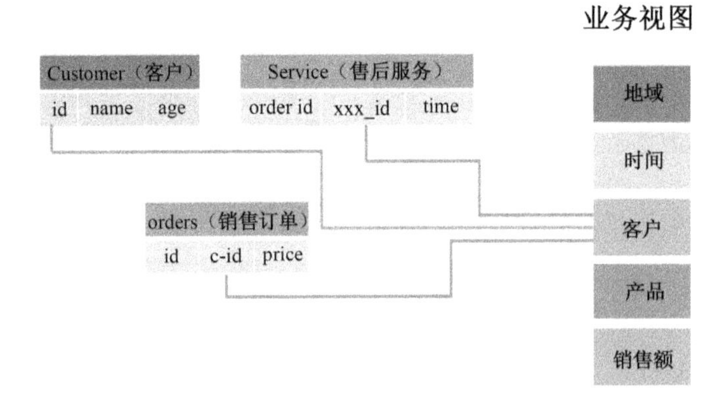

图 8-5　业务建模

4. 可视化分析

大数据魔镜系统以自助式的拖拽分析和探索式分析模式，让业务人员方便地使用数据进行分析，更快速地从数据中获取潜在的价值。

用户可以随机选择一个数据分析维度作为出发点，系统会根据底层的数据关系，为用户不断地提供其他的分析视角，最适合“用户不知道需要分析什么”的场景，通过系统的引导，可以得到意想不到的结果。

大数据魔镜富有丰富的动态可视化效果库，可以全方位地满足用户不同角度、不同层级的数据审视需求。

其特有的智能绘图功能，可以使用户在不确定如何展示数据的情况下，默认提供一种最优图形，针对现有数据进行展示。另外，该模块提供了各式各样的标记，在图形的基础上，结合标记的功能提供满足用户需求的各种展示效果的混合模式，如图 8-6 所示。

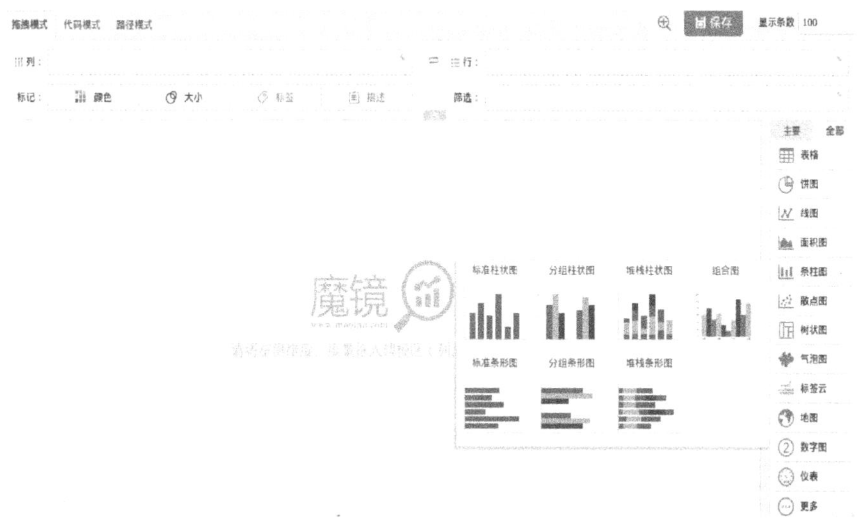

图 8-6　可视化分析

5. 数据挖掘

数据挖掘模块提供了各式算法分析的功能列表，以及自定义分析的功能列表，让没有数据挖掘专业知识的用户也能进行深入的数据挖掘工作，如图 8-7 所示。

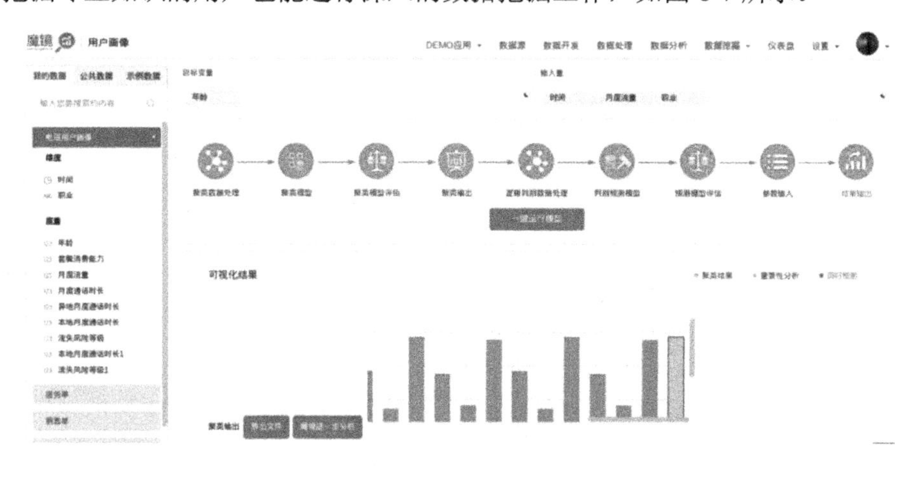

图 8-7　数据挖掘

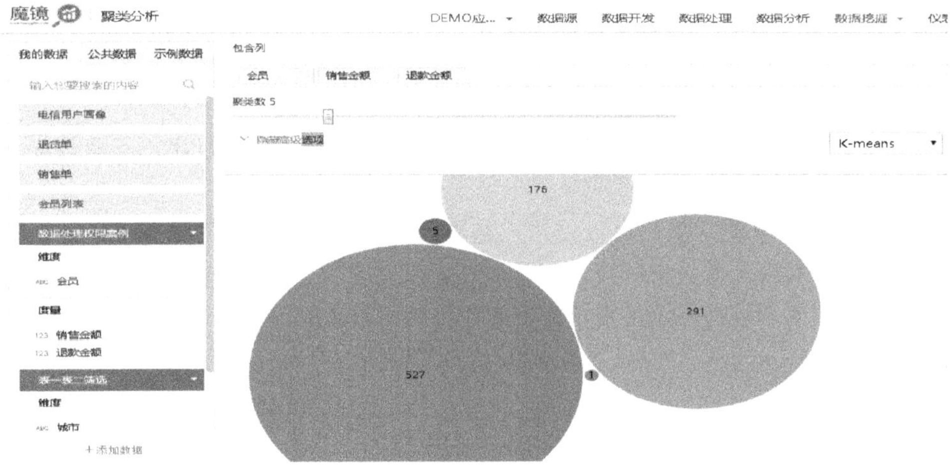

图 8-7 数据挖掘（续）

8.4 数据可视化

数据可视化领域的起源，可以追溯到 20 世纪 50 年代计算机图形学的早期。当时，人们利用计算机创建出了首批图形图表。

数据可视化技术的基本思想是将数据库中每一个数据项作为单个图元素表示，使大量的数据集构成数据图像，同时将数据的各个属性值以多维数据的形式表示，可以从不同的维度观察数据，从而对数据进行更深入的观察和分析，帮助人们快速理解数据。

从数据展示的角度来看，数据可视化技术主要针对数据的结构可视化、功能可视化、关联关系可视化、发展趋势可视化、二维可视化、三维可视化、仪表盘、定制可视化形式等几个方面进行展示。

1. 结构可视化

结构可视化反映数据的内在组织结构，如构成数据的元素、部件及构成关系等。

典型的例子是生物蛋白质的结构，如图 8-8 所示。

图 8-8 生物蛋白质的结构

2. 功能可视化

功能可视化是对数据所对应的功能的可视化描述，如汽车发动机的运转状态，可以通过对发动机进行三维建模，形成一段动画来清晰地展示。

如图 8-9 所示是设计师 Jing Zhang 设计的 iPhone 信息图，这幅图不但准确揭示了 iPhone 的工作原理，还极大地激发了读者的想象力。Jing Zhang 还设计了座钟、相机等功能图，都很有创意。

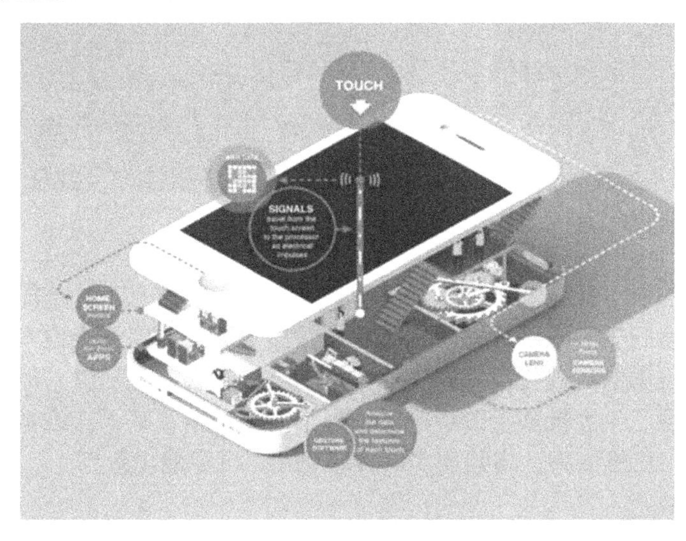

图 8-9 iPhone 信息图

3. 关联关系可视化

大数据可视化在很大程度上都是反映数据之间的关联关系，如层级关系、对比关系等社交图谱。

俄罗斯工程师 Ruslan Enikeev 根据 2011 年年底的数据，将 196 个国家的 35 万个网站数据整合起来，把每个网站都看作一个“星球”，并根据 200 多万个网站链接将这些星球通过关系链联系起来。每一个星球的大小根据其网站流量来决定，而星球之间的距离则根据链接出现的频率、强度和用户跳转时创建的链接来决定。这些星有恒星、行星，甚至卫星，每一个星球都有其特定的星系。当放大到一定程度时，还能发现这些大大小小的星球之间神奇的关系，展现形式很美，如图 8-10 所示。Facebook 及 Google 是流量最大的网站。这些“一眼”识别出的图形特征（如异常点、相似的图形标记）在视觉上容易察觉，而通过机器计算却很难理解其含义。大数据可视化分析是大数据分析不可或缺的重要手段和工具。

4. 发展趋势可视化

发展趋势可视化是对数据发展的走势、预测等进行可视化的一种方式。谷歌的设计人员认为，人们输入的搜索关键词代表了他们的即时需要，反映了用户的需求。为了把用户的搜索与流感爆发建立关联，设计人员编入了一系列的流感关键词，包括温度计、咳嗽、发烧、肌肉疼痛、胸闷等，只要用户输入这些关键词，系统就会展开跟踪分析，创建地区流感图表和流感地图。

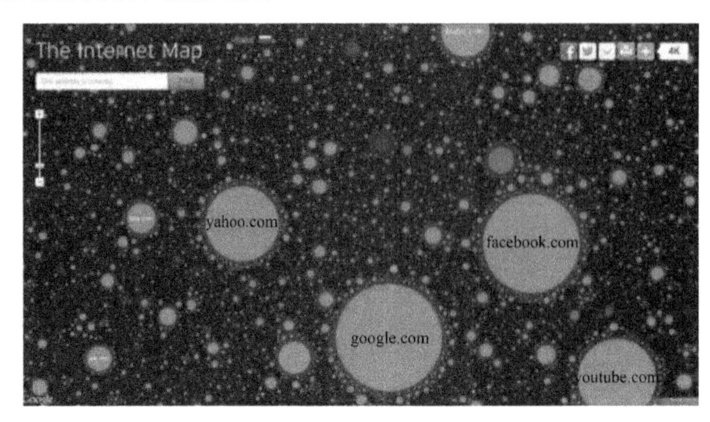

图 8-10　互联网“星球”

数据可视化的展示能让人们快速了解隐藏在数据中的信息。传统的数据展示方式通常是基于电子表格列出的数字列表或柱状图、饼图等简单的图形展现方式。还有一些更先进、更富有展现力的可视化技术和交互技术，可以帮人们更加深入地洞察数据、理解数据。近年来出现了一大批基于二维的图像展现方式，以及基于三维甚至更多维度的展现交互技术，包括三维渲染、增强现实、体感交互、可穿戴设备等。

5. 二维可视化

二维可视化是指基于二维可视化的表现形式以平面的形式表达数据之间的关联，包括标准图表（柱状图、折线图、饼状图等）、二维区域图、时间序列、时间轴、地图、网络图、信息图等。

二维区域图方法使用 GIS 数据可视化技术，往往涉及事物特定表面上的位置，如图 8-11 所示。时间序列图是数据以时间轴的方式展示，如某区域的温度变化，如图 8-12 所示。网络图展示数据点之间的错综复杂的相互关系，图 8-13 展示了奥斯卡获奖电影之间的关系。

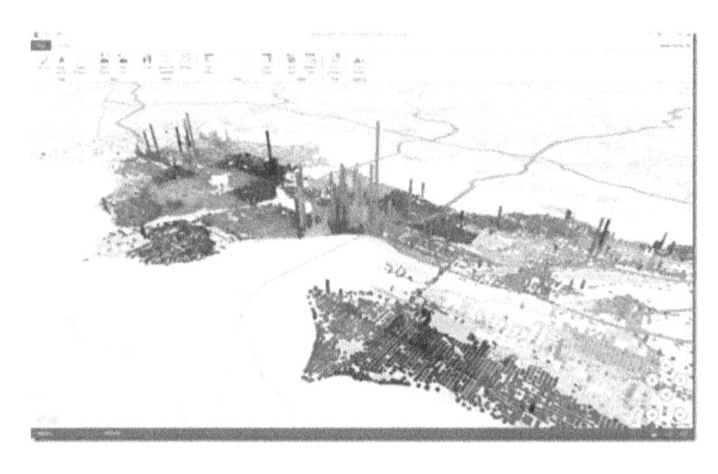

图 8-11　二维区域图

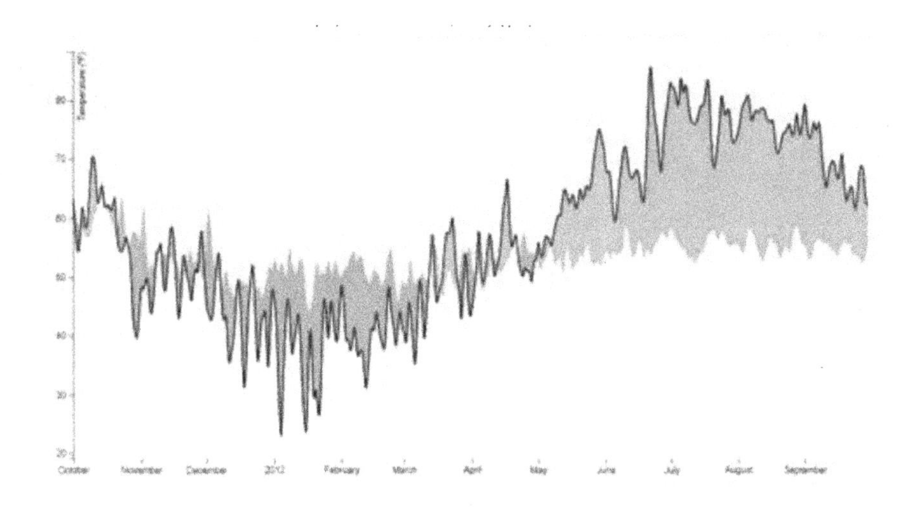

图 8-12　时间序列图

图 8-13　网络图

6．三维可视化

三维可视化以立体的形式描述数据及其联系。一般有三维渲染技术、体感互动技术、增强现实技术。

三维渲染技术是近年来发展迅速和备受关注的行业，在数字娱乐、虚拟现实、工业设计、实时仿真、数字城市等各个领域都有十分广泛的应用。如图 8-14 所示，电影《阿凡达》中就利用了三维渲染技术。

图 8-14　电影《阿凡达》剧照

体感互动技术是通过硬件互动设备、体感互动系统软件及三维数字内容，来感应站在窗口前的观看者，当观看者的动作发生变化时，窗口显示的画面同时发生变化。它在数字娱乐、媒体广告、医疗、教育培训、工业设计及控制等领域有着广泛应用。在图 8-15 所示的体感互动游戏中，玩家通过专用游戏手柄，通过身体的动作来控制游戏中人物的动作，享受体感互动的体验。

图 8-15　体感互动游戏

增强现实是一种将真实世界信息和虚拟世界信息“无缝”集成的新技术，是把原本在现实世界的一定时间空间范围内很难体验到的实体信息（视觉信息、声音、味道、触觉等），通过计算机等科学技术，模拟仿真后再叠加，将虚拟的信息应用到真实世界，被人类感官所感知，从而达到超越现实的感官体验，广泛应用于尖端武器、飞行器的研制与开发、数据模型的可视化、虚拟训练、娱乐与艺术、医疗研究与解剖训练、精密仪器制造和维修、军用飞机导航、工程设计和远程机器人控制等领域。

7. 仪表盘

仪表盘是模仿汽车速度表的一种图表，常用来反映预算完成率、收入增长率等比率性指标，具有简单、直观等特点，人人会看。一看到仪表盘，就会使人体验到决策分析的商务感觉。

例如，某公司想要看各地区销售的完成率，将数据导入魔镜中，拖入维度和度量，选择某一地区查看销售任务的完成率，如图8-16所示。

图8-16 仪表盘

8. 定制可视化形式

除了二维、三维可视化表现形式，还可以根据具体的应用进行定制可视化展示。如针对不同企业和用户的需求，魔镜提供了多个增值和定制化模块，包括可定制化图表支持，跨数据库、数据源支持，行业数据分析（项目），可定制视化分析组合，定制化分析挖掘模型和解决方案等。

习题

1. 接入数据源，在数据预览界面对数据进行拆分和联想操作。
2. 在分析台界面创建一个计算字段，并做出相应的图表展现。
3. 在分析台界面创建一个组字段，并做出相应的图表展现。
4. 在分析台界面创建一个分层结构，并做出相应的图表展现。
5. 数据可视化主要针对数据哪些方面进行展示？
6. 数据可视化的表现形式有哪些？
7. 邀请成员并进行权限设置。
8. 什么是数据预测？
9. 什么是关联分析？
10. 在魔镜中，地图有哪些展现形式？

参考文献

[1] 马小东，杨和稳. 数据分析及应用实践[M]. 北京：高等教育出版社，2016.

第 9 章　大数据可视化的行业案例

本章介绍可视化工程项目设计，通过魔镜详细讲解了数据可视化的具体方法，包括创建一个可视化作品、连接数据、数据视图、高级分析、仪表盘等，偏重行业应用等业务层面模板。

9.1　电商行业销售数据分析

9.1.1　背景分析

对于电商行业来说，每天的交易都会产生非常庞大的数据，如果能够对这些数据做到合理的利用，就可以规避风险，创造更大的利益价值。

由于商务活动时刻运作在每个人的生存空间，因此，电子商务的范围波及人们的生活、工作、学习及消费等广泛领域，其服务和管理也涉及政府、工商、金融及用户等诸多方面。Internet 逐渐渗透到每个人的生活中，而各种业务在网络上的相继展开也在不断推动电子商务这一新兴领域的昌盛和繁荣。电子商务可应用于小到家庭理财、个人购物，大至企业经营、国际贸易等诸方面。具体地说，其内容大致可以分为 3 个方面：企业间的商务活动、企业内的业务运作以及个人网上服务。自 1997 年底我国第一家专业电子商务网站中国化工网诞生以来，目前我国已有众多 B2B 电子商务公司、B2C 服务公司及第三方支付平台。

9.1.2　需求分析

对于销售产生的大量数据，首先要确定有哪些值得分析的问题。

问题 1：各地区总体的销售额和利润及利润率如何。

问题 2：各省市的销售额利润情况，哪些省市利润存在亏损。

问题 3：哪些商品的利润值比较大，哪些商品是亏损的。

问题 4：根据历史数据预测，当销售额达到一定的数值时会有多大的利润。

9.1.3　大数据分析过程

“超市数据分析”数据表情况如图 9-1 所示。登录魔镜，新建项目，添加新的数据源（见图 9-2），上传数据源 excel 表“超市数据分析”（见图 9-3），进入数据处理页面，点击快速分组，将订单拖入（见图 9-4），接着进入数据分析操作台（见图 9-5）。数据分析操作台页面呈现导航区、业务对象区、建模区、图表类型区及可视化图像区等 5 个区域。导航区提供了大数据分析每个流程模块（包含应用名称、数据源接入模块、数据处理模块、数据分析模块、数据挖掘模块、仪表盘模块、设置模块），方便用户快速进入对应的模块进行大数据操作。业务对象区提供了大数据分析的数据内容，帮助用户可以方便地使用数据对象进行拖拽操作，同时可以对数据对象进行简单的处理。建模区包括行列规则区域、标记区域及筛选区域。行业规则区域提供对数据字段的分析设置，标记区域设置不同的数据对象，在不同分析图表中以什么角色参与绘图及呈现，筛选区域设置对展示数据的筛选及过滤。图表类型区域提供了丰富的可视化效果图，让用户给予展示需求，设置最优的图表进行展示。可视化图像区进行可视化绘图，可以直观地呈现数据与图表结合后的效果，同时可视化绘图区域还提供丰富的图上操作，如上传下载、探索及设置，让用户可以自助式地探索和分析数据潜在的价值。

	G	H	I	J	K	L	M	N	O	P	Q	R	S	T
1	客户名称	细分	城市	省/自治区	国家	地区	产品 ID	类别	子类别	产品名称	销售额	数量	折扣	利润
2	曾惠	公司	杭州	浙江	中国	华东	办公用-用品-10002717	办公用品	用品	Fiskars 剪刀，蓝色	129.696	2	0.4	-60.704
3	许安	消费者	内江	四川	中国	西南	办公用-信封-10004832	办公用品	信封	GlobeWeis 搭扣信封，红色	125.44	2	0	42.6
4	许安	消费者	内江	四川	中国	西南	办公用-装订-10001505	办公用品	装订机	Cardinal 孔加固材料，回收	31.92	2	0.4	4.2
5	宋良	公司	镇江	江苏	中国	华东	办公用-用品-10003746	办公用品	用品	Kleencut 开信刀，工业	321.216	4	0.4	-27.104
6	万兰	消费者	汕头	广东	中国	中南	办公用-器具-10003452	办公用品	器具	KitchenAid 搅拌机，黑色	1375.92	3	0	550.2
7	俞明	消费者	景德镇	江西	中国	华东	技术-设备-10001640	技术	设备	柯尼卡 打印机，红色	11129.58	9	0	3783.7
8	俞明	消费者	景德镇	江西	中国	华东	办公用-装订-10001029	办公用品	装订机	Ibico 订书机，实惠	479.92	2	0	172.7
9	俞明	消费者	景德镇	江西	中国	华东	家具-椅子-10000578	家具	椅子	SAFCO 扶手椅，可调	8659.84	4	0	2684.0
10	俞明	消费者	景德镇	江西	中国	华东	办公用-纸张-10001629	办公用品	纸张	Green Bar 计划信息表，多色	588	5	0	46.9
11	俞明	消费者	景德镇	江西	中国	华东	办公用-系固-10004801	办公用品	系固件	Stockwell 橡皮筋，整包	154.28	2	0	33.8
12	谢雯	小型企业	榆林	陕西	中国	西北	技术-设备-10000001	技术	设备	爱普生 计算器，耐用	434.28	2	0	4.2
13	康青	消费者	哈尔滨	黑龙江	中国	东北	技术-复印-10002416	技术	复印机	惠普 墨水，红色	2368.8	4	0	639.5
14	赵婵	消费者	青岛	山东	中国	华东	办公用-信封-10000017	办公用品	信封	Jiffy 局间信封，银色	683.76	3	0	88.6
15	赵婵	消费者	青岛	山东	中国	华东	技术-配件-10004920	技术	配件	SanDisk 键区，可编程	1326.5	5	0	344.4
16	赵婵	消费者	青岛	山东	中国	华东	技术-电话-10004349	技术	电话	诺基亚 充电器，蓝色	5936.56	2	0	2849.2
17	刘斯云	公司	徐州	江苏	中国	华东	办公用-器具-10003582	办公用品	器具	KitchenAid 冰箱，黑色	10336.452	7	0.4	-3962.72
18	刘斯云	公司	徐州	江苏	中国	华东	办公用-标签-10004648	办公用品	标签	Novimex 圆形标签，红色	85.26	3	0	38.22
19	白鹄	消费者	上海	上海	中国	华东	技术-配件-10001200	技术	配件	Memorex 键盘，实惠	2330.44	7	0	1071.14
20	白鹄	消费者	上海	上海	中国	华东	办公用-用品-10000039	办公用品	用品	Acme 尺子，工业	85.54	1	0	23.94
21	白鹄	消费者	上海	上海	中国	华东	办公用-装订-10004589	办公用品	装订机	Avery 孔加固材料，耐用	137.9	5	0	2.1
22	白鹄	消费者	上海	上海	中国	华东	办公用-装订-10004369	办公用品	装订机	Cardinal 装订机，回收	397.32	6	0	126.84
23	白鹄	消费者	上海	上海	中国	华东	技术-电话-10002777	技术	电话	三星 办公室电话机，整包	2133.46	7	0	959.42
24	白鹄	消费者	上海	上海	中国	华东	技术-复印-10002045	技术	复印机	Hewlett 传真机，数字化	4473.84	3	0	1162.9
25	白鹄	消费者	上海	上海	中国	华东	办公用-用品-10004353	办公用品	用品	Elite 开信刀，工业	269.92	2	0	118.72
26	贾彩	公司	温岭	浙江	中国	华东	家具-书架-10004730	家具	书架	Sauder 书架，金属	1638.336	4	0.4	-464.464
27	贾彩	公司	温岭	浙江	中国	华东	家具-椅子-10002386	家具	椅子	Office Star 摇椅，可调	1204.56	3	0.4	60.0
28	贾彩	公司	温岭	浙江	中国	华东	办公用-系固-10003889	办公用品	系固件	OIC 图钉，金属	198.66	5	0.4	-16.94
29	贾彩	公司	温岭	浙江	中国	华东	办公用-系固-10003118	办公用品	系固件	Accos 图钉，混合尺寸	249.312	8	0.4	-58.688
30	贾彩	公司	温岭	浙江	中国	华东	办公用-用品-10002717	办公用品	用品	Fiskars 剪刀，蓝色	389.088	6	0.4	-182.112
31	贾彩	公司	温岭	浙江	中国	华东	技术-配件-10003586	技术	配件	罗技 路由器，实惠	692.496	1	0.4	-31.664
32	贾彩	公司	温岭	浙江	中国	华东	家具-用具-10001174	家具	用具	Tenex 灯泡，黑色	106.008	2	0.4	-9.072
33	马丽	消费者	上海	上海	中国	华东	办公用-装订-10004816	办公用品	装订机	Wilson Jones 标签，回收	158.9	5	0	72.8
34	宋栋	公司	唐山	河北	中国	华北	办公用-收纳-10001942	办公用品	收纳具	Fellowes 文件车，金属	1272.88	2	0	585.4
35	宋栋	公司	唐山	河北	中国	华北	家具-椅子-10000374	家具	椅子	Harbour Creations 椅垫，可调	1738.1	5	0	799.4
36	洪毓	公司	宁波	浙江	中国	华东	家具-书架-10002226	家具	书架	Dania 书架，白色	1390.032	4	0.4	-486.52
37	常松	消费者	上海	上海	中国	华东	家具-用具-10002645	家具	用具	Advantus 灯泡，耐用	399	5	0	0
38	田黎明	公司	厦门	福建	中国	华东	办公用-美术-10001683	办公用品	美术	Boston 画布，蓝色	250.32	1	0	32.4
39	谭乐	消费者	宿州	安徽	中国	华东	办公用-纸张-10003357	办公用品	纸张	Green Bar 笔记本，优质	834.12	6	0	399.84
40	谭乐	消费者	宿州	安徽	中国	华东	办公用-收纳-10002029	办公用品	收纳具	Smead 盘，工业	228.48	1	0	77.56
41	谭乐	消费者	宿州	安徽	中国	华东	家具-桌子-10001094	家具	桌子	Lesro 培训桌，长方形	932.295	1	0.25	-211.36
42	徐岱	公司	兰州	甘肃	中国	西北	办公用-纸张-10002597	办公用品	纸张	SanDisk 羊皮纸，每包 12 个	291.9	3	0	107.94
43	武杰	小型企业	淮阴	江苏	中国	华东	办公用-器具-10004757	办公用品	器具	Breville 炉灶，黑色	9424.296	6	0.4	-2042.544
44	吕兰	消费者	肇源	黑龙江	中国	东北	办公用-器具-10003452	办公用品	器具	KitchenAid 搅拌机，黑色	4127.76	9	0	1650.6
45	唐婉	小型企业	南昌	江西	中国	华东	办公用-收纳-10004212	办公用品	收纳具	Fellowes 锁柜，蓝色	1935.08	2	0	0
46	唐婉	小型企业	南昌	江西	中国	华东	办公用-美术-10001691	办公用品	美术	Sanford 钢笔，混合尺寸	266.56	4	0	50.4
47	葛毅	消费者	合肥	安徽	中国	华东	办公用-装订-10000749	办公用品	装订机	Ibico 打孔机，透明	697.9	5	0	236.6
48	邹涛	公司	内江	四川	中国	西南	办公用-美术-10001467	办公用品	美术	Boston 速写本，蓝色	272.16	6	0.8	-1020.6
49	邹涛	公司	内江	四川	中国	西南	技术-电话-10004349	技术	电话	诺基亚 充电器，蓝色	1780.968	1	0.4	237.32
50	邹涛	公司	内江	四川	中国	西南	办公用-信封-10002675	办公用品	信封	Ames 邮寄品，银色	357	2	0	149.
51	薛磊	消费者	蛟河	吉林	中国	东北	技术-电话-10004015	技术	电话	思科 充电器，全尺寸	12183.36	4	0	1340.0
52	薛磊	消费者	蛟河	吉林	中国	东北	技术-复印-10003216	技术	复印机	Hewlett 传真机，彩色	2999.36	2	0	1229.4
53	薛磊	消费者	蛟河	吉林	中国	东北	办公用-收纳-10000501	办公用品	收纳具	Tenex 盘，工业	510.44	2	0	224.5
54	苏晒明	消费者	青岛	山东	中国	华东	办公用-器具-10000297	办公用品	器具	Hamilton Beach 炉灶，黑色	12641.3	5	0	3539.2
55	苏晒明	消费者	青岛	山东	中国	华东	办公用-器具-10002796	办公用品	器具	Hamilton Beach 烤面包机，银色	1359.4	5	0	217
56	苏晒明	消费者	青岛	山东	中国	华东	办公用-收纳-10000932	办公用品	收纳具	Rogers 文件夹，蓝色	143.22	1	0	68.74
57	林丹	消费者	沈阳	辽宁	中国	东北	办公用-用品-10003822	办公用品	用品	Acme 开信刀，蓝色	338.352	4	0.4	-129.808
58	林丹	消费者	沈阳	辽宁	中国	东北	办公用-系固-10003020	办公用品	系固件	Stockwell 订书钉，每包 12 个	137.76	5	0.4	-71.64
59	林丹	消费者	沈阳	辽宁	中国	东北	办公用-系固-10004142	办公用品	系固件	Accos 按钉，整包	121.968	3	0.4	40.992
60	徐健	公司	黄石	湖北	中国	中南	家具-书架-10001540	家具	书架	Dania 古典书架，白色	2314.368	2	0.4	-694.512
61	麦虹	公司	西安	陕西	中国	西北	办公用-收纳-10002943	办公用品	收纳具	Smead 文件车，蓝色	1198.4	2	0	455.2
62	袁保	公司	阳江	广东	中国	中南	技术-复印-10001943	技术	复印机	佳能 传真机，红色	2954.84	2	0	1152.2
63	马丽娜	消费者	郑州	河南	中国	中南	技术-设备-10004500	技术	设备	松下 电话，耐用	2775.36	7	0	332.22
64	谭君	公司	曲阜	山东	中国	华东	办公用-标签-10002381	办公用品	标签	Harbour Creations 运输标签,	276.5	5	0	132.3
65	谭君	公司	曲阜	山东	中国	华东	办公用-系固-10004216	办公用品	系固件	Stockwell 回形针，混合尺寸	255.5	5	0	51.1
66	钱伟	公司	湛江	广东	中国	中南	技术-设备-10003635	技术	设备	StarTech 打印机，耐用	4784.08	4	0	382.48
67	陶武	公司	孝感	湖北	中国	中南	办公用-器具-10003836	办公用品	器具	Hoover 微波炉，黑色	5900.768	8	0.4	3106.432
68	陶聪	消费者	浏阳	湖南	中国	中南	办公用-美术-10002740	办公用品	美术	Stanley 速写本，蓝色	497.616	3	0.2	-37.464
69	陶聪	消费者	浏阳	湖南	中国	中南	办公用-纸张-10002104	办公用品	纸张	Green Bar 计划信息表，每包 1	391.02	3	0	23.1
70	韩风	小型企业	哈尔滨	黑龙江	中国	东北	技术-配件-10003980	技术	配件	SanDisk 路由器，耐用	3591.84	3	0	933.6
71	涂博	消费者	滕州	山东	中国	华东	办公用-标签-10004567	办公用品	标签	Smead 有色标签，红色	300.3	5	0	149.
72	钟庆缘	小型企业	北京	北京	中国	华北	办公用-信封-10002784	办公用品	信封	Kraft 搭扣信封，红色	292.6	5	0	125.3
73	钟庆缘	小型企业	北京	北京	中国	华北	家具-书架-10000904	家具	书架	宜家 书架，传统	572.04	1	0	62.8
74	孟刚	公司	重庆	重庆	中国	西南	技术-电话-10000393	技术	电话	三星 信号增强器，全尺寸	1930.32	3	0	810.6
75	孟刚	公司	重庆	重庆	中国	西南	办公用-信封-10003279	办公用品	信封	Kraft 邮寄品，每套 50 个	527.1	3	0	47.0
76	孟刚	公司	重庆	重庆	中国	西南	技术-电话-10001992	技术	电话	三星 充电器，全尺寸	2974.72	1	0	594.8
77	黄丽	消费者	椒江	浙江	中国	华东	办公用-用品-10001427	办公用品	用品	Elite 大剪刀，蓝色	658.14	5	0.4	33.4
78	倪骞	消费者	西安	陕西	中国	西北	办公用-系固-10000833	办公用品	系固件	Accos 橡皮筋，每包 12 个	150.36	2	0	23.
79	倪骞	消费者	西安	陕西	中国	西北	办公用-标签-10000918	办公用品	标签	Hon 圆形标签，耐用	98.7	3	0	16.3

图 9-1　数据表情况

图 9-2 添加新数据源

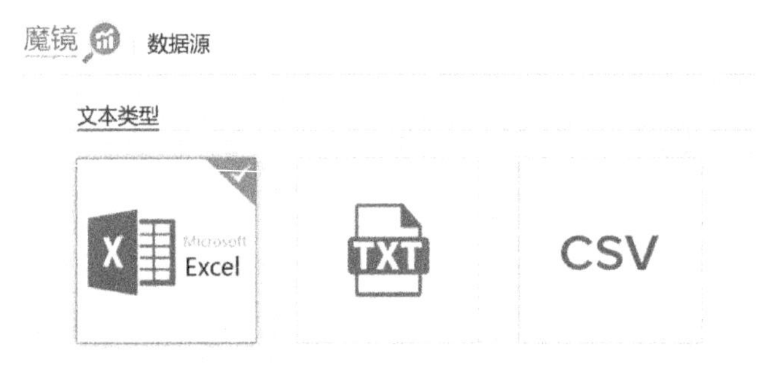

图 9-3 上传数据源

图 9-4 快速分组

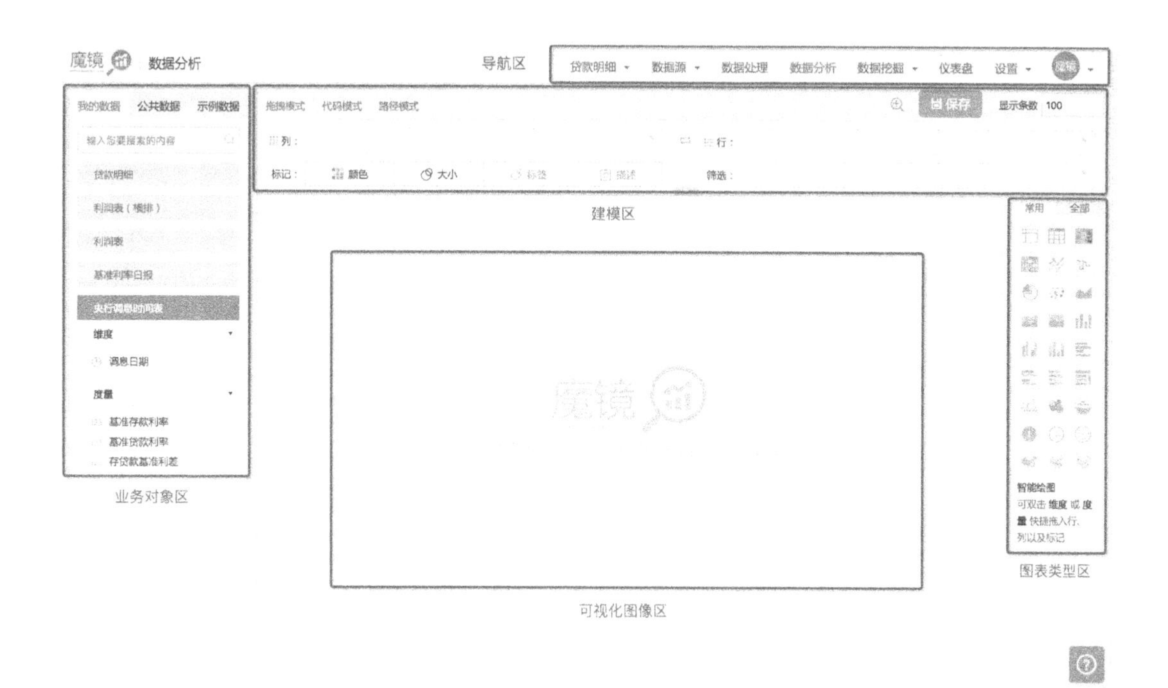

图 9-5　数据分析操作台

选择饼图，将“地区”“销售额”拖入标记中的颜色和角度，如图 9-6 可以看到各地区的销售占比。

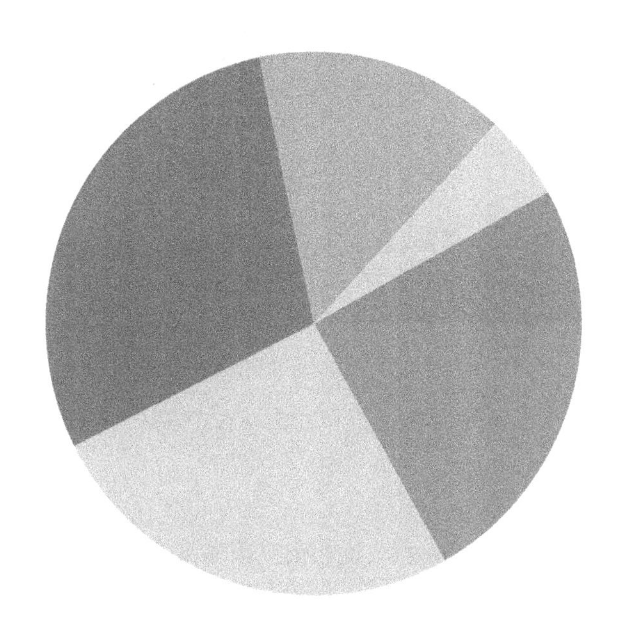

图 9-6　各地区销售占比

在标记栏中选择颜色，可以更改图表显示颜色（见图 9-7 和图 9-8），然后保存图表。

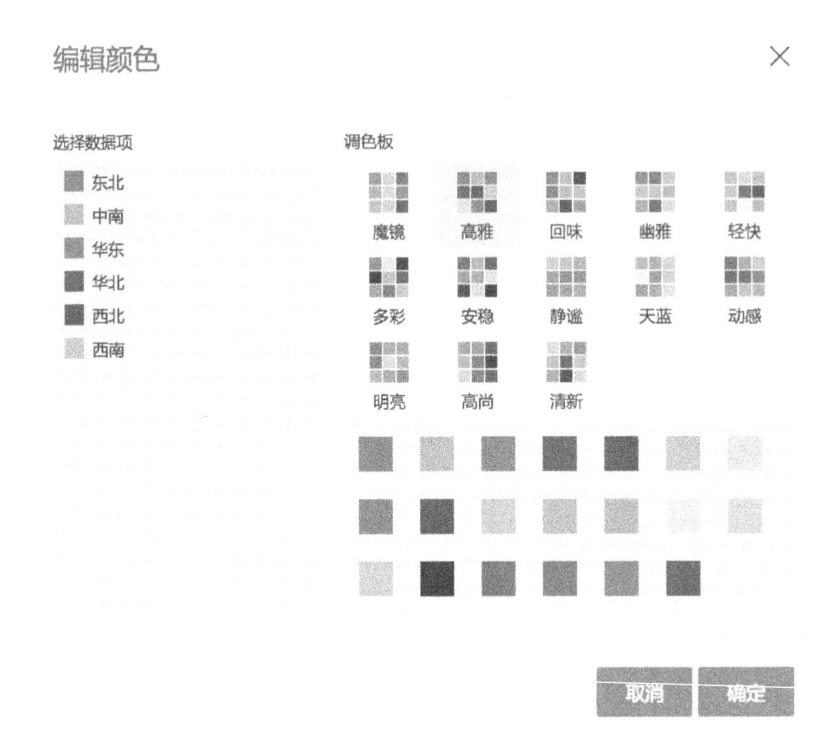

图 9-7　更改颜色

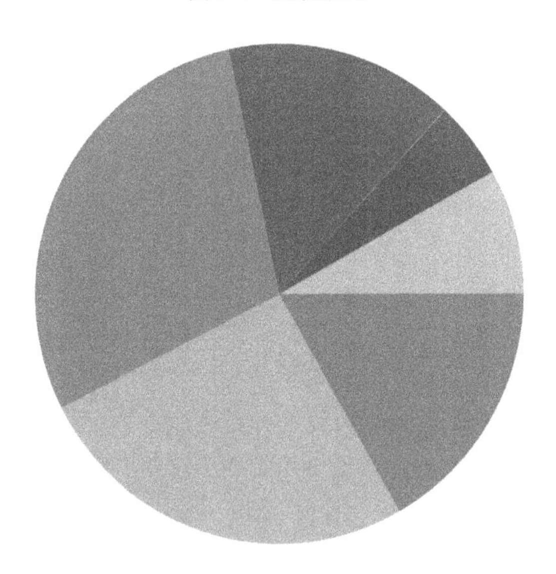

图 9-8　改变颜色后的效果

保存图表，命名为各地区销售占比。点击导航栏数据分析继续进入数据分析操作台，下面创建地区、省份、城市分层结构（见图 9-9 和图 9-10），然后把省 / 自治区、城市，分别拖入地区下，如图 9-11 所示。由于表格中有利润和销售额，可以计算各地区的利润率。点击度量后的黑色倒三角，创建计算字段，如图 9-12 所示。

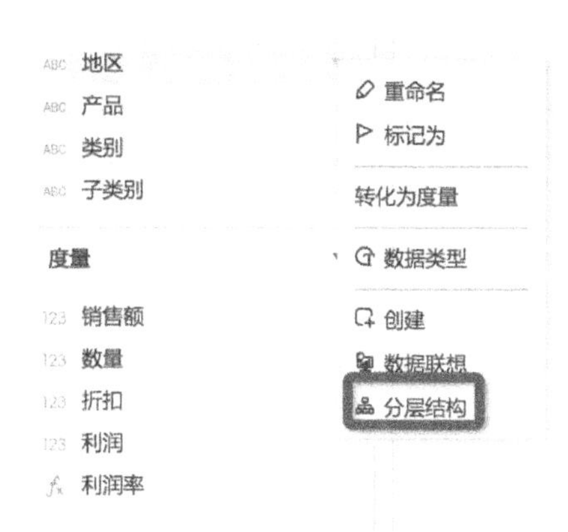

ABC 地区
ABC 产品
ABC 类别
ABC 子类别
度量
123 销售额
123 数量
123 折扣
123 利润
利润率
重命名
标记为
转化为度量
数据类型
创建
数据联想
分层结构

图 9-9　分层结构

创建分层结构
分层结构名:
地区
父维度:
地区
取消
确认

图 9-10　创建分层结构

地区
ABC 地区
ABC 省/自治区
ABC 城市

图 9-11　创建完毕分层结构

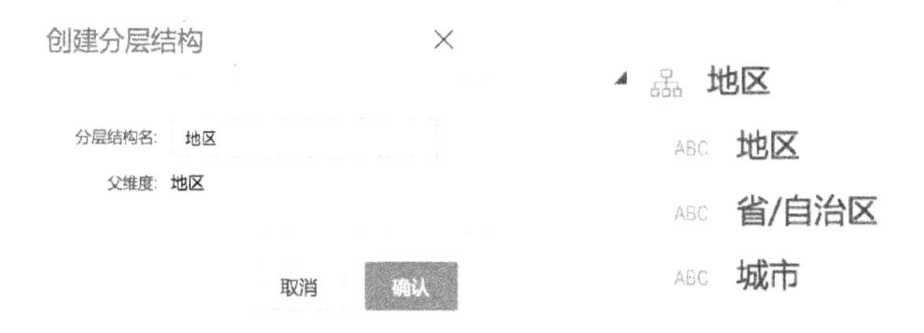

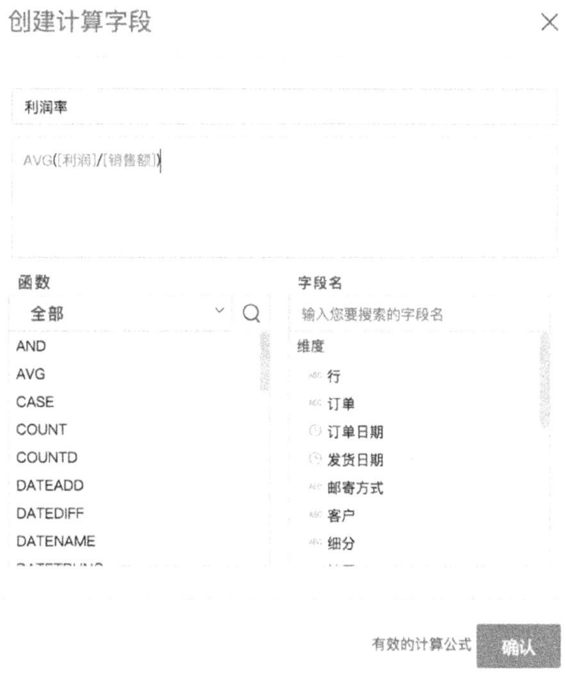
创建计算字段
利润率
AVG([利润]/[销售额])
函数
全部
AND
AVG
CASE
COUNT
COUNTD
DATEADD
DATEDIFF
DATENAME
字段名
输入您要搜索的字段名
维度
行
订单
订单日期
发货日期
邮寄方式
客户
细分
有效的计算公式
确认

图 9-12　创建计算字段

将“地区”“利润率”拖入列和行，选择柱状图，如图 9-13 所示，保存并命名为各地区利润率。

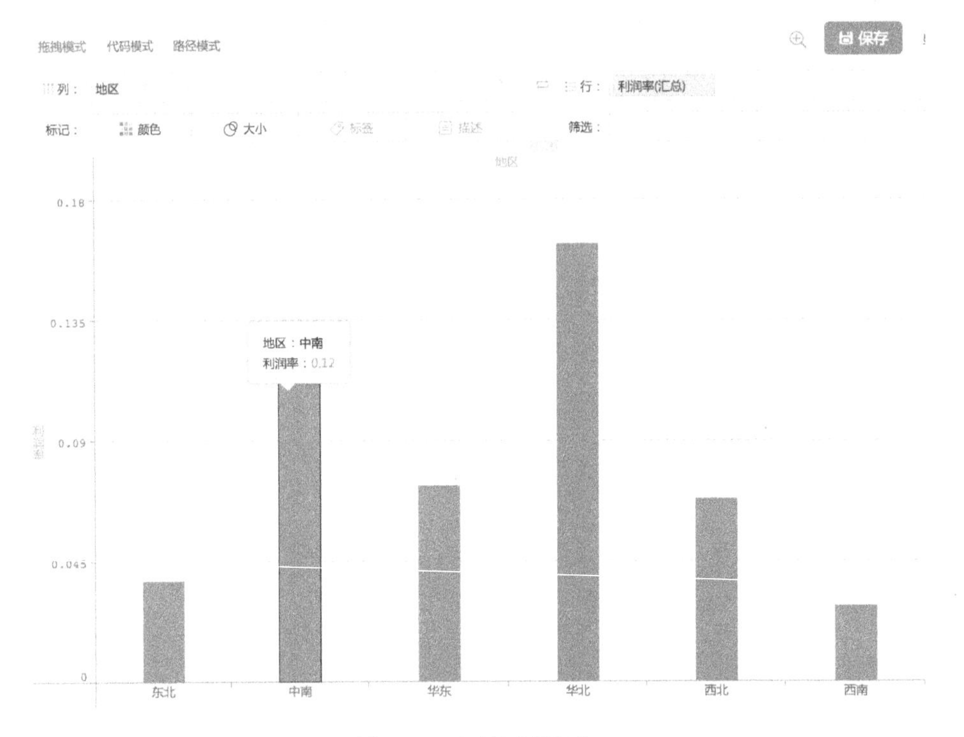

图 9-13　各地区利润率

保存完图表进入仪表盘页面，点击右上角操作按钮，选择复制图表，并复制到我的第一个仪表盘（见图 9-14）。对复制的图表选择操作中的编辑图表功能继续进入数据分析操作台。

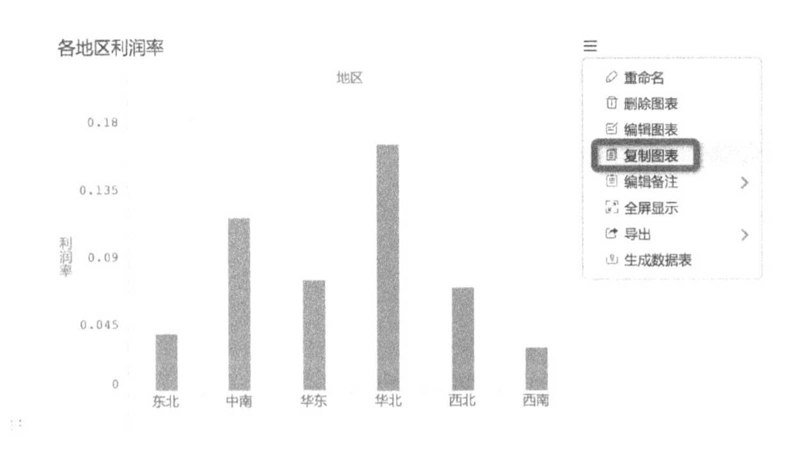

图 9-14　复制图表

可以看出华北地区利润率最高，点击华北的柱形选择下钻，可以看到华北各省份的利润率，如图 9-15 所示，保存并命名为华北地区下钻效果。

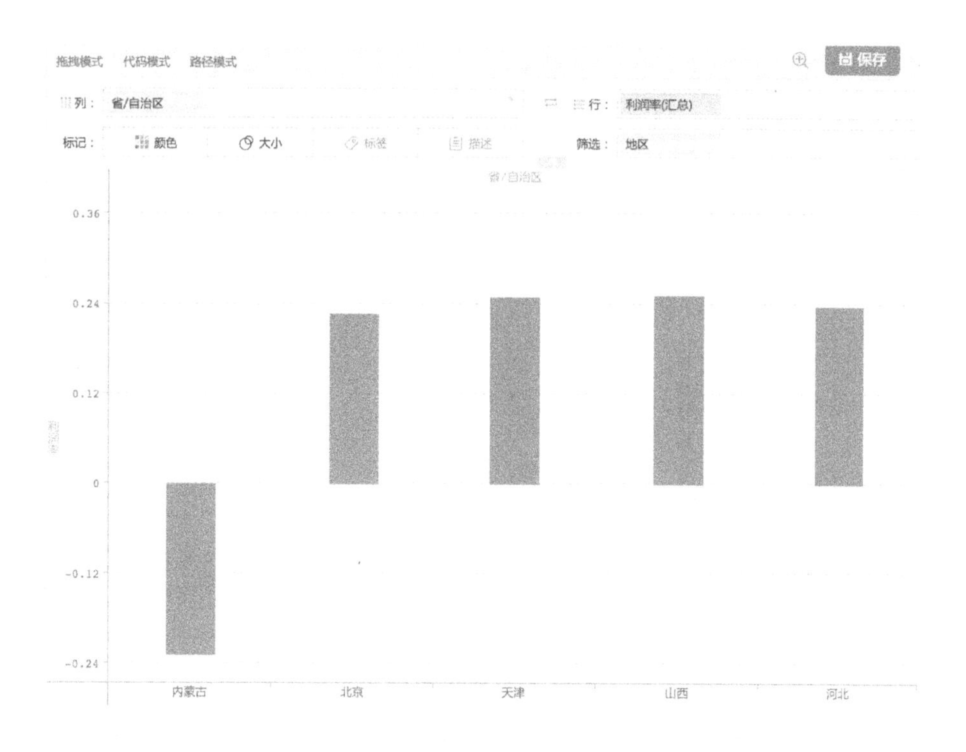

图 9-15　华北地区下钻效果

对利润较低的省份还可进行下钻到城市，查看各城市的利润情况。

继续进入数据分析操作台，选择分组柱状图，将“地区”拖入行，“销售额”“利润”拖入标记中的度量值，如图 9-16 所示。

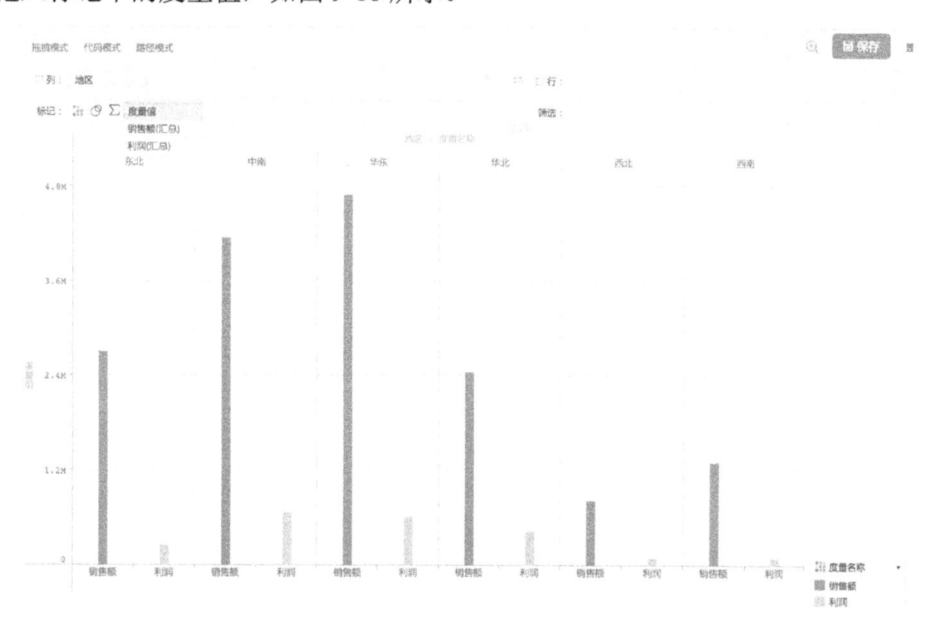

图 9-16　分组柱状图

在标记栏中更改柱形的大小，如图 9-17 所示。

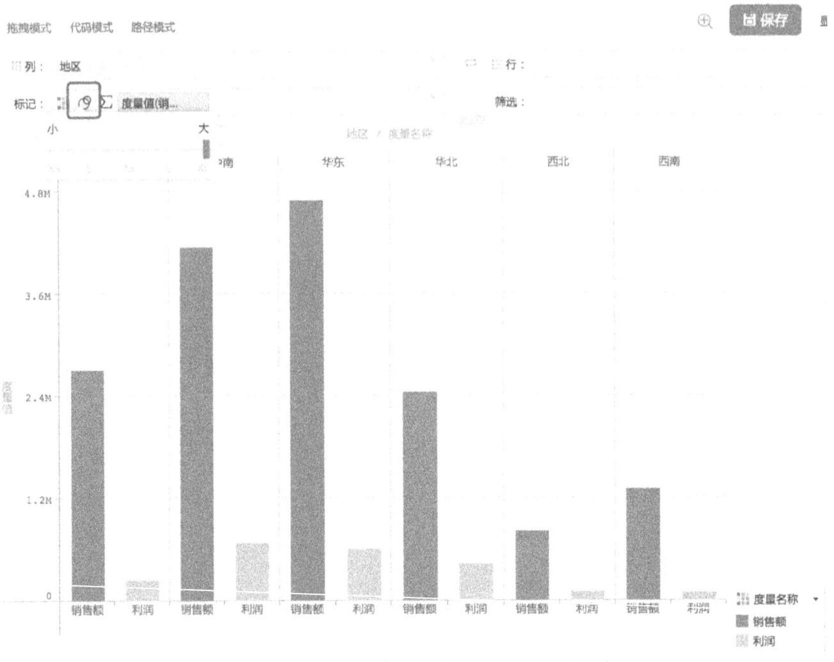

图 9-17　更改图表上柱形大小

选中某一地区，如选择华东地区，鼠标右击，选择下钻，如图 9-18 和 9-19 所示。就可以看到华东地区各省份的销售额和利润。鼠标右击选择上卷回到图 9-17 效果，保存并命名为各地区销售利润对比。

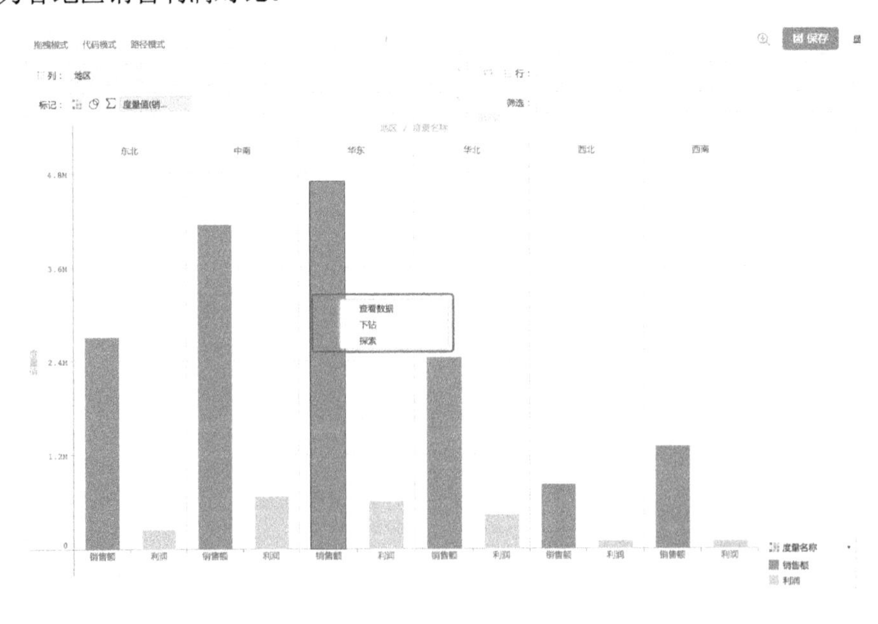

图 9-18　下钻

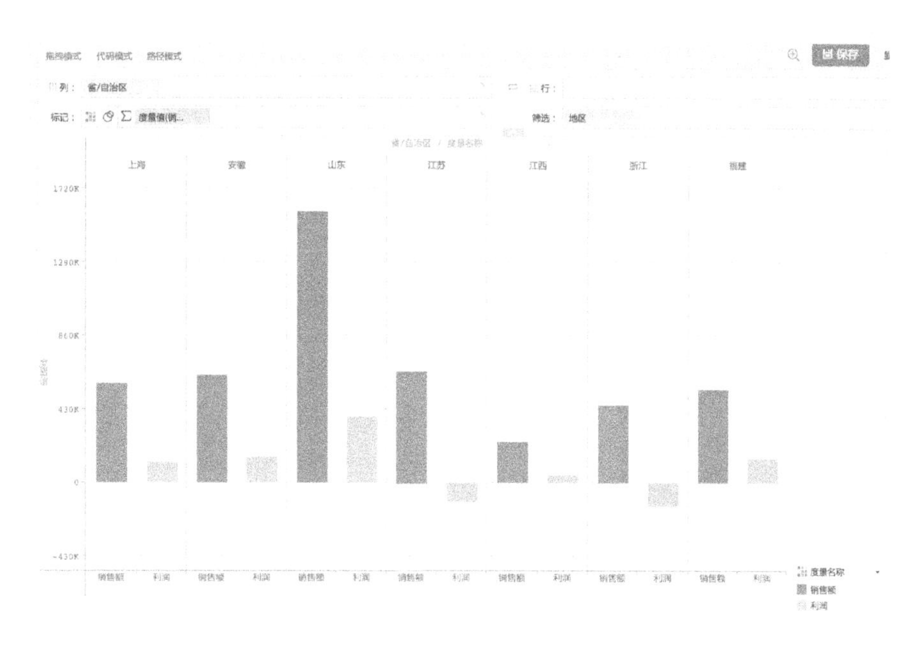

图 9-19　下钻效果

进入数据分析操作台，选择混合地图，将“省/自治区”标记为地理角色，如图 9-20 所示。

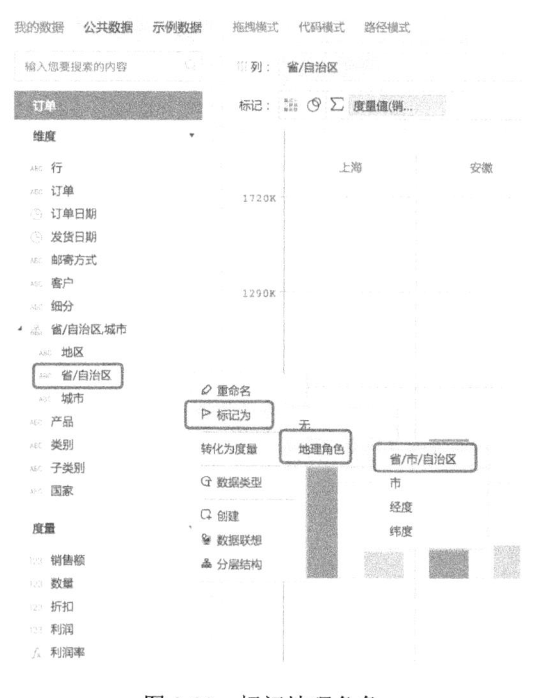

图 9-20　标记地理角色

将“省/自治区”拖入标记栏的“地图”，“类别”拖入标记栏中的“颜色”，“利润”拖入“角度”，可在地图上直观看到各产品在各省份的利润占比。点击标记栏中的颜色可改变地图上饼图的颜色。保存图表命名为各省份利润占比。

继续进入数据分析操作台，选择散点图，将“子类别”“销售额”“利润”分别拖入标记中的颜色、列和行，如图 9-21 所示，保存并命名为各类子产品的盈亏情况。

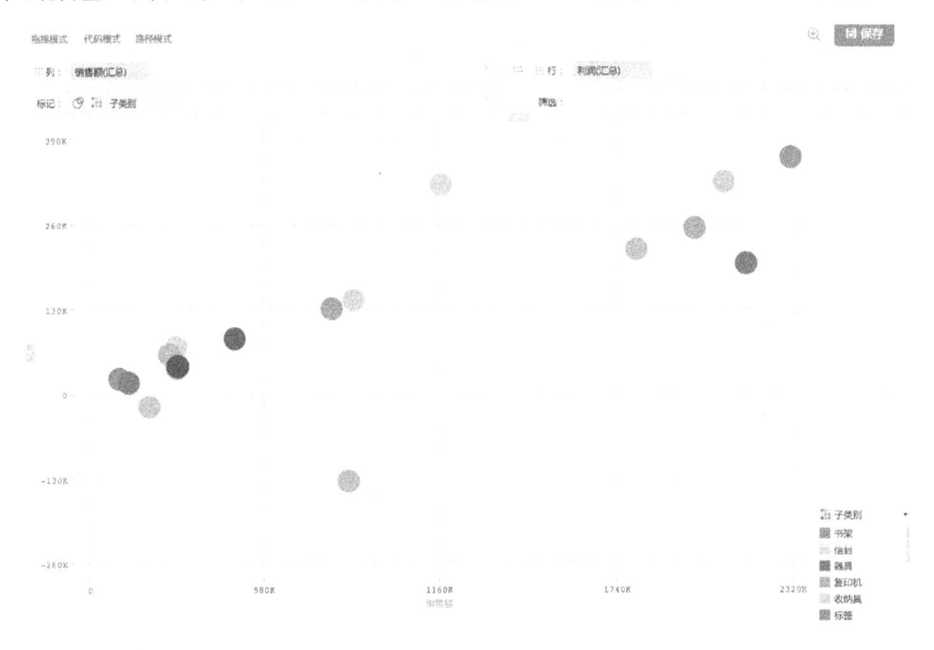

图 9-21　散点图

可以对商品销售利润进行预测，点击数据挖掘，选择“数据预测”，将“订单日期”拖入时间维度，“销售额”“利润”拖入度量，因变量选择“利润”，预测销售额在 1000 万时的利润情况，点击开始预测，如图 9-22 所示，可以得出利润值为 1466021.1595227013。

图 9-22　数据预测

在仪表盘界面可以进行配色设置和背景设置，让图表看上去更美观一些，如图 9-23 和图 9-24 所示。

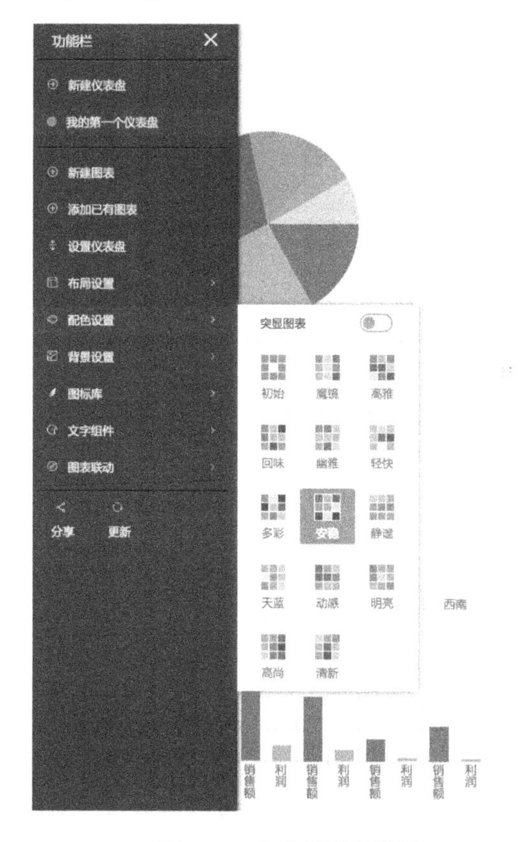

图 9-23　仪表盘配色设置

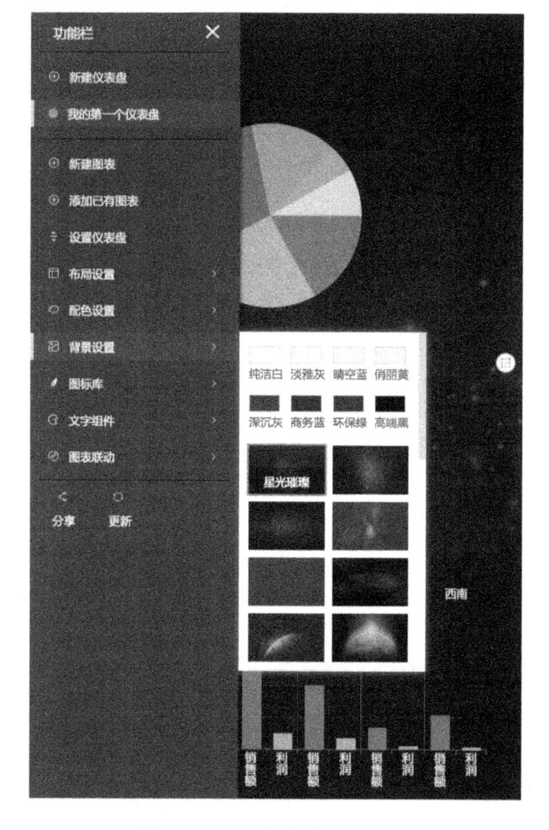

图 9-24　仪表盘背景设置

在功能栏图表联动中选择图表筛选器，选择要联动的图表，选择筛选，用鼠标连接 2 个图表，勾选目标筛选字段，点击完成，然后点击确定，如图 9-25 所示这样几张图表的联动设置就完毕了。

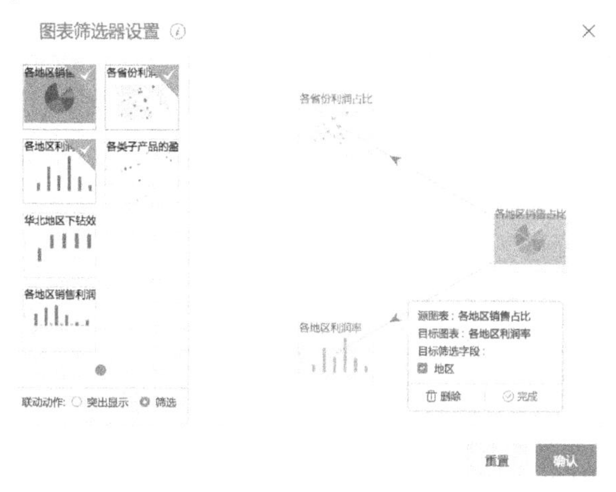

图 9-25　图表联动设置

选择“各地区销售占比”图表上的中南地区，“各省份利润占比”和“各地区利润率”这两个图表也会随之改变，显示中南地区的数据。

此外，还可在图表上添加备注，将做好的仪表盘分享出去等操作。

9.1.4 分析结论

从各地区销售情况来看，华东和中南地区销售额占比比较大。华北地区的利润率最高；江苏、浙江省利润亏损，江苏和浙江经济发展良好，出现亏损，应当排查原因，改变营销策略等；从各类产品销售情况来看，书架的利润值最高，桌子的利润处于亏损状态，应减少桌子的供应，适量增加书架的供应。

9.2 广告投放效果分析

9.2.1 背景分析

广告随处可见，如城市街头的 LED 显示屏广告、直接投递到手上的宣传页、电视中播放的各式各样的商品广告等，广告已成为商品快速占据市场的最重要途径。

通过广告监测数据，分析广告的受众、用户对广告创意的接收程度、投放广告的效率等问题，在广告投放后期是调整广告方向的重要工具。企业决策者可以通过数据分析结果，制定新的广告投放策略，促进企业快速发展。

9.2.2 需求分析

通过对某产品一个月网络广告监测数据的分析，从本月广告投放效果趋势、不同广告创意投放效果、不同广告位投放效果等三个角度分析，对该产品的网络广告投放效果进行评估，为后续广告投放策略的制定提供参考。

9.2.3 大数据分析过程

广告监测数据表如图 9-26 所示，新建项目，上传数据源，进入数据处理页面；点击快速分组操作，进入数据分析台。首先来分析广告的本月投放效果趋势。在“总览”分组中将“日期”拖入列，“成本费用”“点击数”“成交额”拖入行，选择线图（见图 9-27），保存并命名为周投放趋势。

日期	星期	成本费用	展现量	点击数	成交额
2014/7/1	星期二	43,348	5,362,768	25,158	51,586
2014/7/2	星期三	42,981	5,287,217	26,075	71,205
2014/7/3	星期四	51,773	5,338,418	26,892	72,874
2014/7/4	星期五	54,050	6,625,730	28,461	72,391
2014/7/5	星期六	54,009	6,546,227	28,245	62,771
2014/7/6	星期日	54,046	6,096,031	29,866	47,533
2014/7/7	星期一	54,075	6,165,502	30,724	73,701
2014/7/8	星期二	50,987	5,806,510	29,241	80,998
2014/7/9	星期三	50,471	6,197,921	27,113	84,543
2014/7/10	星期四	49,539	6,190,752	30,065	75,598
2014/7/11	星期五	48,232	5,360,034	23,989	53,150
2014/7/12	星期六	49,516	6,318,829	28,009	62,385
2014/7/13	星期日	49,818	6,416,276	28,152	64,459
2014/7/14	星期一	49,903	6,096,145	25,929	45,767
2014/7/15	星期二	51,262	6,427,806	28,395	58,725
2014/7/16	星期三	54,773	7,285,170	30,297	98,242
2014/7/17	星期四	52,548	6,810,168	33,600	94,748
2014/7/18	星期五	48,540	7,808,750	33,891	76,202
2014/7/19	星期六	53,395	8,871,929	39,659	95,176
2014/7/20	星期日	54,093	8,626,594	40,814	116,983
2014/7/21	星期一	58,259	8,353,884	37,426	117,193
2014/7/22	星期二	58,206	7,150,580	33,359	114,915
2014/7/23	星期三	50,930	7,947,684	35,547	56,385
2014/7/24	星期四	46,392	6,593,057	25,663	46,549
2014/7/25	星期五	46,190	6,525,908	25,238	39,032
2014/7/26	星期六	43,080	7,309,120	35,838	70,285
2014/7/27	星期日	42,796	7,751,136	41,292	63,972
2014/7/28	星期一	43,622	7,556,953	36,009	95,661
2014/7/29	星期二	39,825	6,036,922	34,379	62,236
2014/7/30	星期三	36,303	6,246,943	47,680	81,022
2014/7/31	星期四	45,196	6,515,983	51,388	67,152

总览　广告创意　广告位　+

图 9-26　广告监测数据表

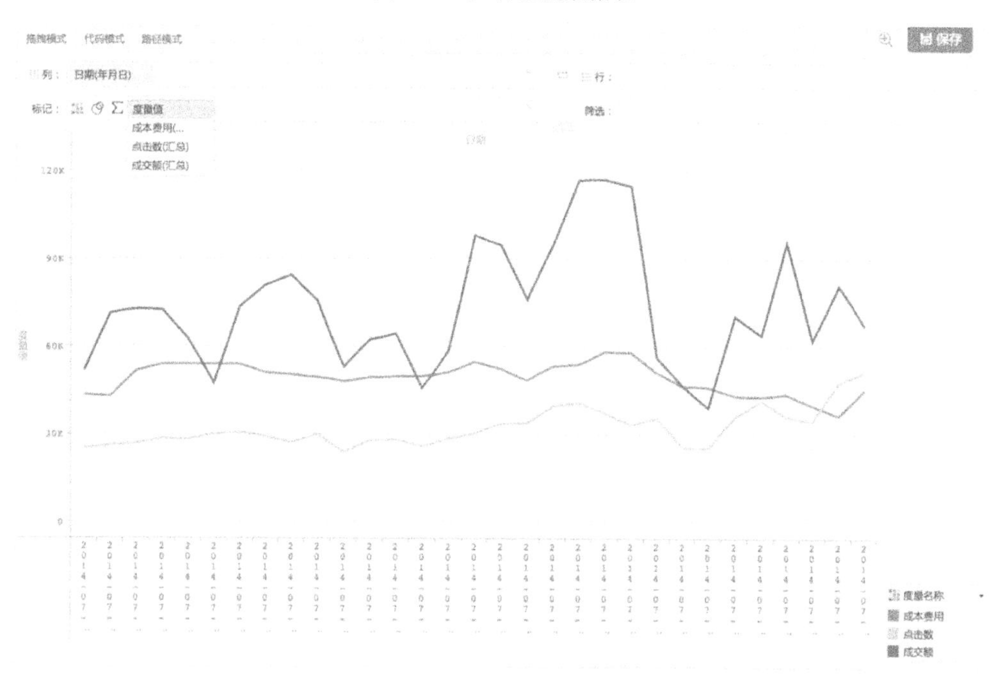

图 9-27　广告日数据监测

从图 9-27 中可以看出本月广告点击数和成本费用基本保持不变，成交额变化参差不齐。

在“总览”分组中将“星期”拖入列，“成本费用”“点击数”“成交额”拖入行，选择线图，如图 9-28 所示。

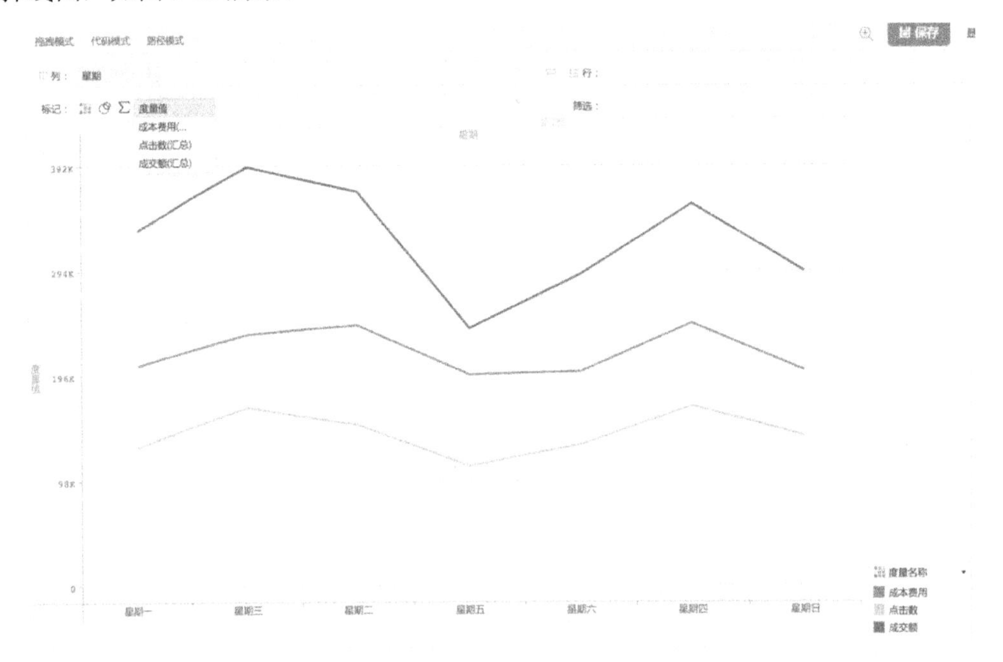

图 9-28　广告周数据总览

图 9-28 中没有按照星期的顺序排列，点击列中“星期”，选择自定义排序进行拖拽，如图 9-29 所示，点击保存。并将图表保存命名为本月投放效果趋势。

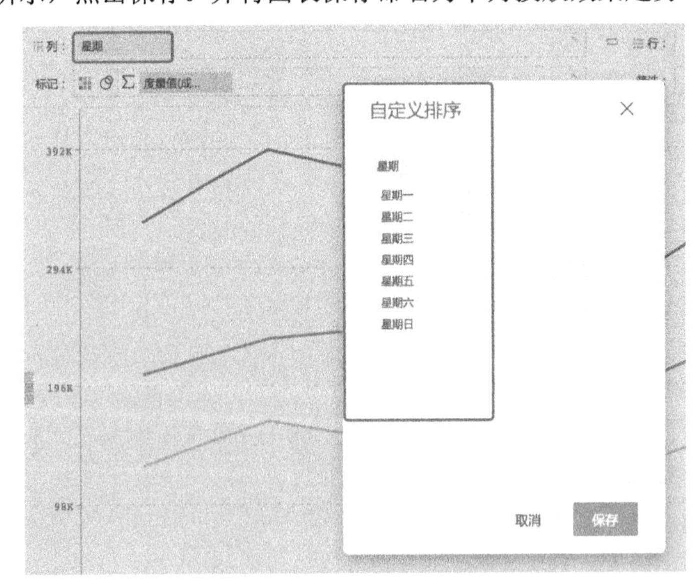

图 9-29　自定义设置

从图 9-29 可以看出，一般成交额在周五会大幅下降，应该排查、了解其原因。

在“总览”分组中想要了解当月的投资回报率，点击“度量”后的黑色倒三角创建计算字段，创建投资回报率字段，如图 9-30 所示，单击“确定”按钮。

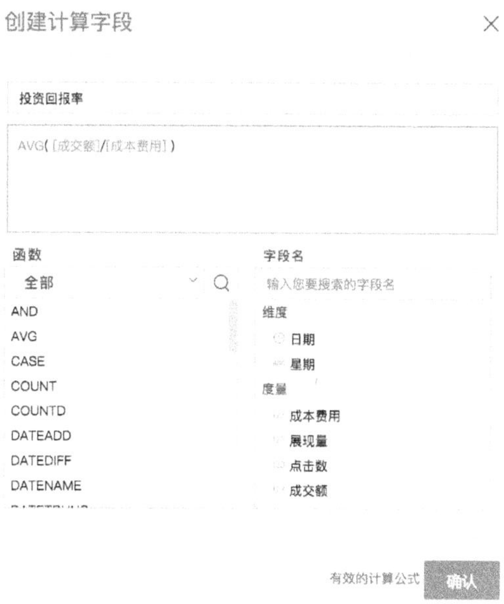

创建计算字段
投资回报率
AVG([成交额]/[成本费用])
函数
全部
AND
AVG
CASE
COUNT
COUNTD
DATEADD
DATEDIFF
DATENAME
字段名
输入您要搜索的字段名
维度
日期
星期
度量
成本费用
展现量
点击数
成交额
有效的计算公式
确认

图 9-30　创建计算字段

将“日期”“投资回报率”拖入列和行，选择仪表；在标记栏中，“日期”类型选择“月”，如图 9-31 所示。

拖拽模式
代码模式
路径模式
列
行
标记
投资回报率...
日期(月)
筛选
基本
类型
年
季
月
日
时
年季
年月
年月日
年月日时分秒
投资回报率
1.49

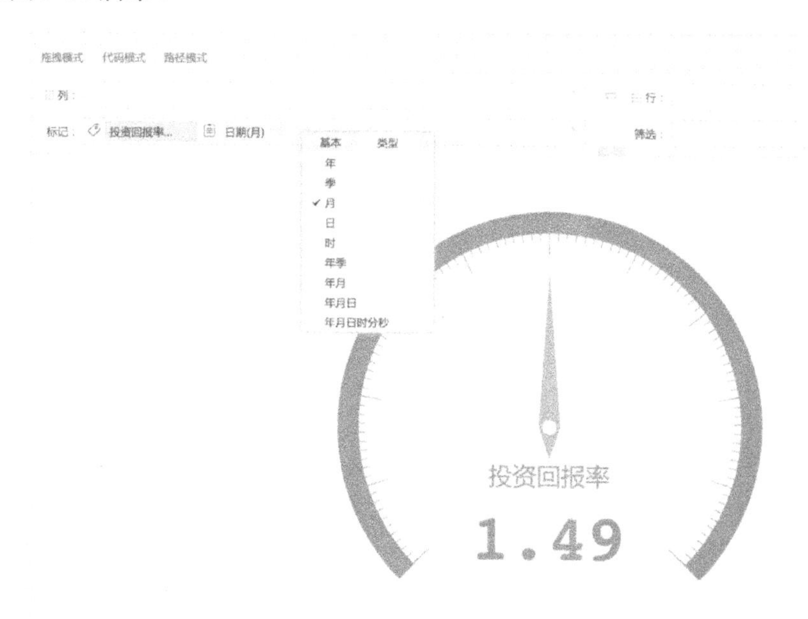

图 9-31　当月投资回报率

单击仪表中间数值部分，可以对仪表进行自定义预警设置，如图 9-32 所示。

图 9-32　仪表自定义设置

在“广告创意”分组中，创建“点击率”“投资回报率”两个计算字段，如图 9-33 和图 9-34 所示。

图 9-33　点击率 计算字段

图 9-34　投资回报率 计算字段

将“广告创意”拖入列，“投资回报率”“点击率”拖入行，选择散点图，如图 9-35 所示。命名并保存为投资回报率。

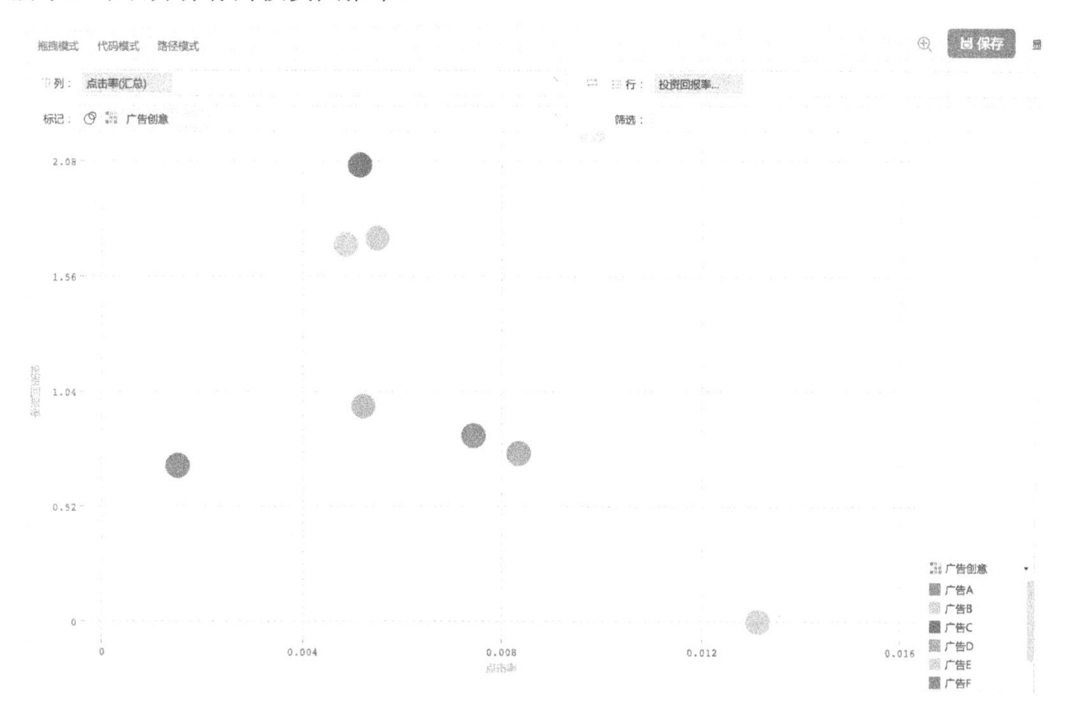

图 9-35　广告创意点击与投资回报率

从图 9-35 可以看出，广告 C 的投资回报率最高；广告 E 点击率很高，但投资回报率极低，其他广告可以借鉴广告 E 获取高点击率。

在“广告创意”分组中，将“广告创意”拖入列，“成本费用”“点击数”拖入行，选择“分组柱状图”，调整柱形的大小，如图 9-36 所示。

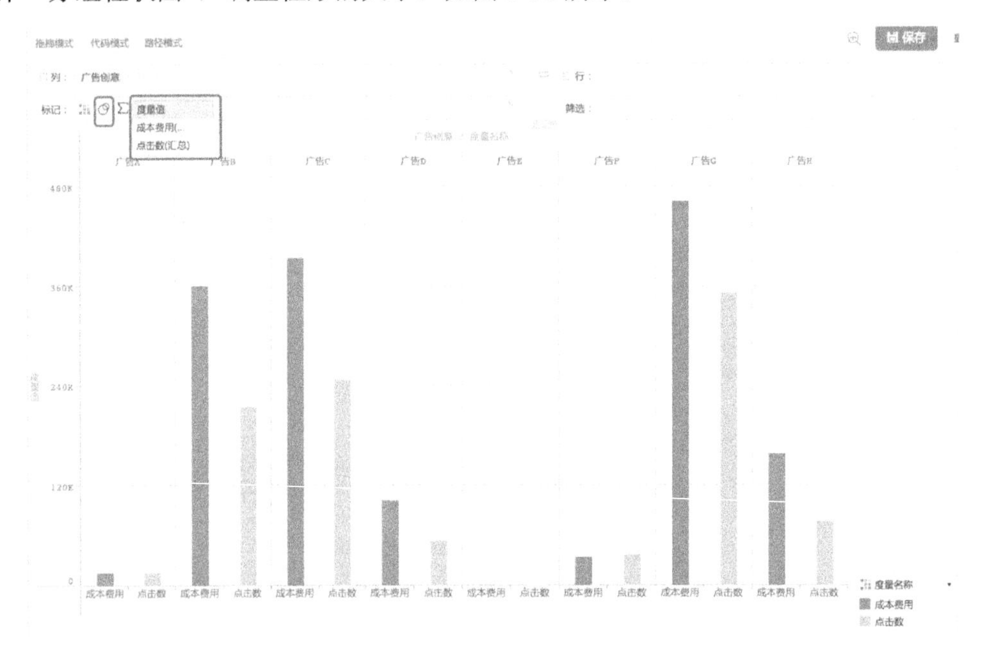

图 9-36　广告创意效果分析

在“广告位”分组中，将“广告位”“成本费用”拖入列和行，选择“饼图”，如图 9-37 所示。保存并命名为广告成本费用。

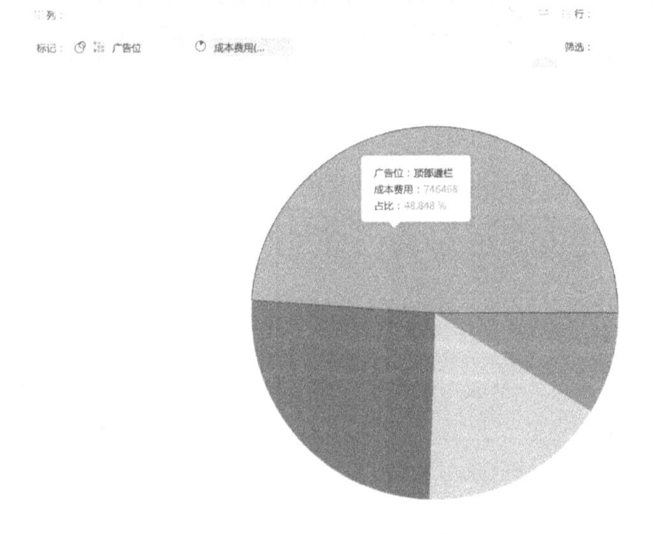

图 9-37　各广告位成本费用

在“广告位”分组中，将“广告位”“成交额”拖入列和行，选择更多图表中的“圈图”，如图 9-38 所示。命名并保存为广告成交额。

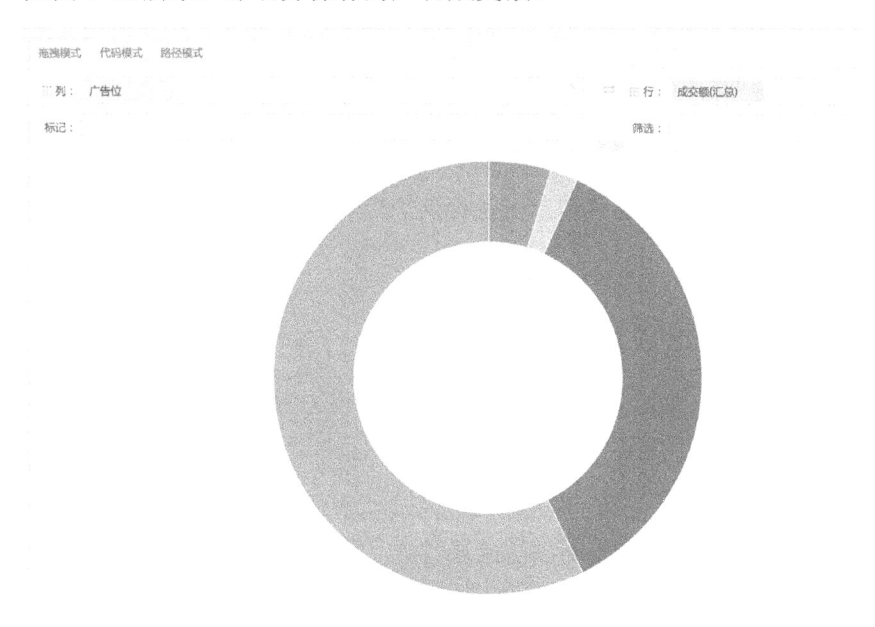

图 9-38　各广告位广告成交额

进入仪表盘界面，对仪表盘进行调整，如图 9-39 所示。

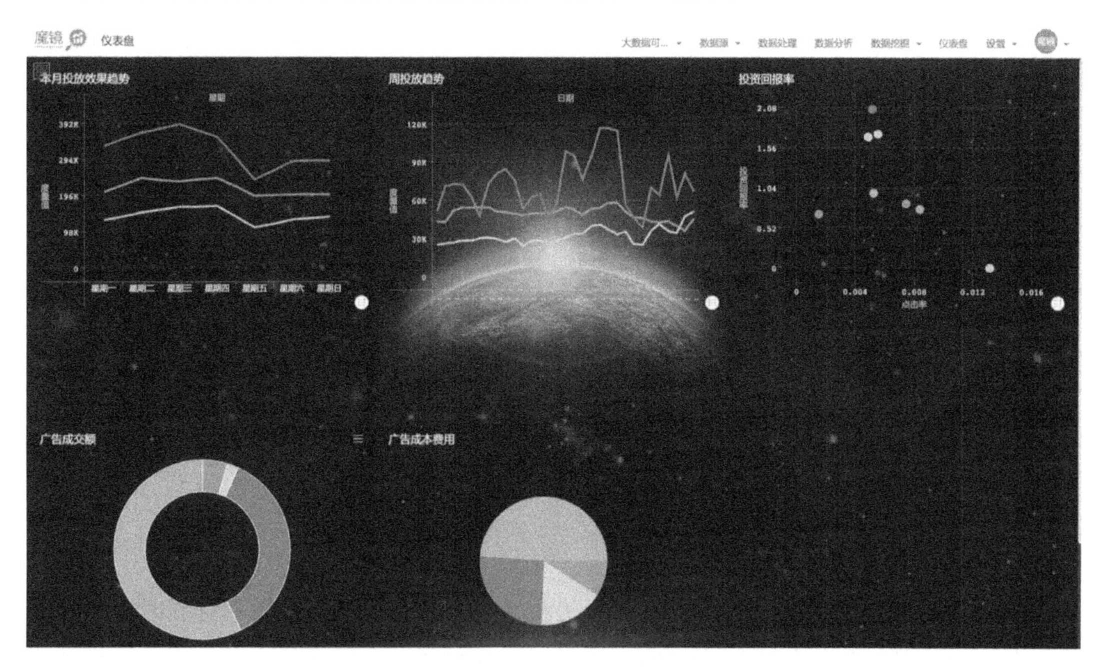

图 9-39　调整仪表盘

9.2.4 分析结论

随着广告成本费用的每日投入，广告的展现量和点击数都呈现波动上升的趋势；进一步对一周中每天的广告效果进行分析，一周中周一到周四点击率都在不断上升，而周五到周日的广告点击率和投资回报率相对不太理想。综合来看，周三广告投放效果最佳；广告 B 和广告 C 的投资回报效果较好，广告 G 的投放成本较高、但成交额较低，投资回报率效果较差；顶部通栏和底部通栏两个广告位的投放效果较好，而右侧弹窗广告位的投放效果较差。

9.3 金融行业贷款数据分析

9.3.1 背景分析

大数据时代，“数据为王”，金融机构之间的竞争全面展开，谁掌握了数据，谁就拥有风险定价能力，谁就可以获得高额的风险收益，最终赢得竞争优势。

中国金融业正在步入大数据时代的初级阶段。经过多年的发展与积累，目前国内金融机构的数据量已经达到 100TB 以上级别，并且非结构化数据量正在以更快的速度增长。金融机构行在大数据应用方面具有天然优势：一方面，金融企业在业务开展过程中积累了包括客户身份、资产负债情况、资金收付交易等大量高价值密度的数据，这些数据在运用专业技术挖掘和分析之后，将产生巨大的商业价值；另一方面，金融机构具有较为充足的预算，可以吸引到实施大数据的高端人才，也有能力采用大数据的最新技术。

对于银行来说，根据数据进行经营状况分析极为重要。根据银行利率、利息收入、支出等数据，了解银行的营收状况，根据数据做出统筹规划。根据全国各地区的贷款、抵押、存款，了解各地的经济发展状况、人均持有货币情况以及地区不良贷款率等。

正在兴起的大数据技术将与金融业务呈现快速融合的趋势，给未来金融业的发展带来重要机遇。如何根据银行数据对其经营状况做出合理分析，本节将针对这一问题进行分析。

9.3.2 需求分析

本案例通过一个定量研究银行贷款与利润分布的数学模型，从而查看各地区的贷款情况和不良贷款记录、利润分布特征与变化。本节根据已有数据对该银行的经营状况、各地的消费与贷款情况等做出分析，制作仪表盘。

9.3.3 大数据分析过程

数据情况如图 9-40 所示。

A	B	C	D	E	F	G
科目	2014	2013	2012	2011	2010	2009
营业收入	165,863	132,604	113,367	96,157	71,377	51,446
净利息	112,000	98,913	88,374	76,307	57,076	40,364
利	222,834	173,495	150,101	121,245	84,513	65,838
	145,727	127,630	115,926	93,837	66,842	52,022
	82,168	72,765	68,719	56,020	38,723	31,728
	58,428	50,120	41,303	32,142	22,426	14,679
	5,131	4,745	5,904	5,675	3,693	5,615
	37,749	21,621	15,944	12,568	9,178	8,552
	8,318	7,296	6,392	5,312	3,546	2,957
	31,040	16,948	11,839	9,528	4,947	2,307
利	110,834	74,582	61,727	44,938	27,437	25,474
	64,102	48,475	42,308	32,111	20,724	19,614
	6,186	5,339	5,061	4,789	3,516	2,553
	41,381	28,510	23,900	16,654	9,392	8,943
	2,799	2,701	2,659	2,478	1,842	1,356
	13,736	11,925	10,688	8,190	5,974	6,762
	42,669	22,826	16,648	10,958	4,842	3,928
	3,921	3,281	2,771	1,869	1,871	1,932
	142	0	0	0	0	0
净手续	44,696	29,184	19,739	15,628	11,330	7,993
手	48,543	31,365	21,167	16,924	12,409	9,153
	12,894	8,309	5,825	4,359	3,710	2,599
	4,116	2,756	2,211	2,042	1,386	1,077
	7,017	5,143	3,924	3,400	3,062	2,477
	4,204	2,873	2,229	1,563	1,114	723
	13,033	7,187	4,594	3,032	1,793	1,541
	7,279	6,097	2,384	2,528	1,344	736
手	3,847	2,181	1,428	1,296	1,079	1,160
其他非	9,167	4,507	5,254	4,222	2,971	3,089
公	308	575	125	49	55	450
投	5,762	3,615	3,419	3,874	1,317	1,028
汇	2,467	891	1,296	1,516	1,356	1,252
经	156	149	0	0	0	0
保	474	427	414	374	353	359
营业费用	93,094	64,693	54,254	49,544	38,413	29,533
业务及	50,656	45,565	40,795	34,798	28,481	23,078
员	29,179	26,990	23,932	20,316	16,002	12,686
折	2,944	2,578	2,197	1,985	2,021	1,874
租	3,349	2,801	2,462	2,193	1,936	1,917
其	15,184	13,196	12,204	10,304	8,522	6,601
营业税	10,425	8,579	7,555	6,091	4,153	3,129
保险申	332	331	321	305	278	355
资产减	31,681	10,218	5,583	8,350	5,501	2,971

贷款明细 | 利润表（横排） | 利润表 | 基准利率日报

图 9-40 数据源

1．分析方法

1）确定问题

本案例主要通过对地区贷款明细、年度利润数据分析、央行利息调整数据等，了解银行的经营状况。

2）分解问题

将大问题分解为小问题。可将问题分解为以下几点：

（1）各地区、信用类别、行业贷款情况分析。

（2）2009—2014 年不良贷款率变化趋势。

（3）2014 年度银行利润数据分析。

（4）存贷基准利率变化情况分析。

3）评估问题

本案例中，影响评估的因素有地区、 时间等。

（1）各地区、信用类别、行业贷款情况分析：通过对比地区、信用类别、行业与贷款额度、不良贷款额度，可以对银行贷款业务进行评估。

（2）2009—2014 年不良贷款率变化趋势：分析预测不良贷款率的变化情况。

（3）2014 年度银行利润数据分析：通过分析银行的收支情况，判断银行经营情况的好坏。

（4）存贷基准利率变化情况分析：银行的利息收入和支出与央行的利率政策息息相关，分析近几年基准利率的变化情况能更好地反映出银行的业务能力。

4）总结问题

能剖析问题、提供决策性建议的数据分析才是有价值的数据分析。

2．分析过程

（1）新建项目，命名为“贷款明细分析”，如图 4-41 所示，并选择 Excel 数据源，点击“下一步”。

图 9-41　新建项目

（2）上传数据源“贷款明细.xlsx”，如图 9-42 所示，进入数据预览页面，上传数据源。

图 9-42　上传数据源

（3）保存完毕后，自动跳转到数据处理界面，如图 9-43 所示。

图 9-43　数据处理

单击右侧“快速分组”按钮下拉菜单中的“快速分组”，一键将技术对象（技术对象指的是上传的数据表）转化为业务对象（业务对象是将技术对象抽象成可视化平台中的维度和度量），具体操作为将贷款明细、利润表、基准利率日报、央行调息时间表分别拖入并分别确认保存。如图 9-44 所示。

图 9-44　快速分组

（4）操作完毕后，单击导航栏上的仪表盘选项进入仪表盘，默认为“我的第一个仪表盘”，单击页面中的“+”号，开始创建新图表，如图 9-45 所示。

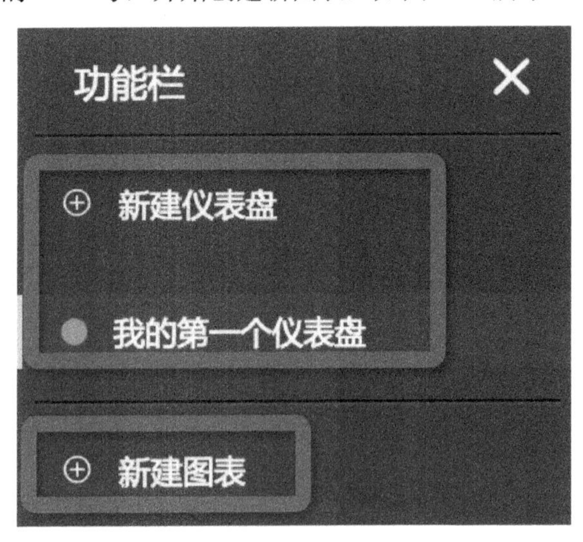

图 9-45　新建图表

单击“新建图表”后，页面自动跳转到可视化分析台页面（见图 9-46），开始进行数据分析。

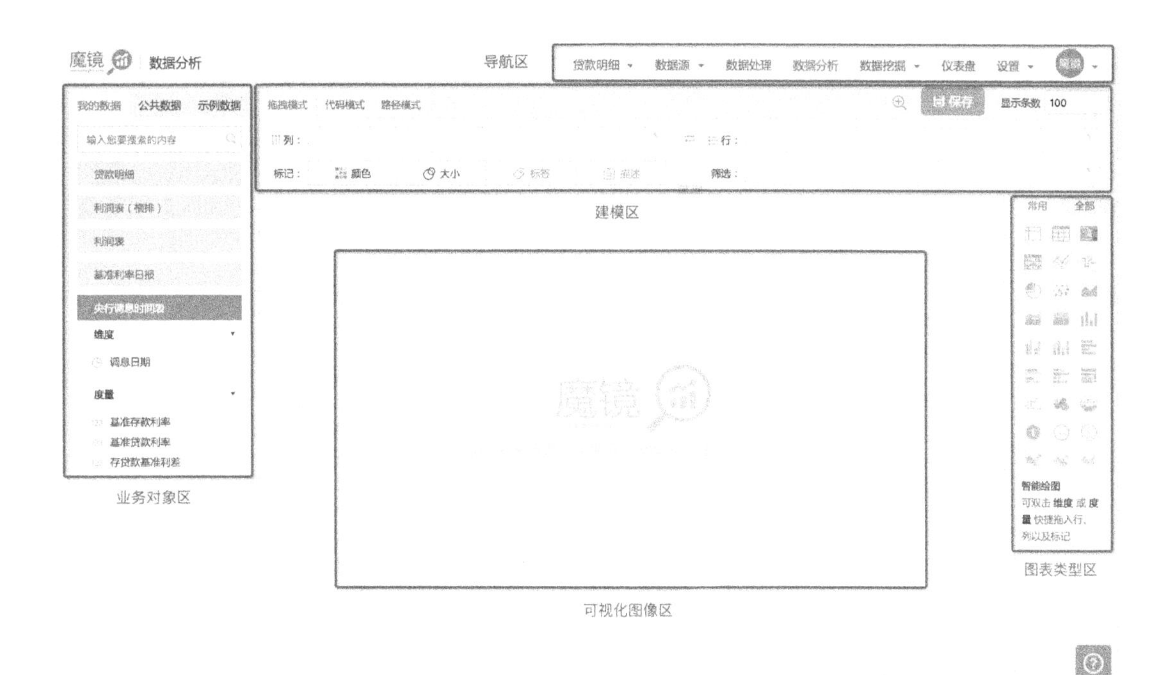

图 9-46　可视化分析台

（5）首先分析“各地区、信用类别、行业贷款情况”。地区、信用类别、行业属于 3 个不同的维度，在同一张图表中分析需创建参数字段（维度的集合，用于维度的切换），在数据分析界面中的业务对象操作选择“维度”右侧下拉菜单创建参数字段，如图 9-47 和图 9-48 所示。

图 9-47　创建参数字段

图 9-48　编辑参数

拖拽信用类别、地区、行业与应用到编辑框，命名为参数 1 并保存，再将参数 1 拖入列，将“客户贷款总额（百万元）”“不良贷款总额（百万元）”拖入标记中的度量值，视图区即出现分组柱状图图形效果，如图 9-49 所示。单击保存，将图表命名为“各地区、信用类别、行业贷款情况分析”。

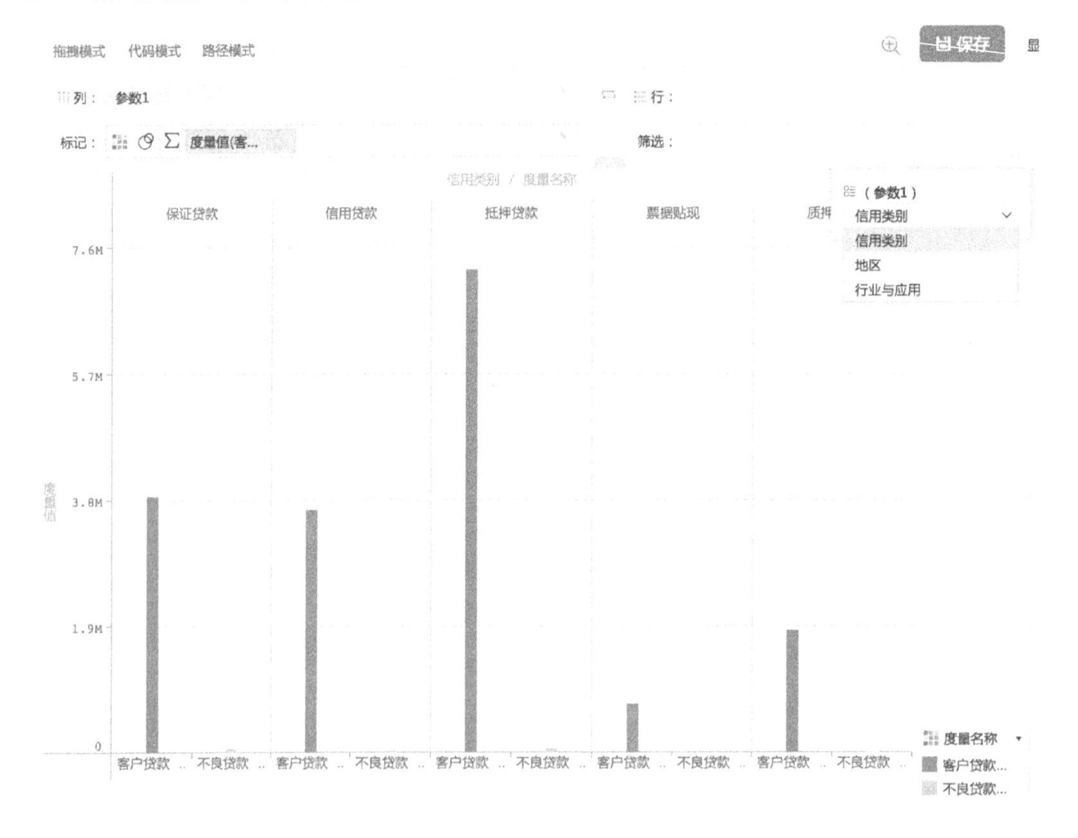

图 9-49　可视化图表的建立

（6）保存后，跳转到仪表盘界面，生成仪表盘内的第一个图表“各地区、信用类别、行业贷款情况分析”。

结论：通过这些图表可以看出，关于贷款地区分布，在全国范围内，长三角地区的贷款业务量最大，客户贷款总额达到 380048700 万元；其次是环渤海地区和珠三角地区，其他地区参差不齐，境外机构的客户贷款总额最低。长三角地区的不良贷款数额也最大，其次为总行、珠三角、中部等地，境外机构和附属机构的不良贷款非常少，但其贷款量也较低。

（7）分析“2009—2014 年间不良贷款率变化趋势”之前，需要将年份转化为维度以及新建度量“不良贷款率”（不良贷款率=不良贷款总额/贷款总额）。首先选择新建图表，进入数据分析界面，选择“年份”右侧下拉菜单中“转化为维度”，如图 9-50 所示。

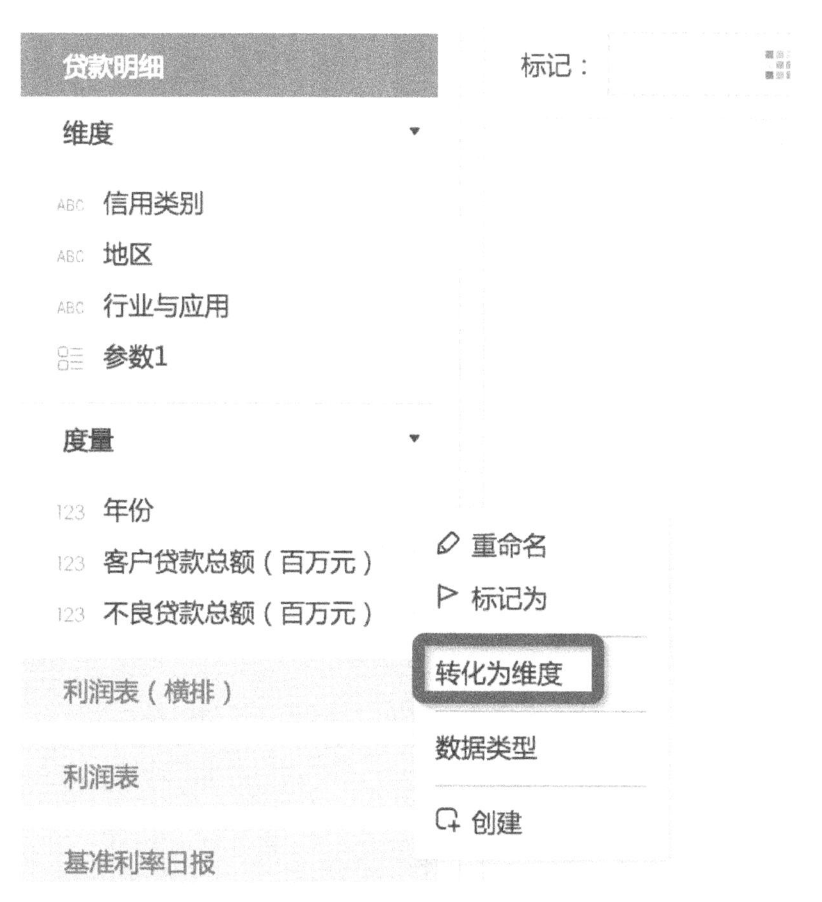

图 9-50　度量维度之间的转换

接着选择“度量”右侧下拉菜单，创建计算字段（包括命名、选择函数、配置表达式等），新建度量，如图 9-51 所示。

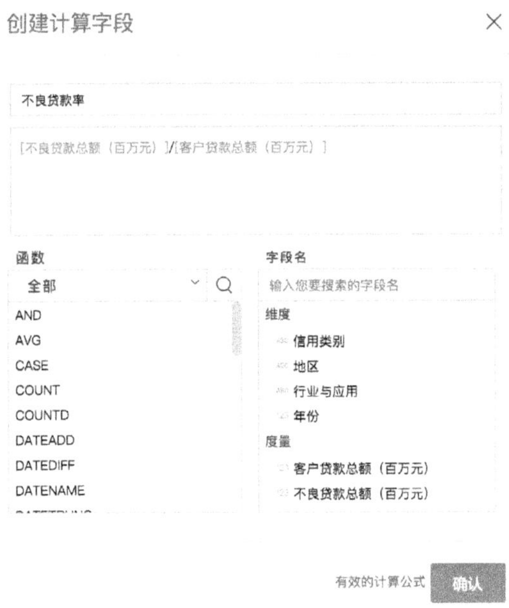

创建计算字段
不良贷款率
[不良贷款总额（百万元）]/[客户贷款总额（百万元）]
函数
全部
AND
AVG
CASE
COUNT
COUNTD
DATEADD
DATEDIFF
DATENAME
字段名
输入您要搜索的字段名
维度
信用类别
地区
行业与应用
年份
度量
客户贷款总额（百万元）
不良贷款总额（百万元）
有效的计算公式
确认

图 9-51　创建计算字段

接着选择线图，拖拽“年份”到列、“不良贷款率”到行，如图 9-52 所示。

拖拽模式
代码模式
路径模式
保存
列：
年份
行：
不良贷款率...
标记：
颜色
大小
标签
描述
筛选：
年份
5.2
3.9
2.6
1.3
0
2009
2010
2011
2012
2013
2014

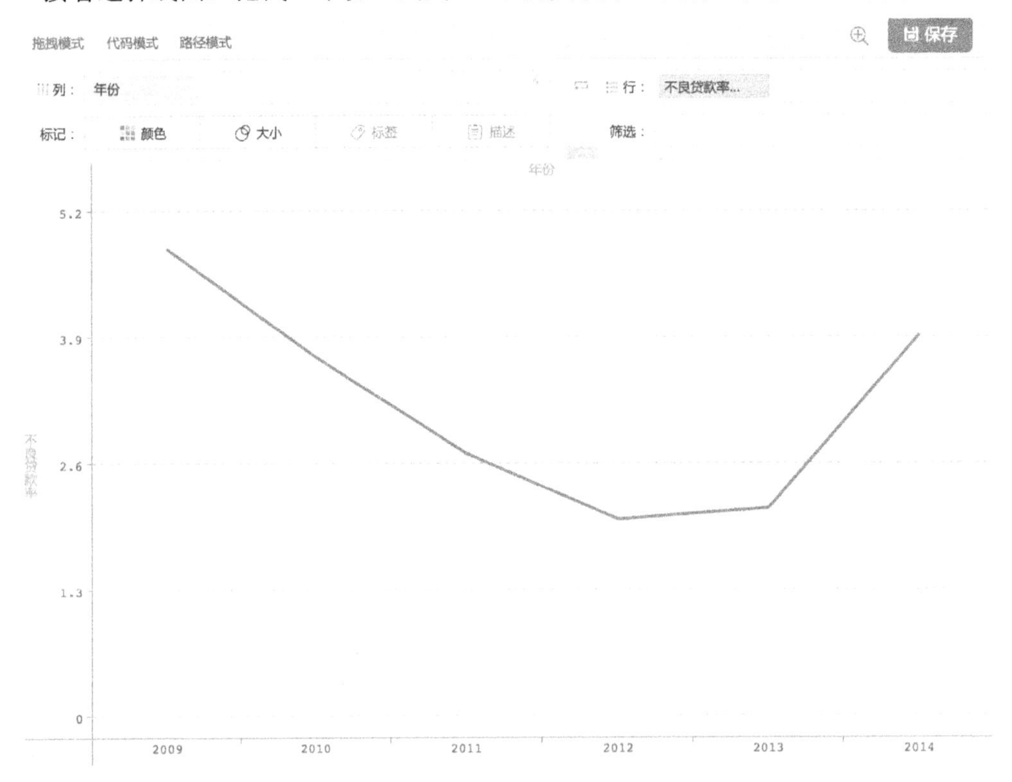

图 9-52　不良贷款率分析

由图 9-52 可以看出线图并不明显，可以将度量“不良贷款率”拖拽至标记栏，对可视化进行调整，如图 9-53 所示。从美观角度设置线条颜色、线条粗细、显示标签，调整完毕后保存。

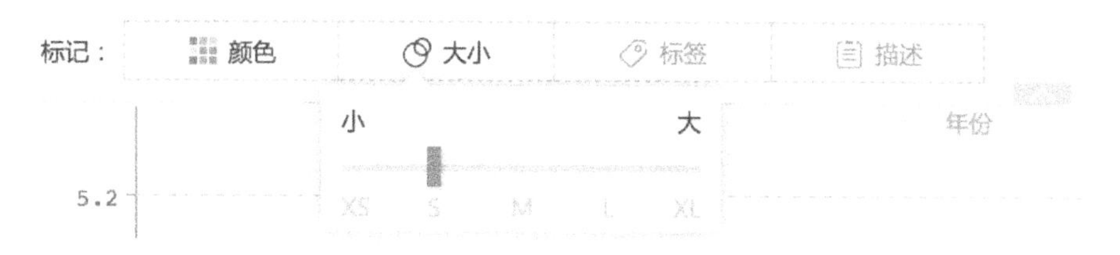

图 9-53　可视化调整

结论：从图 9-53 中可以看出 2012—2014 年的不良贷款率呈明显上升趋势，风险性较大，应加大贷款资金审核力度。

（8）继续对“2014 年度银行利润数据”进行分析，在右侧图表库中选择“饼图”，将“科目”拖入标记中的颜色，将“2014”年数据拖入标记中的角度，生成 2014 年的各类收入科目占比图，如图 9-54 所示，将其命名为“2014 年利润比例”，单击“保存”。

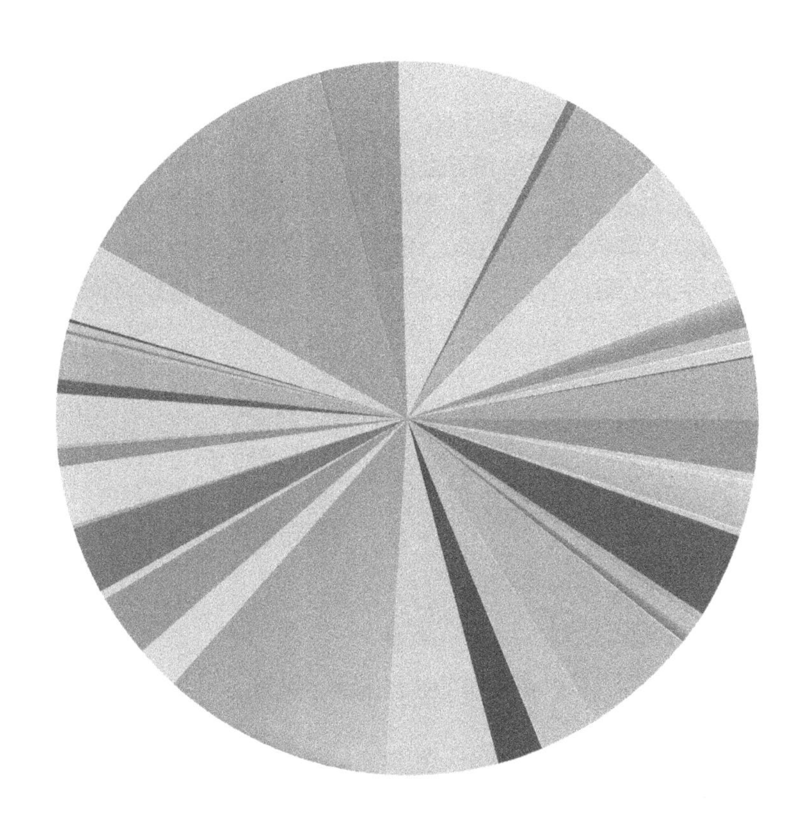

图 9-54　2014 年利润比例

仍选择“饼图”，将“科目”与“2014”分别拖拽到标记中的颜色和标记中的角度，将度量中的“2014”拖入筛选器，在“值范围”中的开始值中输入“110000”，单击“确定”，如图 9-55 所示。

图 9-55　筛选器的使用

（9）接下来就会显示 2014 年该银行收入中超过 110000 的类目。命名为“2014 年高利润类目比例”并保存。可以看出，净利息收入、利息支出、利息收入、经营活动产生现金流净额、营业收入以及贷款、垫款，构成了相对较高的利润来源类目。其中经营活动产生现金流净额最高，其次是利息收入，再次为营业收入。

（10）在仪表盘界面左侧，单击“图表联动-图表筛选器”可以对图表进行图表联动操作，如图 9-56 所示。

图 9-56　图表联动-图表筛选器

（11）在图表联动设置中，新建筛选器，选中“2014 年利润比例”与“2014 年高利润类目比例”，单击“下一步”，如图 9-57 所示。

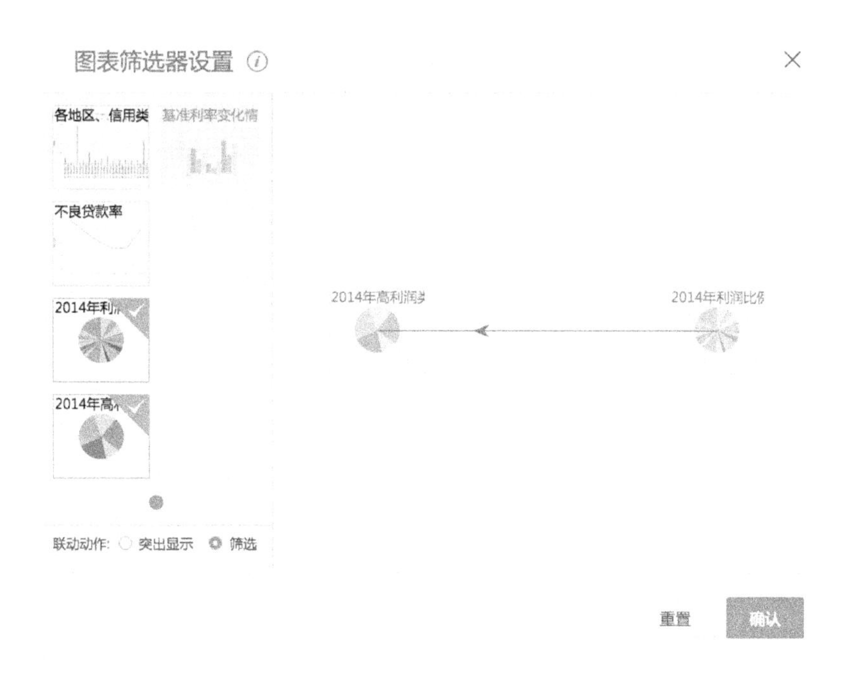

图 9-57　图表联动

（12）单击“完成”按钮后，这两张图表就可以进行联动了。如，单击“2014 年利润比例”图中的“利息收入”，“2014 年高利润类目比例”中就会显示“利息收入”的情况。如图 9-58 所示。

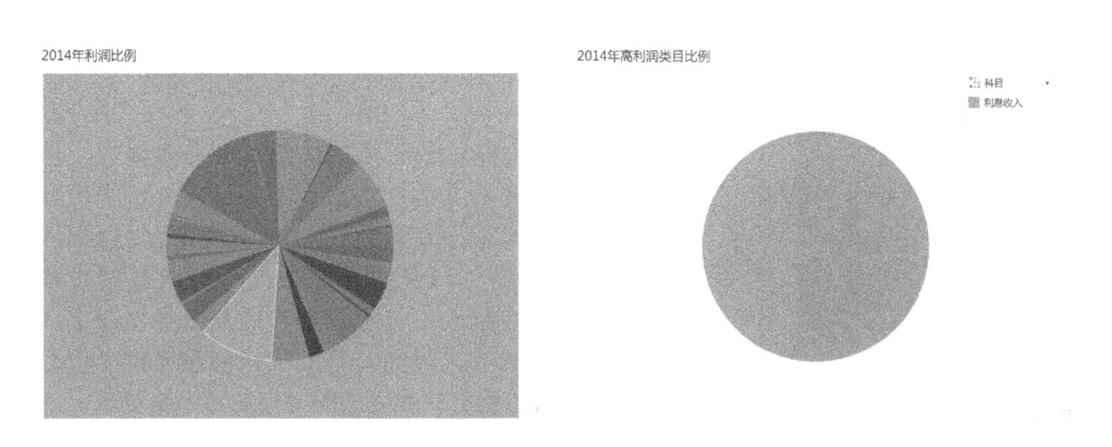

图 9-58　图表联动

（13）银行的利息收入和支出与央行的利率政策息息相关。接下来分析近几年的央行基准存贷款利率变化。新建图表，进入可视化分析台。在右侧图表库中选择“组合图”，在“央行基准利率日报-央行调息时间表”中选择“调息日期”拖拽到列，选择“基准存款利率”“基准贷款利率”“存贷款基准利差”拖入行，生成图表命名为“央行存贷款变化”，单击“保存”，如图 9-59 所示。图 9-59 可以看出，央行存贷款有波动，但利差变化不大，在2010年10月20日左右有一次稍明显的变化。

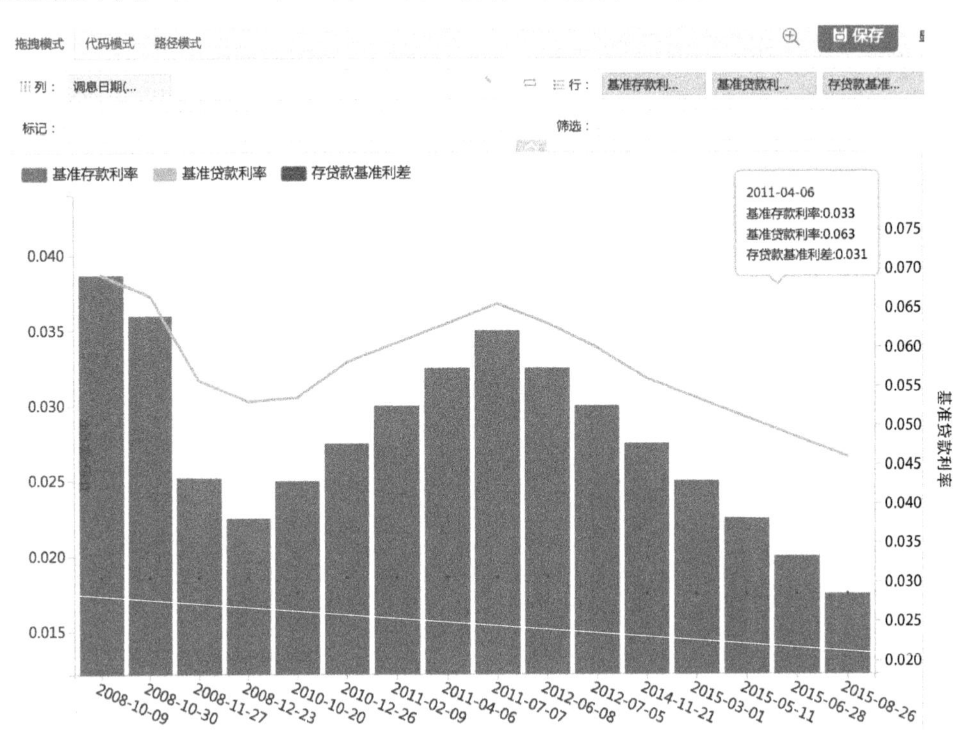

图 9-59　基准率变化情况

（14）在仪表盘界面左侧，单击“布局设置”，对图表排版进行编辑，如图9-60所示。

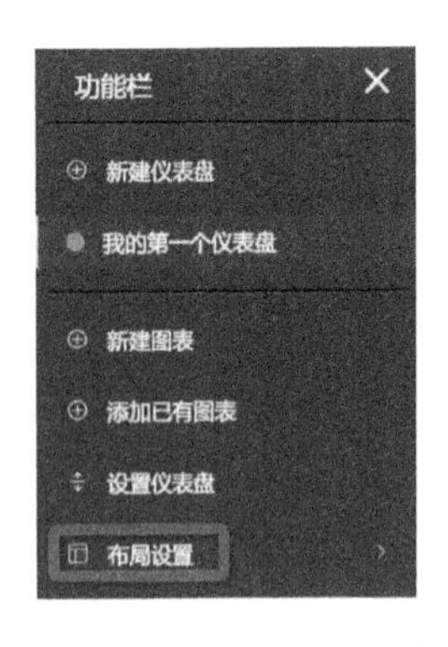

图 9-60　分析完成界面

3. 总结

通过分析可知，长三角地区贷款业务量最大，但不良贷款也最多。其他地区参差不齐，境外机构的客户贷款总额最低，不良贷款也非常少。银行经营利润中，经营活动产生现金流净额最高，其次是利息收入，最后是营业收入。央行近年来的利差变化很小。银行利润的利息收入很高，且受央行利息调整变化影响不大，但在拓展贷款业务的同时要防范不良贷款。

9.4 能源行业油井数据分析

9.4.1 背景分析

大数据技术的发展对于能源行业有重要的影响，为了完善企业生产和管理，企业需要积累大量的数据。能源行业已从基础的生产自动化逐步走向了数据信息化，以提高自身的竞争力，从而提高效益。信息化的发展极大地推动了电力、石油、煤矿等产业的发展，通过大数据技术分析与挖掘企业积累的大量数据，大幅提高企业内部管理效率、降低管理成本、提高生产效率、创造新的价值。

9.4.2　需求分析

本案例主要分析某油井公司的生产及销售数据。该油井公司以前主要将精力放在技术研发上，而忽略了对油井的生产及销售数据的分析。虽然拥有数据，但是却没有掌握数据，因此当从宏观角度发现问题时，没有办法精确定位发生问题的原因。该公司现在想要对以往的历史数据进行分析，让销售部门经理对检测销售情况有深刻地了解，以便从庞大的销售数据了解销售业绩，从各个角度对整体的销售数据进行切片分析。

公司的总经理要根据市场的走势来制定合适的营销策略，在庞大的数据中以数字化的方法对市场表现进行精确衡量，精确预测和掌握市场下一步动向。

9.4.3　大数据分析过程

能源数据源文件中有日期、所属地域、CO_2 排放量、瓦斯产量、原油产量等字段。数据情况如图 9-61 所示。

日期	所属区域	油井名称	CO2排量(立方英尺/天)	瓦斯产量(立方英	瓦斯价格（元/立	原油产量(桶/天)	原油价格（桶/元）	瓦斯收入（元）	原油收入（}	总收入(元)
2011/7/29 00:00	东北	Arkla-7	234412.5	384,655.42	6.71	87.68	46.56	2,581,037.88	4,082.27	2,585,120.15
2011/7/29 00:00	东北	Eloma-10	75905	83,353.60	6.71	17.30	46.56	559,302.68	805.53	560,108.21
2011/7/29 00:00	西北	Enarko-9	223250	343,204.62	6.71	174.50	46.56	2,302,903.02	8,124.72	2,311,027.75
2011/7/29 00:00	华南	Texan-24	174135	73,773.27	6.71	18.63	46.56	495,018.65	867.57	495,886.22
2011/7/29 00:00	华南	Texan-1	129485	213,461.27	6.71	206.44	46.56	1,432,325.13	9,611.97	1,441,937.10
2011/7/29 00:00	华南	Texan-17	44650	434,419.83	6.71	95.51	46.56	2,914,957.03	4,447.15	2,919,404.18
2011/7/30 00:00	东北	Arkla-4	301387.5	359,712.48	6.71	105.58	46.56	2,413,670.73	4,915.75	2,418,586.48
2011/7/30 00:00	东北	Arkla-7	267900	310,579.82	6.71	90.40	46.56	2,083,990.57	4,209.03	2,088,199.60
2011/7/30 00:00	东北	Eloma-10	53580	85,192.33	6.71	26.41	46.56	571,640.51	1,229.68	572,870.20
2011/7/30 00:00	西北	Enarko-9	214320	673,354.48	6.71	176.61	46.56	4,518,208.58	8,222.84	4,526,431.42
2011/7/30 00:00	华南	Texan-24	75905	153,080.76	6.71	28.98	46.56	1,027,171.91	1,349.14	1,028,521.05
2011/7/30 00:00	华南	Texan-1	111625	668,876.00	6.71	207.75	46.56	4,488,157.95	9,672.74	4,497,830.69
2011/7/30 00:00	华南	Texan-17	205390	51,815.32	6.71	122.18	46.56	347,680.78	5,688.67	353,369.46
2011/7/31 00:00	东北	Arkla-4	167437.5	45,287.69	6.71	122.69	46.56	303,880.42	5,712.40	309,592.82
2011/7/31 00:00	东北	Arkla-7	221017.5	305,231.54	6.71	94.76	46.56	2,048,103.61	4,412.13	2,052,515.73
2011/7/31 00:00	东北	Eloma-10	209855	138,610.21	6.71	30.13	46.56	930,074.48	1,402.99	931,477.47
2011/7/31 00:00	西北	Enarko-9	165205	1,231,351.30	6.71	225.40	46.56	8,262,367.20	10,494.53	8,272,861.73
2011/7/31 00:00	华南	Texan-24	191995	211,649.55	6.71	38.21	46.56	1,420,168.50	1,779.20	1,421,947.70
2011/7/31 00:00	华南	Texan-1	58045	1,336,353.77	6.71	233.12	46.56	8,966,933.80	10,854.15	8,977,787.95
2011/7/31 00:00	华南	Texan-17	111625	252,167.21	6.71	134.32	46.56	1,692,041.95	6,253.89	1,698,295.84
2011/8/1 00:00	东北	Arkla-4	294690	590,001.45	6.48	121.46	52.67	3,823,209.39	6,397.18	3,829,606.57
2011/8/1 00:00	东北	Arkla-7	127252.5	166,804.27	6.48	94.34	52.67	1,080,891.66	4,969.13	1,085,860.79
2011/8/1 00:00	东北	Eloma-10	165205	208,194.24	6.48	39.27	52.67	1,349,098.70	2,068.57	1,351,167.27
2011/8/1 00:00	西北	Enarko-9	89300	48,575.20	6.48	232.52	52.67	314,767.32	12,246.81	327,014.13
2011/8/1 00:00	华南	Texan-24	44650	82,409.83	6.48	45.46	52.67	534,015.67	2,394.26	536,409.93
2011/8/1 00:00	华南	Texan-1	223250	382,908.32	6.48	219.69	52.67	2,481,245.90	11,571.09	2,492,816.99
2011/8/1 00:00	华南	Texan-17	84835	621,952.15	6.48	134.41	52.67	4,030,249.96	7,079.25	4,037,329.21
2011/8/2 00:00	东北	Arkla-4	334875	748,165.34	6.48	132.71	52.67	4,848,111.40	6,989.83	4,855,101.23
2011/8/2 00:00	东北	Arkla-7	207622.5	2,409.84	6.48	92.50	52.67	15,615.77	4,872.04	20,487.80
2011/8/2 00:00	东北	Eloma-10	169670	238,223.11	6.48	54.06	52.67	1,543,685.78	2,847.20	1,546,532.98
2011/8/2 00:00	西北	Enarko-9	80370	364,946.96	6.48	220.96	52.67	2,364,856.30	11,637.95	2,376,494.25
2011/8/2 00:00	华南	Texan-24	93765	66,554.35	6.48	55.53	52.67	431,272.19	2,924.53	434,196.72

图 9-61　原始数据

1. 分析方法

1）确定问题

本案例主要是通过对积累的数据进行分析，让销售部门经理了解销售详情，发现问题时精准定位问题发生的原因，对整体销售数据进行切片分析。公司总经理根据市场走势，制定合理的营销策略。

2）分解问题

对油井数据的分析，可以分解成以下几点：

（1）各地区瓦斯和原油的销售收入情况。

（2）二氧化碳排放量和瓦斯产量的关系。

（3）各油井的产出情况。

（4）探索原油价格与瓦斯价格之间的相关性。

3）评估问题

影响瓦斯和原油的销售额的因素主要是价格变动、地区、产量、二氧化碳排放量及天气等不可控因素，通过分析这些因素，基本可以了解详细的销售情况，并预测未来市场行情，掌握市场动向。

4）总结

能剖析问题、提供决策性建议的数据分析才是有价值的数据分析。

2. 分析过程

（1）新建项目，选择Excel数据源，单击“下一步”，如图9-62所示。

图9-62　新建Excel数据源

连接数据源“能源.xlsx”，命名为“油井数据分析”，单击保存。

（2）自动跳转到“数据处理”页面，单击“快速分组”，如图9-63所示，选中“Sheet1”，拖拽至编辑栏，输入名称，单击“确认”按钮，如图9-64所示。

图9-63　快速分组

图 9-64　分组确认

（3）进入“数据分析”界面，分析各地区瓦斯和原油的销售收入情况。首先，建立“所属区域-油井”的分层结构，在“所属区域”后创建分层结构，命名为“油井所属区域”，再将“油井”拖至分层结构中“油井所属区域”的下部，如图 9-65 所示。

图 9-65　所属区域-油井

单击导航栏数据分析，选择“分组柱状图”，根据提示将“所属区域”拖入列，将“瓦斯收入”“原油收入”拖入行，如图 9-66 所示。

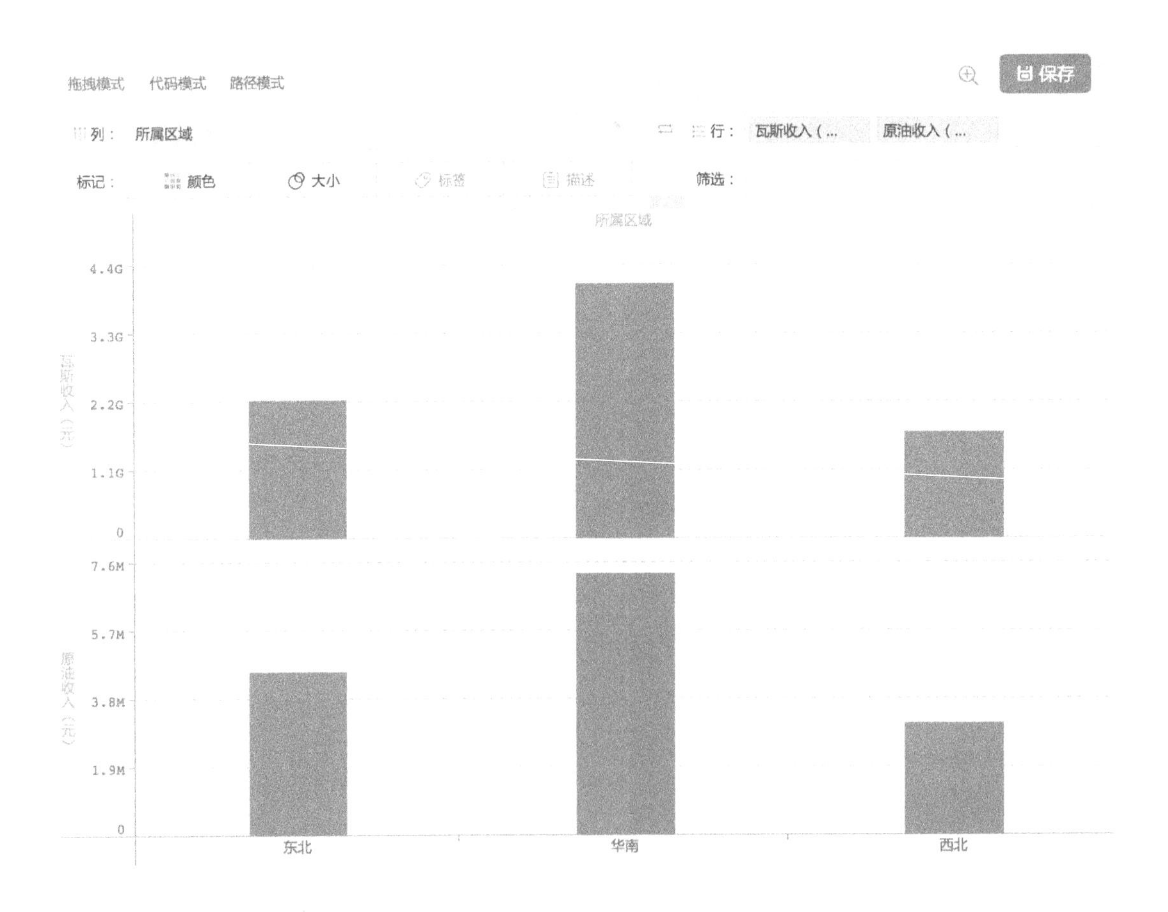

图 9-66 数据输入操作

接下来通过标记栏对可视化进行调整，将“所属区域”拖至“标记栏”下的“颜色”，调整配色（也可以按照大小、标签等需求进行调整），如图 9-67 所示，保存并命名为各地区原油瓦斯收入。继续新建一张图表，拖拽内容与图 9-67 一致，单击鼠标右键可进行数据查看、下钻、探索等相关操作，例如我们选择对华南地区进行下钻操作，可查看华南地区各个油井的收入情况，如图 9-68 所示。

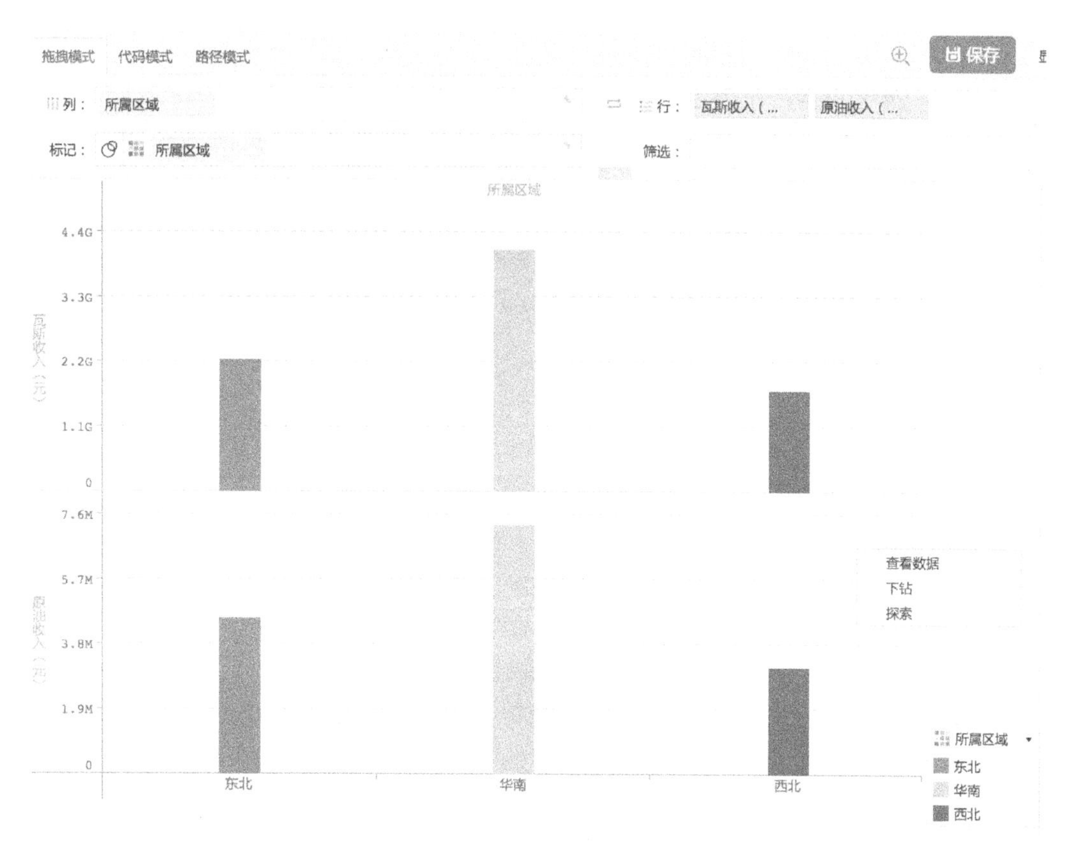

图 9-67　各地区原油瓦斯收入情况

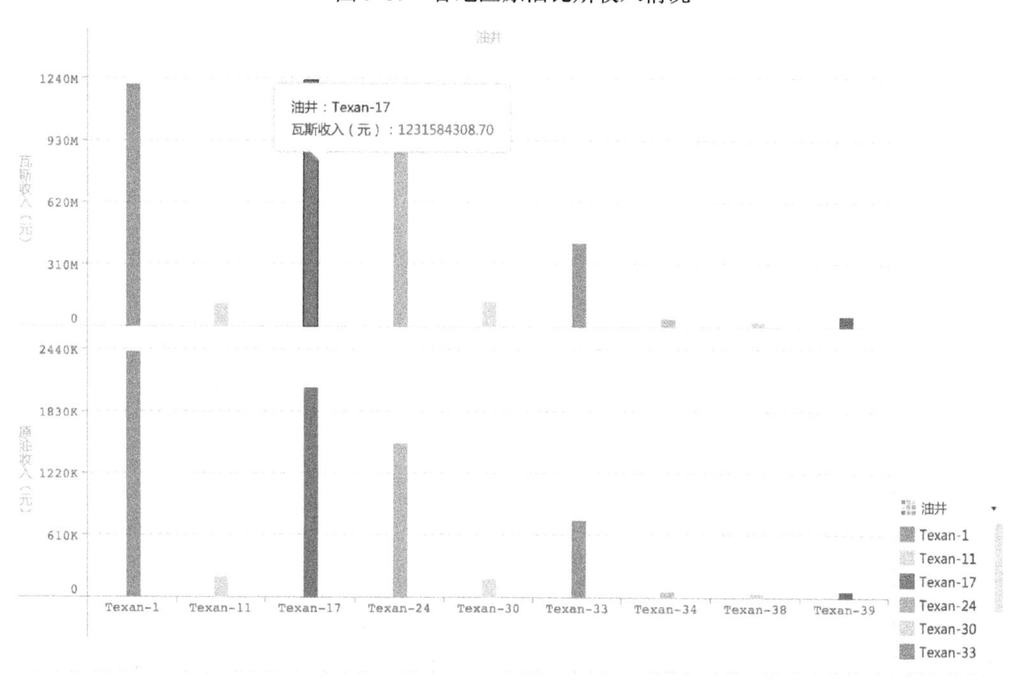

图 9-68　华南地区油井的收入情况

由可视化图形可以分析出来华南地区原油、瓦斯收入最高，西北地区最低。而华南地区 1、17、24 号油井产出处于明显领先地位。

（4）单击保存，命名并保存图表为华南地区瓦斯原油收入，页面跳转至仪表盘界面。接下来分析二氧化碳排放量和瓦斯产量的关系。由于之前上传的 Excel 表数据不够完善，日期含有不规范的时间节点，因此可以使用数据更新功能对表格数据进行更新。进入数据处理界面，选择下拉脚标中的“更新”，然后选择需要更新的文件重新上传，更新操作可选择“覆盖”，然后保存，如图 9-69 和图 9-70 所示。

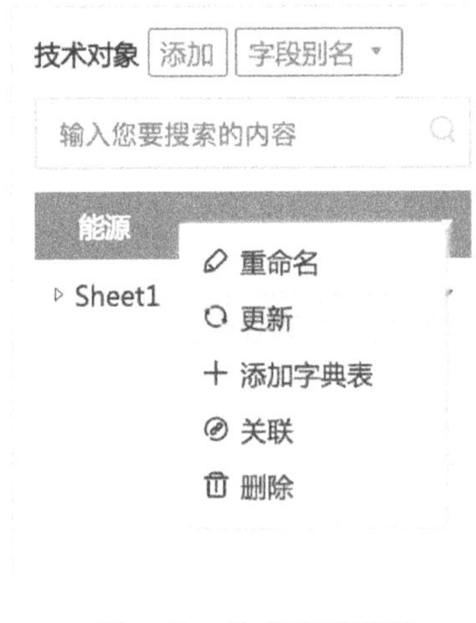

图 9-69　数据处理页面

图 9-70　数据更新

进入数据分析界面，选择“线图”，将“日期”拖入列，“CO_2 排量”“瓦斯产量”拖入行。建立线图，如图 9-71 所示。再次单击线图，将两条线放在同一坐标轴进行考察，如图 9-72 所示。

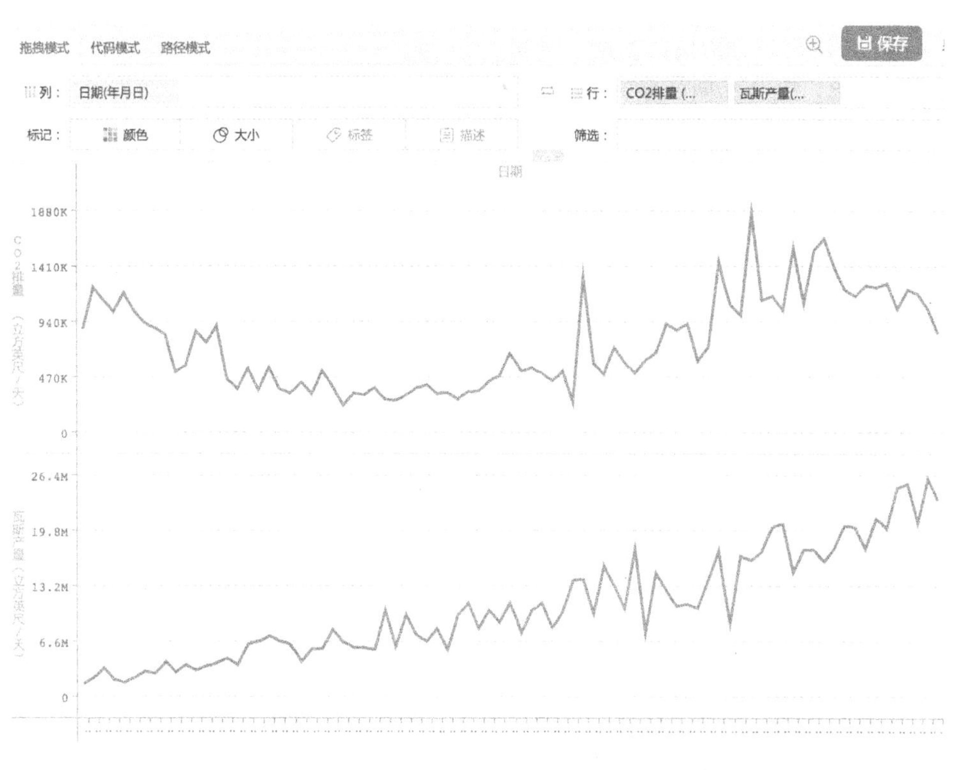

图 9-71　CO_2 排量与瓦斯产量

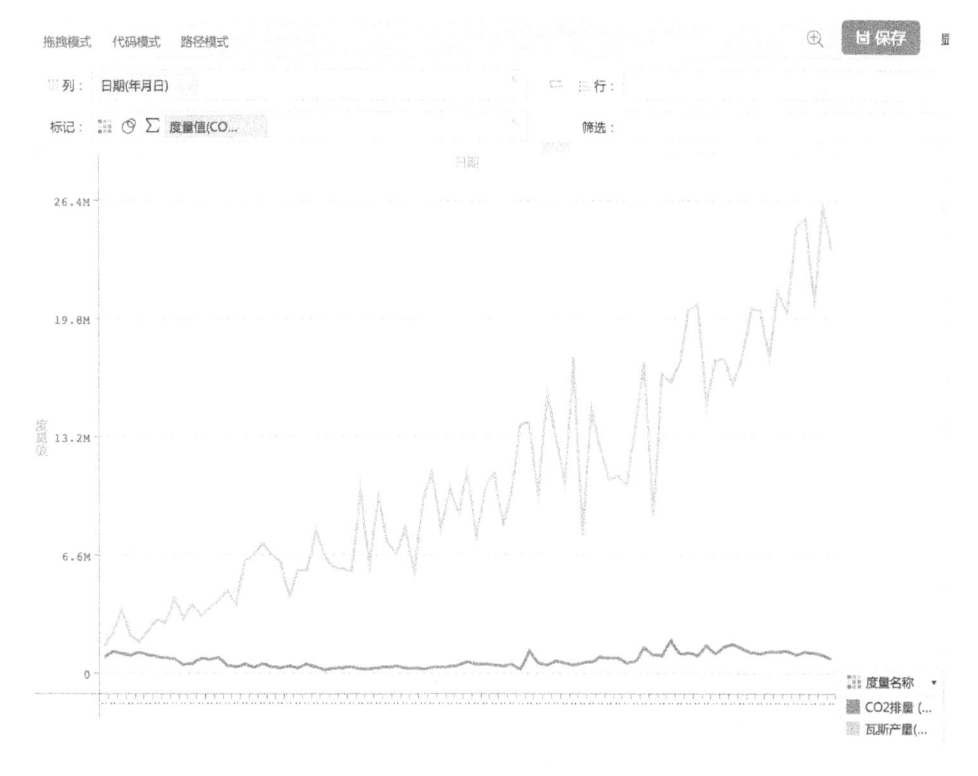

图 9-72　数据比较

从图 9-72 可以分析出，瓦斯产量和 CO_2 排量是反相关的，可以通过调整工艺流程控制 CO_2 排量，提高瓦斯产量。

（5）分析各个油井的产出情况，新建图表，选择“树状图－树图”，拖拽“油井”到标签，“总收入”到大小，为了提升区分度将“油井”拖入颜色，并命名为“各油井的产出情况”，如图 9-73 所示，单击保存。

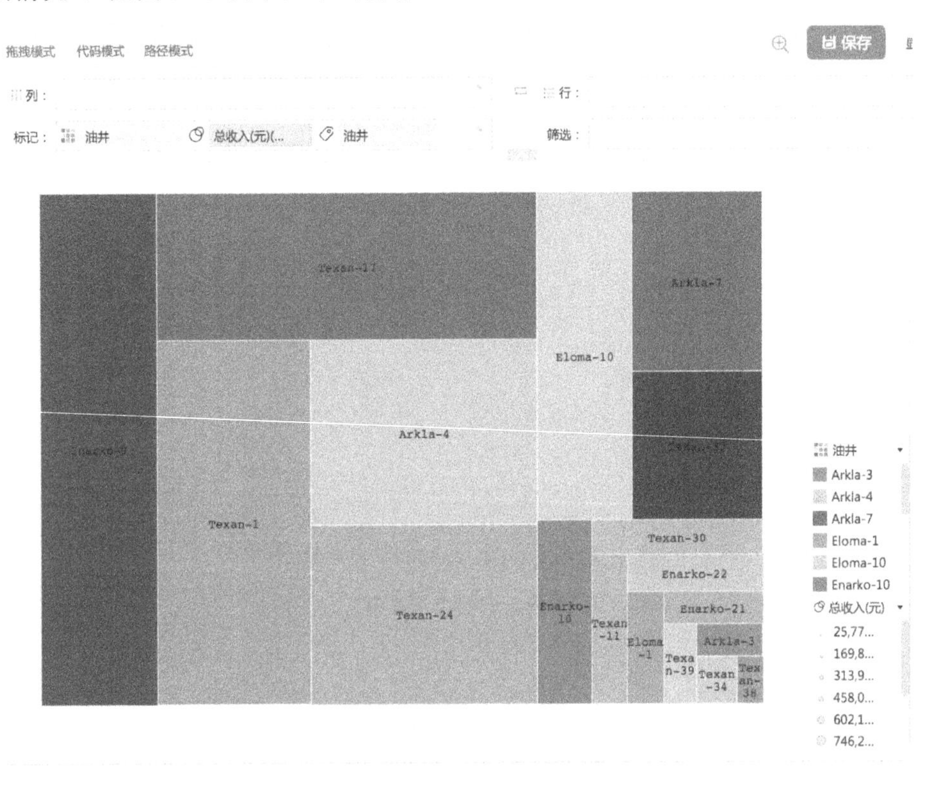

图 9-73　各油井的产出情况

从图 9-73 中可以看出，“Enarko-9”油田的产出最高，而 Texan-38 油田产出最低。

（6）分析“原油价格”“瓦斯价格”之间的关联性。选择导航栏数据挖掘中的“关联分析”，将“日期”拖入维度，将“瓦斯价格”“原油价格”拖入度量，选择目标分析对象为原油价格，单击“开始分析”，如图 9-74 所示。

图 9-74　开始分析

从图 9-74 中可以分析出结果，“瓦斯价格”与“原油价格”之间的关联系数高达 0.988，也就是说此二者之间为正相关关系，瓦斯价格的上涨必定会带来原油价格的上涨。

（7）进入仪表盘界面，对已完成的图表进行美化调整，并进行相关的联动操作。如图 9-75 所示，先对仪表盘进行重命名操作。

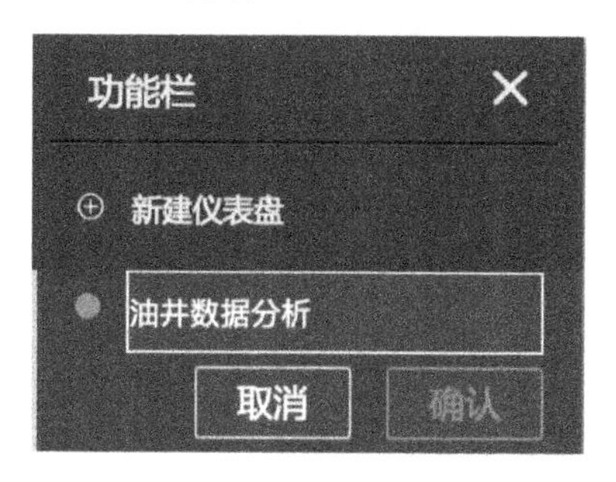

图 9-75 仪表盘进行重命名操作

选择“布局设置”，可以对做好的图表进行编辑和排版，如图 9-76 所示。

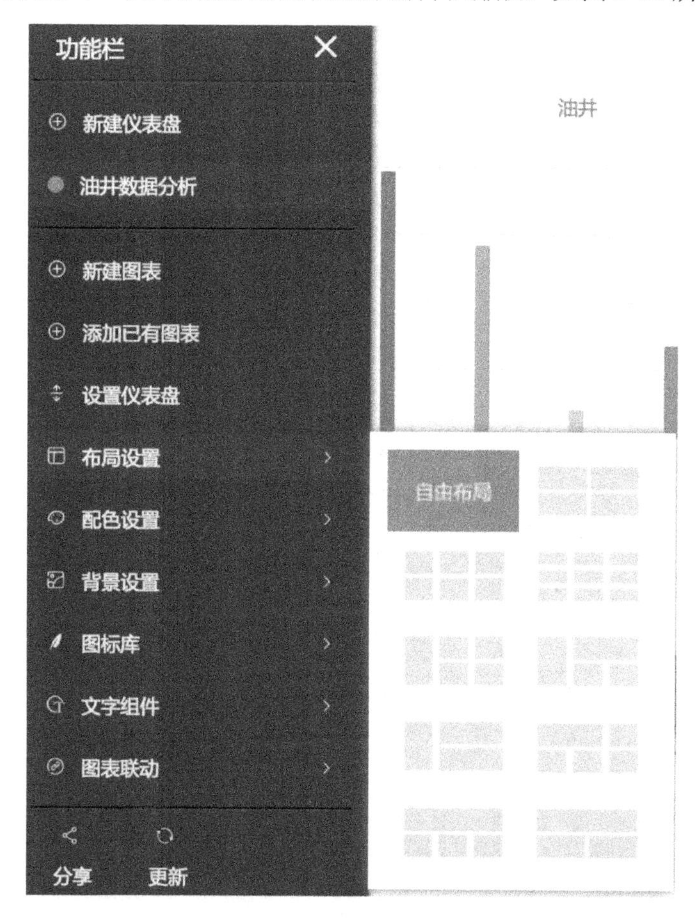

图 9-76 布局设置

调整好图表后，可以对配色及背景色进行调整，如图 9-77 和图 9-78 所示。

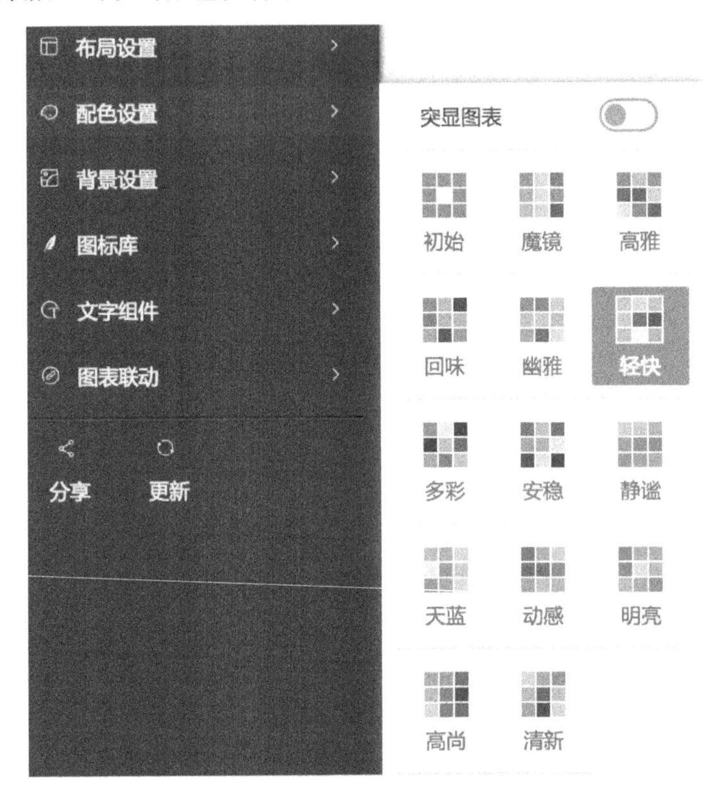

图 9-77　配色设置

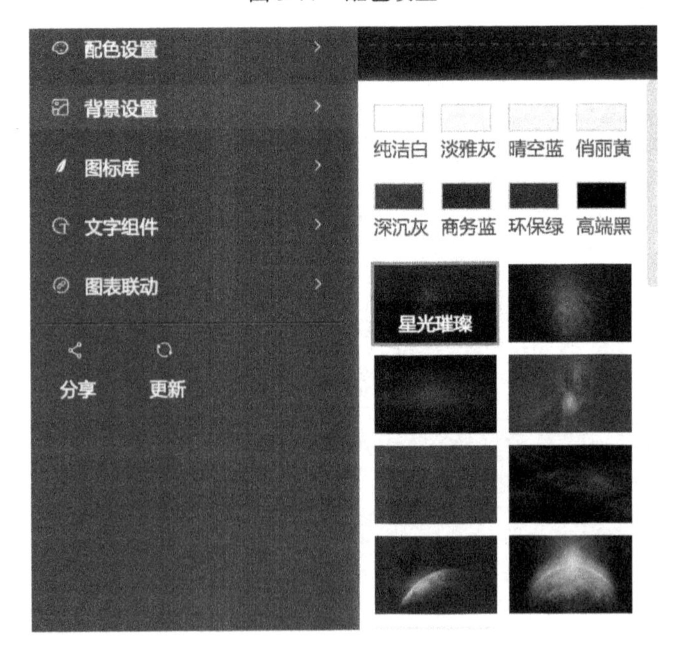

图 9-78　背景设置

选择图表联动-图表筛选器，勾选左侧图表，设置联动关系（拉线即可），联动动作选择“筛选”，最后确认，如图9-79所示。

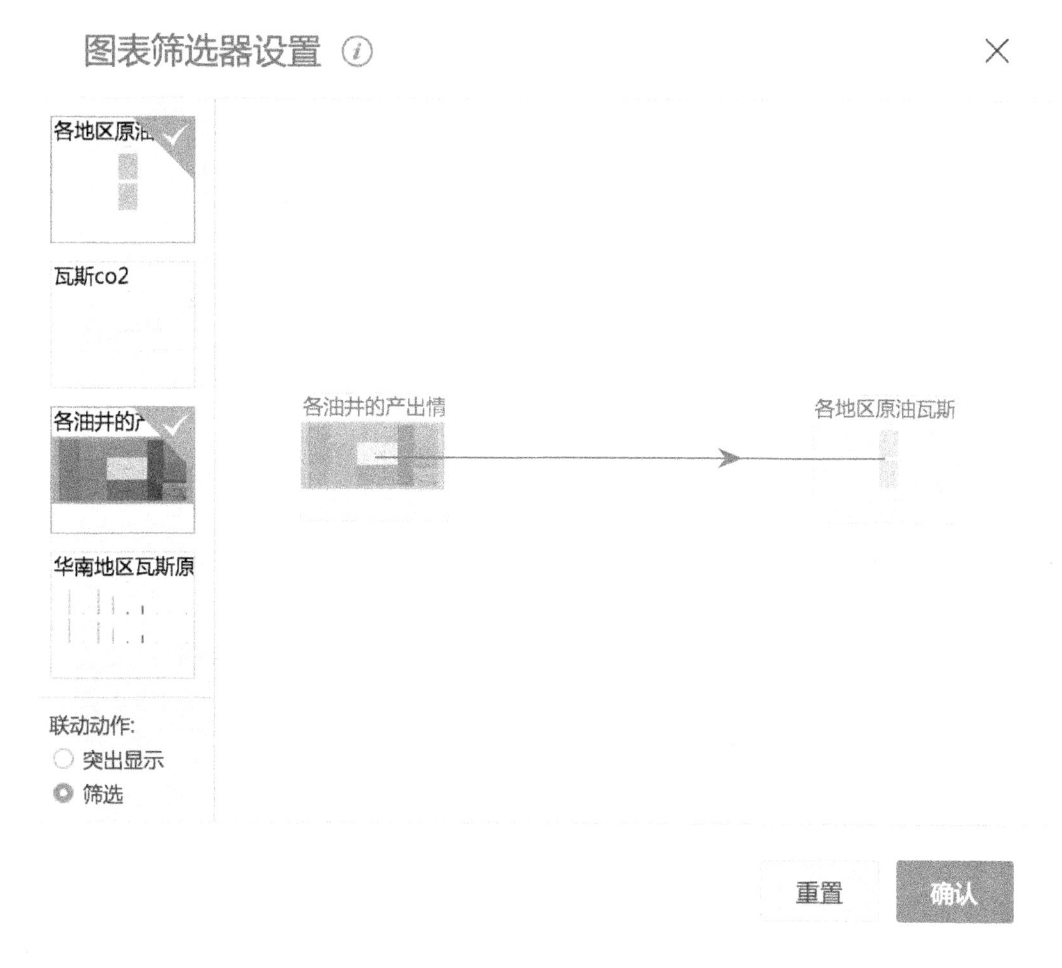

图9-79 设置联动关系

联动效果：选中左侧柱状图中的任意一条数据，下侧树状图都会显示出与之相关联的数据，如图9-80所示。

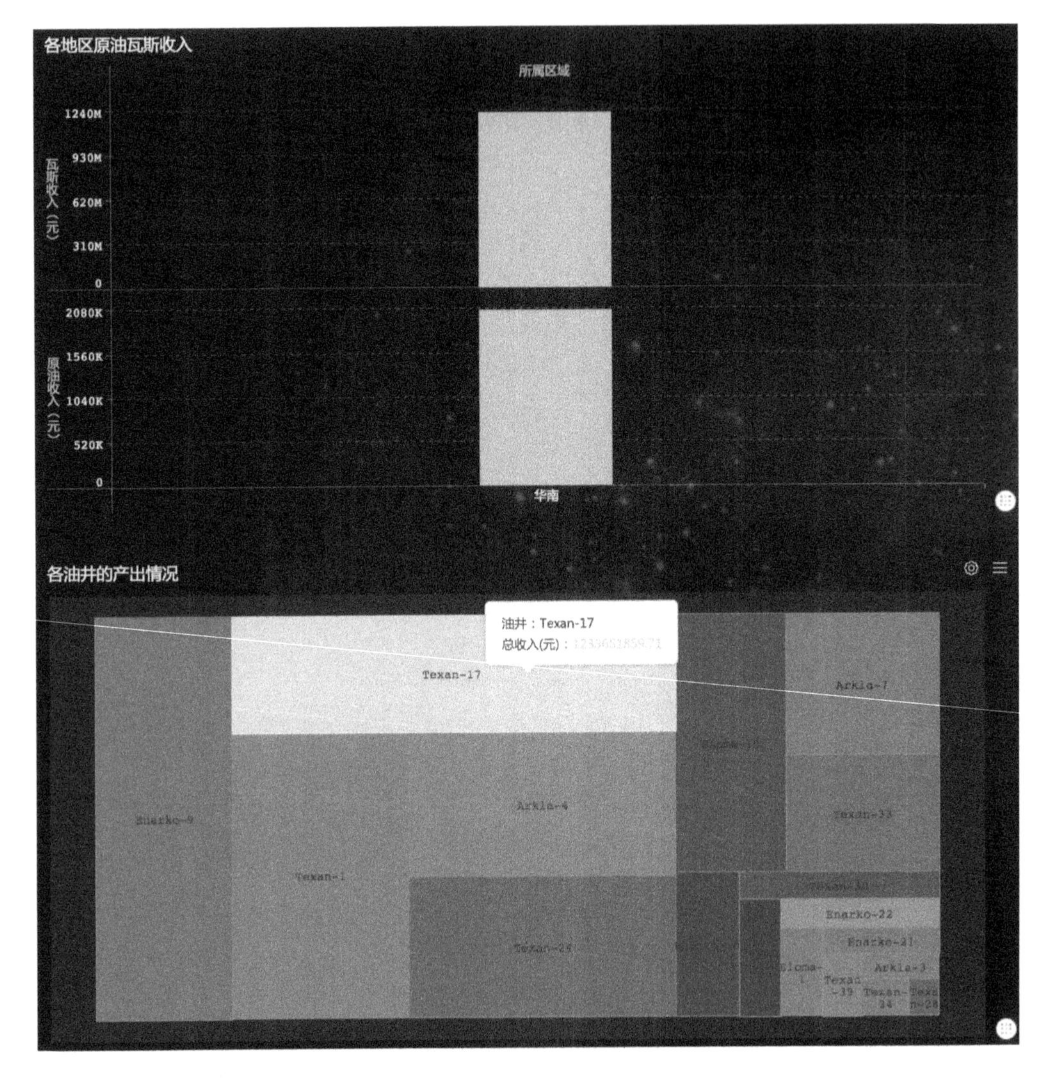

图 9-80　分析结果

根据“油井数据分析”这个仪表盘，可以看出各地区瓦斯和原油的收入详情，每个地区瓦斯和原油的产量变化，价格变动对瓦斯和原油收入的影响，以及二氧化碳排放对瓦斯和原油产量的影响。

总结：通过分析可以看到各地区瓦斯和原油的主要收入详情，油井公司的主要收入是瓦斯收入，其中主要地区是华南地区，占总收入的 50%以上。原油及瓦斯带来的收入基本都会随着价格的上涨而增加。销售部门应该根据这些情况作出市场调整。随着二氧化碳排放量降低，瓦斯和原油的产量会逐渐增加，应提高开采能源的技术投入。

习题

1．如何在魔镜中上传数据源？
2．如何在魔镜中新建一个数据分析项目？
3．如何创建一个计算字段？
4．上传一份带有日期的数据，进行按年、月的自定义拆分。
5．分层结构有什么作用，如何创建一个分层结构？
6．组字段有什么作用，如何创建一个组字段？
7．试用魔镜中的公共数据简单做数据分析。
8．如何对做好的图表进行位置和颜色调整？
9．做一份数据分析报告，需要哪些步骤？
10．将做好的一个仪表盘分享给其他同学。

参考文献

[1] 杨和稳. 大数据分析及应用实践[M]. 北京：高等教育出版社，2016.
[2] [美]April Reeve. 大数据管理[M]. 北京：机械工业出版社，2014.
[3] 程克非，罗江华，兰文富. 云计算基础教程[M]. 北京：人民邮电出版社，2013.

附录 A　大数据和人工智能实验环境

目前，大数据和人工智能技术的进步和应用呈现突飞猛进的态势，但人才的储备出现全球性短缺，人才的争夺处于“白热化”状态。相关课程教学与实验研究受条件所限，仍然面临未建立起实验教学体系、无法让学生并行开展实验、缺乏支撑实验的大数据、缺乏能够指导学生开展实验的师资力量等问题，制约了人工智能和大数据教学科研的开展。如今这些问题已经得到了较好的解决：大数据实验平台 1.0 用于个人自学大数据远程实验；大数据实验一体机更是受到各大高校青睐，用于构建各自的大数据实验教学平台，使得大量学生可同时进行大数据实验；AIRack 人工智能实验平台支持众多师生同时在线进行人工智能实验；DeepRack 深度学习一体机能够给高校和科研机构构建一个开箱即用的人工智能科研环境；dServer 人工智能服务器可直接用于小规模 AI 研究，或搭建 AI 科研集群。

1．大数据实验平台 1.0

大数据实验平台（bd.cstor.cn）可为用户提供在线实验服务。在大数据实验平台上，用户可以根据学习基础及时间条件，灵活安排 3～90 天的学习计划，进行自主学习。大数据实验平台 1.0 界面如图 A-1 所示。

图 A-1　大数据实验平台 1.0 界面

作为一站式的大数据综合实训平台，大数据实验平台同步提供实验环境、实验课程、教学视频等，方便轻松开展大数据教学与实验。

1）实验体系

大数据实验平台涵盖 Hadoop 生态、大数据实战原理验证、综合应用、自主设计及创新的多层次实验内容等，每个实验呈现详细的实验目的、实验内容、实验原理和实验流程指导。实验课程包括 36 个 Hadoop 生态大数据实验和 6 个真实大数据实战项目。

2）实验环境

（1）基于 Docker 容器技术，用户可以瞬间创建随时运行的实验环境。

（2）平台能够虚拟出大量实验集群，方便上百用户同时使用。

（3）采用 Kubernates 容器编排架构管理集群，用户实验集群隔离、互不干扰。

（4）用户可按需自己配置包含 Hadoop、HBase、Hive、Spark、Storm 等组件的集群，或利用平台提供的一键搭建集群功能快速搭建。

（5）平台内置数据挖掘等教学实验数据，也可导入高校各学科数据进行教学、科研，校外培训机构同样适用。

3）成功案例

2016 年年末至今，在南京多次举办的大数据师资培训班上，《大数据》《大数据实验手册》及云创大数据提供的大数据实验平台，帮助到场老师们完成了 Hadoop、Spark 等多个大数据实验，使他们跨过了“从理论到实践，从知道到用过”的门槛。大数据师资培训班现场如图 A-2 所示。

图 A-2　大数据师资培训班现场

目前，大数据实验平台 1.0 版本（https://bd.cstor.cn）已经在郑州大学、成都理工大学、金陵科技学院、天津农学院、郑州升达经贸管理学院、信阳师范学院、西京学院、镇江高等职业技术学校、新疆电信、软通动力等典型用户单位落地实施，助其完成了大数据教学科研实验室的建设工作。

2．大数据实验一体机

继 35 所院校获批“数据科学与大数据技术”专业之后，2017 年申请该专业的院校高达 263 所。各大高校竞相打造大数据人才高地，但实用型大数据人才培养却面临实验集群不足、实验内容不成体系、课程教材缺失、考试系统不客观、缺少实训项目及专业师资不足等问题。针对以上问题，BDRack 大数据实验一体机能够帮助高校建设私有的实验环境。其部署规划如图 A-3 所示。

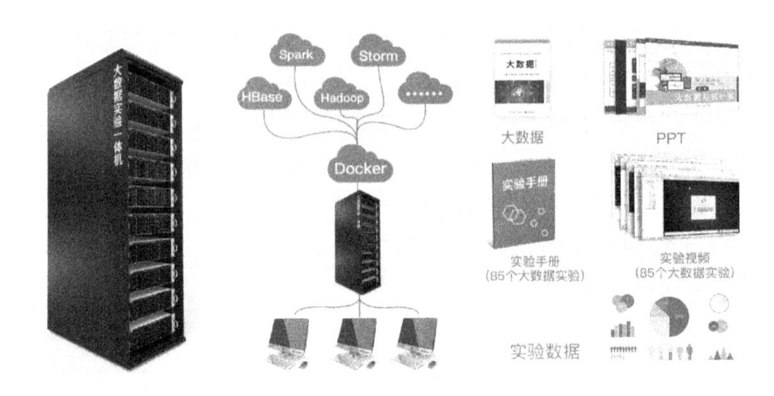

图 A-3　BDRack 大数据实验一体机部署规划

在搭建好实验环境后，一方面可通过大数据教材、讲义（PPT）、视频课程等理论学习，帮助学生建立从大数据监测与收集、存储与处理、分析与挖掘直至大数据创新的完整知识体系；另一方面搭配教学组件安装包及实验数据、实验手册、专业网站等一系列资源，大幅度降低高校大数据课程的学习门槛。

1）最新的 2.0 版本实验体系

在大数据实验一体机 1.0 版本的基础上 2017 年 12 月推出了 2.0 版本，进一步丰富了实验内容，实验数量新增到 85 个，同时实验平台优化了创建环境—实验操作—提交报告—教师打分的实验流程，新增了具有海量题库、试卷生成、在线考试、辅助评分等应用的考试系统，集成了上传数据—指定列表—选择算法—数据展示的数据挖掘及可视化工具。

平台集实验机器、实验手册、实验数据及实验培训于一体，解决了怎么开设大数据实验课程、需要做什么实验、怎么完成实验等一系列问题，提供了完整的大数据实验体系及配套资源，包含大数据教材、教学 PPT、实验手册、课程视频、实验环境、师资培训等内容，涵盖面较为广泛。

- 实验手册

针对各项实验所需，大数据实验一体机配套了一系列包括实验目的、实验内容、实验步骤的实验手册及配套高清视频课程，内容涵盖大数据集群环境与大数据核心组件等技术前沿，详尽细致的实验操作流程可帮助用户解决大数据实验门槛所限。实验课程包括 36 个 Hadoop 生态大数据实验、6 个真实大数据实战项目、21 个基于 Python 的大数据实验、18 个基于 R 语言的大数据实验、4 个 Linux 基本操作辅助实验。

- 实验数据

基于大数据实验需求，大数据实验一体机配套提供了各种实验数据，其中不仅包含共用的公有数据，每一套大数据组件也有自己的实验数据，种类丰富，应用性强。实验数据将做打包处理，不同的实验将搭配不同的数据与实验工具，解决实验数据短缺的困扰，在实验环境与实验手册的基础上，做到有设备就能实验，有数据就会实验。

● 配套资料与培训服务

作为一套完整的大数据实验平台，BDRack 大数据实验一体机还将提供以下材料与配套培训，构建高效的一站式教学服务体系。

（1）配套的专业书籍：《大数据》及其配套 PPT。

（2）网站资源：中国大数据（thebigdata.cn）、中国云计算（chinacloud.cn）、中国存储（chinastor.org）、中国物联网（netofthings.cn）、中国智慧城市（smartcitychina.cn）等提供全线支持。

（3）BDRack 大数据实验一体机使用培训和现场服务。

2）实验环境

● 系统架构

BDRack 大数据实验一体机主要采用容器集群技术搭建实验平台，并针对大数据实验的需求提供了完善的使用环境。图 A-4 所示为 BDRack 大数据实验一体机系统架构。

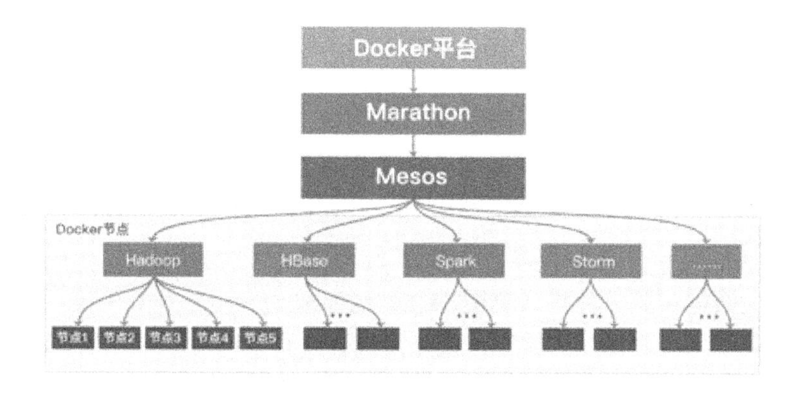

图 A-4 BDRack 大数据实验一体机系统架构

BDRack 大数据实验一体机基于容器 Docker 技术，采用 Mesos+ZooKeeper+Mrathon 架构管理 Docker 集群。其中，Mesos 是 Apache 下的开源分布式资源管理框架，它被称为分布式系统的内核；ZooKeeper 用来做主节点的容错和数据同步；Marathon 则是一个 Mesos 框架，为部署提供 REST API 服务，实现服务发现等功能。

实验时，系统预先针对大数据实验内容构建好一系列基于 CentOS7 的特定容器镜像，通过 Docker 在集群主机内构建容器，充分利用容器资源高效的特点，为每个使用平台的用户开辟属于自己完全隔离的实验环境。容器内部，用户完全可以像使用 Linux 操作系统一样地使用容器，并且不会对其他用户的集群造成任何影响，只需几台机器，就可能虚拟出能够支持上百个用户同时使用的隔离集群环境。

● 规格参数

BDRack 大数据实验一体机具有经济型、标准型与增强型三种规格，通过发挥实验设备、理论教材、实验手册等资源的合力，可满足数据存储、挖掘、管理、计算等多样化的教学科研需求。具体的规格参数如表 A-1 所示。

表 A-1 规格参数

配套/型号	经济型	标准型	增强型
管理节点	1 台	3 台	3 台
处理节点	6 台	8 台	15 台
上机人数	30 人	60 人	150 人
理论教材	《大数据》50 本	《大数据》80 本	《大数据》180 本
实验教材	《实战手册》PDF 版	《实战手册》PDF 版	《实战手册》PDF 版
配套 PPT	有	有	有
配套视频	有	有	有
免费培训	提供现场实施及 3 天技术培训服务	提供现场实施及 5 天技术培训服务	提供现场实施及 7 天技术培训服务

● 软件方面

搭载 Docker 容器云可实现 Hadoop、HBase、Ambari、HDFS、YARN、MapReduce、ZooKeeper、Spark、Storm、Hive、Pig、Oozie、Mahout、Python、R 语言等绝大部分大数据实验应用。

● 硬件方面

采用 cServer 机架式服务器，其英特尔®至强®处理器 E5 产品家族的性能比上一代提升 80%，并具备更出色的能源效率。通过英特尔 E5 家族系列 CPU 及英特尔服务器组件，可满足扩展 I/O 灵活度、最大化内存容量、大容量存储和冗余计算等需求。

3）成功案例

BDRack 大数据实验一体机（见图 A-5）已经成功应用于各类院校，国家“211 工程”重点建设高校代表有郑州大学等，民办院校有西京学院等。

图 A-5 BDRack 大数据实验一体机实际部署

同时，整套大数据教材的全部实验都可在大数据实验平台（https://bd.cstor.cn）上远程开展，也可在高校部署的 BDRack 大数据实验一体机上本地开展。

3. AIRack 人工智能实验平台

人工智能人才紧缺，供需比为 1:10，但面向众多学生的人工智能实验却难以展开。对此，AIRack 人工智能实验平台提供了基于 Docker 容器集群技术开发的多人在线实验环境。该平台基于深度学习计算集群，支持了主流深度学习框架，方便快速部署实验环境，同时支持多人在线实验，并配套实验手册，同步解决人工智能实验配置难度大、实验入门难、缺乏实验数据等难题，可用于深度学习模型训练等教学、实践应用。其界面如图 A-6 所示。

图 A-6　AIRack 人工智能实验平台界面

1）实验体系

AIRack 人工智能实验平台从实验环境、教材（PPT）、实验手册、实验数据、技术支持等多方面为人工智能课程提供一站式服务，大幅度降低了人工智能课程学习门槛，满足课程设计、课程上机实验、实习实训、科研训练等多方面需求。其实验体系架构如图 A-7 所示。

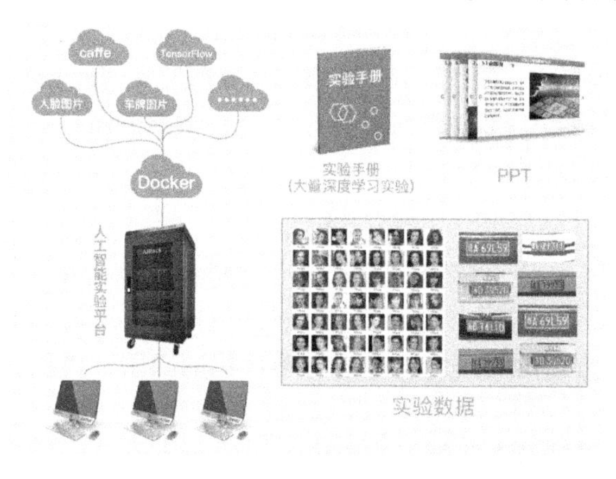

图 A-7　AIRack 人工智能实验平台实验体系架构

配套的实验手册包括 20 个人工智能相关实验，实验基于 VGGNet、FCN、ResNet 等图像分类模型，应用 Faster R-CNN、YOLO 等优秀检测框架，实现分类、识别、检测、语义分割、序列预测等人工智能任务。具体的实验手册大纲如表 A-2 所示。

表 A-2　实验手册大纲

序号	课程名称	课程内容说明	课时	培训对象
1	基于 LeNet 模型和 MNIST 数据集的手写数字识别	理论+上机训练	1.5	教师、学生
2	基于 AlexNet 模型和 CIFAR-10 数据集的图像分类	理论+上机训练	1.5	教师、学生
3	基于 GoogleNet 模型和 ImageNet 数据集的图像分类	理论+上机训练	1.5	教师、学生
4	基于 VGGNet 模型和 CASIA WebFace 数据集的人脸识别	理论+上机训练	1.5	教师、学生
5	基于 ResNet 模型和 ImageNet 数据集的图像分类	理论+上机训练	1.5	教师、学生
6	基于 MobileNet 模型和 ImageNet 数据集的图像分类	理论+上机训练	1.5	教师、学生
7	基于 DeepID 模型和 CASIA WebFace 数据集的人脸验证	理论+上机训练	1.5	教师、学生
8	基于 Faster R-CNN 模型和 Pascal VOC 数据集的目标检测	理论+上机训练	1.5	教师、学生
9	基于 FCN 模型和 Sift Flow 数据集的图像语义分割	理论+上机训练	1.5	教师、学生
10	基于 R-FCN 模型的行人检测	理论+上机训练	1.5	教师、学生
11	基于 YOLO 模型和 COCO 数据集的目标检测	理论+上机训练	1.5	教师、学生
12	基于 SSD 模型和 ImageNet 数据集的目标检测	理论+上机训练	1.5	教师、学生
13	基于 YOLO2 模型和 Pascal VOC 数据集的目标检测	理论+上机训练	1.5	教师、学生
14	基于 linear regression 的房价预测	理论+上机训练	1.5	教师、学生
15	基于 CNN 模型的鸢尾花品种识别	理论+上机训练	1.5	教师、学生
16	基于 RNN 模型的时序预测	理论+上机训练	1.5	教师、学生
17	基于 LSTM 模型的文字生成	理论+上机训练	1.5	教师、学生
18	基于 LSTM 模型的英法翻译	理论+上机训练	1.5	教师、学生
19	基于 CNN Neural Style 模型的绘画风格迁移	理论+上机训练	1.5	教师、学生
20	基于 CNN 模型的灰色图片着色	理论+上机训练	1.5	教师、学生

同时，该平台同步提供实验代码及 MNIST、CIFAR-10、ImageNet、CASIA WebFace、Pascal VOC、Sift Flow、COCO 等训练数据集，实验数据做打包处理，以便开展便捷、可靠的人工智能和深度学习应用。

2）平台架构

AIRack 人工智能实验平台整体设计基于 Docker 容器集群技术，在硬件上采用 GPU+CPU 混合架构，可一键创建实验环境。该平台采用 Google 开源的容器集群管理系统 Kubernetes，能够方便地管理跨机器运行容器化的应用，提供应用部署、维护、扩展机制等功能。

实验时，系统预先针对人工智能实验内容构建好基于 CentOS7 的特定容器镜像，通过 Docker 在集群主机内构建容器，开辟完全隔离的实验环境，实现使用几台机器即可虚拟出大量实验集群，以满足学校实验室的使用需求。其平台架构如图 A-8 所示。

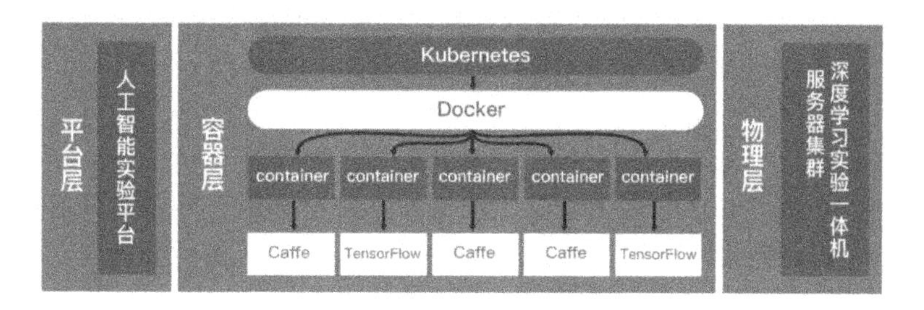

图 A-8　AIRack 人工智能实验平台架构

3）规格参数

AIRack 人工智能实验平台硬件配置如表 A-3 所示。

表 A-3　AIRack 人工智能实验平台硬件配置

名称	详细配置	单位	数量
CPU	E5-2650V4	颗	2
内存	32GB DDR4 RECC	根	8
SSD	480GB SSD	块	1
硬盘	4TB SATA	块	4
GPU	1080P（型号可选）	块	8

AIRack 人工智能实验平台集群配置如表 A-4 所示。

表 A-4　AIRack 人工智能实验平台集群配置

对比项	极简型	经济型	标准型	增强型
上机人数	8 人	24 人	48 人	72 人
服务器	1 台	3 台	6 台	9 台
交换机	无	S5720-30C-SI	S5720-30C-SI	S5720-30C-SI
CPU	E5-2650V4	E5-2650V4	E5-2650V4	E5-2650V4
GPU	1080P（型号可选）	1080P（型号可选）	1080P（型号可选）	1080P（型号可选）
内存	8×32GB DDR4 RECC	24×32GB DDR4 RECC	48×32GB DDR4 RECC	72×32GB DDR4 RECC
SSD	1×480GB SSD	3×480GB SSD	6×480GB SSD	9×480GB SSD
硬盘	4×4TB SATA	12×4TB SATA	24×4TB SATA	36×4TB SATA

4．DeepRack 深度学习一体机

近年来，深度学习在语音识别、计算机视觉、图像分类和自然语言处理等方面成绩斐然，越来越多的人开始关注深度学习，全国各大高校也相继开启深度学习相关课程，但是深度学习实验环境的搭建较为复杂，训练所需要的硬件环境也不是普通的台式机和服务器可以满足的。因此，云创大数据推出了 DeepRack 深度学习一体机，解决了深度学习研究环境搭建耗时、硬件条件要求高的问题。

凭借过硬的硬件配置，深度学习一体机能够提供最大每秒 144 万亿次的单精度计算能力，满配时相当于 160 台服务器的计算能力。考虑到实际使用中长时间大规模的运算需要，一体机内部采用了专业的散热、能耗设计，解决了用户对于机器负荷方面的忧虑。

一体机中部署有 TensorFlow、Caffe 等主流的深度学习开源框架，并提供了大量免费图片数据，可帮助学生学习诸如图像识别、语音识别和语言翻译等任务。利用一体机中的基础训练数据，包括 MNIST、CIFAR-10、ImageNet 等图像数据集，也可以满足实验与模型塑造过程中的训练数据需求。

1）硬件配置

DeepRack 深度学习一体机包含 24U 半高机柜，最多可配置 4 台 4U 高性能计算节点；每台节点 CPU 选用最新的英特尔 E5-2600 系列至强处理器；每台节点最多可插入 4 块英伟达 GPU 卡，可选配 Titan X、Tesla P100 等 GPU 卡。深度学习一体机外观和内部如图 A-9 和图 A-10 所示。

图 A-9　深度学习一体机外观

图 A-10　深度学习一体机内部

根据表 A-5 所示的服务器配置参数，可以根据需要灵活配置深度学习一体机的各个部件。

表 A-5　服务器配置参数

名称	经济型	标准型	增强型
CPU	Dual E5-2620 V4	Dual E5-2650 V4	Dual E5-2697 V4
GPU	Nvidia Titan×4	Nvidia Tesla P100×4	Nvidia Tesla P100×4
硬盘	240GB SSD+4T 企业盘	480GB SSD+4T 企业盘	800GB SSD+4T×7 企业盘
内存	64GB	128GB	256GB
计算节点数	2	3	4
单精度浮点计算性能	88 万亿次/秒	108 万亿次/秒	144 万亿次/秒
系统软件	Caffe、TensorFlow 深度学习软件、样例程序，大量免费的图片数据		
是否支持分布式深度学习系统	是		

2）软件配置

DeepRack 深度学习一体机软件配置包括操作系统及 GPU 驱动及开发包。

操作系统：CentoOS 7.1。

GPU 驱动及开发包：包括 NVIDIA GPU 驱动、CUDA 7.5 Toolkit、cuDNN v4 等，配套的使用手册中详细介绍了各个驱动的安装过程，以及环境变量的配置方法。

深度学习框架：深度学习实验一体机中部署了主流的深度学习开源工具软件，解决了因缺乏经验造成实验环境部署难的问题；除此之外，深度学习实验一体机还提供大量免费的图片数据，让学生不需要为收集大量实验数据而苦恼。利用现成的框架和数据，学生可根据使用手册快速搭建属于自己的深度学习应用。

深度学习一体机中安装了 Caffe 框架。Caffe 是一个清晰、高效的深度学习计算 CNN 相关算法的框架，学生可以利用一体机中提供的数据进行实验，使用手册上也详细地介绍了 Caffe 的两个使用案例——MNIST 和 CIFAR-10，初识深度学习的学生可以按照步骤，熟悉 Caffe 下训练模型的流程。

深度学习一体机中搭建了 TensorFlow 的环境，TensorFlow 可被用于语音识别或图像识别等多项机器深度学习领域，学生可通过使用手册了解具体的安装过程及单机单卡、单机多卡的使用案例。

5. dServer 人工智能服务器

人工智能研究方兴未艾，但构建高性价比的硬件平台是一大难题，亟需高性能、点菜式的解决方案。dServer 人工智能服务器针对个性化的 AI 应用需求，采用英特尔 CPU+英伟达 GPU 的混合架构，提供多类型的软硬件备选方案，方便自由选配及定制安全可靠的个性化应用，可广泛用于图像识别、语音识别和语言翻译等 AI 领域。dServer 人工智能服务器如图 A-11 所示。

图 A-11 dServer 人工智能服务器

1）主流软件和丰富的数据

dServer 人工智能服务器预装 CentOS 操作系统，集成两套行业主流开源工具软件——TensorFlow 和 Caffe，同时提供丰富的应用数据。

TensorFlow 支持 CNN、RNN 和 LSTM 算法，这是目前在 Image、Speech 和 NLP 流行的深度神经网络模型，灵活的架构使其可以在多种平台上展开计算。

Caffe 是纯粹的 C++/CUDA 架构，支持命令行、Python 和 MATLAB 接口，可以在 CPU 和 GPU64 之间直接无缝切换。

同时，dServer 人工智能服务器配套提供了 MNIST、CIFAR-10 等训练测试数据集，包括大量的人脸数据、车牌数据等。

2）服务器配置

dServer 人工智能服务器配置参数如表 A-6 所示。

表 A-6　dServer 人工智能服务器配置参数

GPU（NVIDIA）	Tesla P100，Tesla P4，Tesla P40，Tesla K80，Tesla M40，Tesla M10，Tesla M60，TITAN X，GeForce　GTX 1080
CPU	Dual E5-2620 V4，Dual E5-2650 V4，Dual E5-2697 V4
内存	64GB/128GB/256GB
系统盘	120GB SSD/180GB SSD /240GB SSD
数据盘	2TB/3TB/4TB
准系统	7048GR-TR
软件	TensorFlow，Caffe
数据（张）	车牌图片（100 万/200 万/500 万），ImageNet（100 万），人脸图片数据（50 万），环保数据

3）成功案例

目前，dServer 人工智能服务器已经在清华大学车联网数据云平台、西安科技大学大数据深度学习平台、湖北文理学院大数据处理与分析平台等项目中成功应用，之后将陆续部署使用。其中，清华大学车联网数据云平台项目配置如图 A-12 所示。

清華大学
Tsinghua University

名称	深度学习服务器
生产厂家	南京云创大数据科技股份有限公司
主要规格	cServer C1408G
配置说明	CPU：2*E5-2630v4　GPU：4*NVIDIA TITAN X　内存：4*16G (64G) DDR4,2133MHz，RECC
	硬盘：5* 2.5"300GB 10K SAS（企业级）　网口：4个10/100/1000Mb自适应以太网口
	电源：2000W 1+1冗余电源　计算性能：单个节点单精度浮点计算性能为44万亿次/秒
	预装Caffe、TensorFlow深度学习软件、样例程序；提供MNIST、CIFAR-10等训练测试数据，提供交通卡口图片数据不少于400万张，环境在线数据不少于6亿条

图 A-12　清华大学车联网数据云平台项目配置

举报电话：（010）88254396；（010）88258888
传　　真：（010）88254397
E-mail：　dbqq@phei.com.cn
通信地址：北京市万寿路 173 信箱
　　　　　电子工业出版社总编办公室
邮　　编：100036